Jean De Dieu Mangambu Mokoso

Éléments de la Taxonomie Végétale

Jean De Dieu Mangambu Mokoso

Éléments de la Taxonomie Végétale

Destinés aux étudiants en Sciences de la Nature et de la Vie

Éditions Vie

Imprint

Cover image: www.ingimage.com

Publisher:
Éditions Vie
is a trademark of
International Book Market Service Ltd., member of OmniScriptum Publishing Group
17 Meldrum Street, Beau Bassin 71504, Mauritius

Printed at: see last page
ISBN: 978-3-330-72134-0

MANGAMBU MOKOSO
JEAN DE DIEU

Eléments de la Taxonomie Végétale

Destinés aux étudiants en Sciences de la Nature et de la Vie

Collection : Cours « Sciences de la Naturelle et de la Vie »

Je dédie cet ouvrage à mon feu Papa qui a lu les premières pages !

Je suis également reconnaissant aux collègues et amis pour leur revue critique et autres précieuses contributions dans cet ouvrage destiné aux amateurs en Taxonomie Végétale et étudiants en Sciences de la Nature et de la Vie

PREFACE

« Ce n'est pas dans la science qu'est le bonheur, mais dans l'acquisition de la science.»

Edgar Allan Poe Artiste, écrivain, Poète, Romancier (1809-1849)

Dans une de ses précédentes livraisons scientifiques, le Professeur Mangambu Mokoso gratifiait les lecteurs avec un ouvrage sur la synthèse de ses recherches doctorales et postdoctorales sur la diversité, biogéographie et écologie des Ptéridophytes en Afrique. Dans ce livre, l'auteur n'avait pas abordé des questions taxonomiques. Par grande surprise, dans l'attente d'avoir un second volume qui traiterait de la Taxonomie des Ptéridophytes, le Professeur Mangambu propose un cours détaillé sur les différentes parties de la Taxonomie Végétale.

En lisant cet ouvrage, son objectif est de permettre aux étudiants, chercheurs, amateurs de la Taxonomie et amis de la nature d'acquérir des notions fondamentales de cette branche de la biologie végétale. Cette branche de la biologie traite des actes classificatoires. Elle a pour objectif de circonscrire, d'après le plus grand nombre de caractères, des lots d'individus constituant des catégories semblables ou comparables, et de classer les unités ainsi délimitées et bien définies selon une échelle de subordination.

Dans ce présent ouvrage, l'auteur utilise son expérience pour rassembler les informations nécessaires aux étudiants, chercheurs, amateurs de la Taxonomie et amis de la nature afin de déterminer et identifier les plantes selon un schéma simple qui rassemble le texte, les cartes et les planches dans un même format. C'est ainsi que l'auteur a commencé par des notions de base, dès la conceptualisation du terme, en passant par l'historique de la systématique végétale, les grandes étapes de la détermination et identification des plantes et l'abstraction des Taxonomies numérique et phylogénétique qui ont pris une importance déterminante dans les progrès de la Taxonomie moderne sur l'identification des plantes.

Dans la première partie, l'auteur éclaire les lecteurs en différenciant la systématique de la taxinomie. Ainsi, il donne sa propre définition de la systématique comme l'étude de la classification hiérarchique des organismes et la taxinomie comme l'étude de la nomenclature des organismes. Si ces définitions sont modernes, la classification du vivant existe, elle, depuis fort longtemps. Dans la section chronologique, l'auteur montre les relations entre l'homme et la nature qui remontent à l'aube de l'humanité. C'est ainsi que de l'Antiquité au Moyen-Age, la plante reste définie le plus souvent par ses diverses propriétés et représentée de manière symbolique. Mais depuis XVIe siècle, la botanique s'est développée et les botanistes n'étudiaient plus les plantes sur base de leurs importances et de leurs propriétés ; mais sur base de leurs organographies et ils commençaient les grandes tentatives sur leur nomenclature et la récolte des échantillons de l'herbier (le témoin et le garant de cette description).

La reconnaissance de ses phénomènes d'évolution et la compréhension de plus en plus fine qu'il a soulignées, ont joué à cet égard un rôle essentiel sur l'identité précise des plantes. Celles-ci sont octroyées des noms scientifiques suivant les règles et principes de la nomenclature botanique, « *chaque taxon ne peut avoir qu'un seul nom et les noms de genres et des familles sont basés sur le nom de l'espèce et genre-type de la famille*».

Aujourd'hui avec l'essor de la biologie moléculaire, la classification phylogénétique qui, contrairement à la classification classique, a pour but de classer le vivant à partir des liens de parenté entre les différents organismes vivants et donc de déterminer leur histoire évolutive. Ainsi, les organismes vivants ne sont pas classés selon la présence ou l'absence d'un caractère, mais selon l'appartenance à un lignage évolutif. Par exemple, toutes les plantes à fleurs partagent un ancêtre commun unique, elles appartiennent donc au groupe monophylétique. Cela s'est bien enrichi dans la deuxième partie de cet ouvrage. Si j'ai bien compris l'auteur, la phylogénie moléculaire est une discipline qui connaît un essor grandissant étant donné l'avancement spectaculaire des techniques de la biologie moléculaire et du génie génétique que l'on peut appeler maintenant biotechnologies moléculaires. Ces techniques ont permis un nombre incalculable de données biomoléculaires telles que les séquences des différents gènes et protéines.

Dans la troisième partie, l'auteur développe la notion de la Taxonomie en herbier qui est une ressource scientifique indispensable à la connaissance, au suivi et à la préservation de la biodiversité végétale. Il montre comment la Taxonomie en herbier constitue un socle de la systématique, une collection de référence à la base de l'identification des espèces végétales. Dans cette partie, il montre aussi comment l'herbier permet de faire évoluer les connaissances sur la taxinomie et la phylogénie des plantes.

En plus, il insiste sur les informations attachées à chacun des spécimens, sous forme d'étiquettes référençant chaque partie d'herbier qui sont une source de données sur la distribution et l'écologie des espèces. Il précise que le succès des herbiers comme objets de collection et d'étude doit beaucoup à leur simplicité d'obtention et d'entretien. En appuyant ses idées, je pense que préparer dans des bonnes conditions, l'échantillon conserve longtemps ses propriétés chimiques et physiques.

Les botanistes perçoivent un herbier avant tout comme un outil de travail, essentiel dès qu'il souhaite s'intéresser à la systématique, que ce soit pour l'entraînement personnel à la détermination ou pour avoir accès à une référence. Or, une autre vision possible est celle d'un herbier considéré comme un objet appartenant à un patrimoine scientifique contemporain. A ce titre, il s'inscrit dans l'histoire d'une discipline, de pratiques et d'institutions qui est la Taxonomie en herbier.

De l'autre côté, en lisant cet ouvrage, on découvre que l'établissement d'un état quantifié d'une collection tant du point de vue de sa forme (état de conservation) que du fond (données scientifiques) est une nécessité pour les conservateurs. C'est ainsi que la conservation préventive est une méthode utilisée pour conserver les collections à long terme en excluant ou en minimisant les facteurs de dégradation. Il faut noter que la conservation préventive commence déjà sur terrain et pendant la préparation des échantillons à la conservation. Lorsque les échantillons ne sont pas récoltés et préparés d'une manière adéquate, on augmente les risques de perte ou de dégradation pendant la conservation.

La publication de cet ouvrage marque un point important dans l'histoire de la Taxonomie végétale et la conservation, car elle restera longtemps un classique indispensable, tant pour les informations qu'il contient que pour son rôle dans le signalement des lacunes et la stimulation de nouvelles recherches. Par conséquent, Je recommande donc les lecteurs de lire sans hésitation cet ouvrage, il est de haute valeur scientifique. Plus je relis l'ouvrage, plus je considère son auteur comme l'un des grands des botanistes de notre pays.

Professeur Dr Mbalassa Mulongaibalu

Chef de Département de Biologie à l'Université Officielle de Bukavu,
Secrétaire de rédaction Honoraire du Magazine bisannuel Le Pilier/Backbone de la Société de Conservation du Rift Albertin (ARCOS/SCORA).

PRELUDE

« *L'homme n'a certainement jamais pu ignorer les fluctuations des populations végétales qui l'entouraient* » Darwin : L'Origine des espèces, 519 p.

« *Yahvé Dieu modela encore du sol toutes les bêtes sauvages et tous les oiseaux du ciel, et il les amena à l'homme pour voir comment celui-ci les appellerait : chacun devait porter le nom que l'homme lui aurait donné* ». Genèse 2, 19, c'est l'origine de la Taxonomie Végétale ?

''Pour s'y « retrouver » avec les plantes, il a été nécessaire, très tôt, de commencer à les classer : ***les classifications étaient nées''.*** Parler d'un individu nécessite de lui donner un «nom», si la « collection » d'individu est limitée, un nom unique suffit, si elle est étendue, il faut des «regroupements» Patrice Francour, gestion de la Biodiversité, 3 p.

Eléments de la Taxonomie Végétale : destinés aux étudiants en Sciences de la Nature et de la Vie

Après plus de six ans d'assurance du cours de Taxonomie Végétales dans plusieurs Universités de la République du Congo et les critiques de mes étudiants, mes Assistants et des amis Enseignants…, me voici produire un ouvrage. Ce livre est un **cours ex-cathedra**[1] pour mieux amener des étudiants en Sciences de la Nature et de la Vie (Sciences biologique, Foresterie, Biotechnologie végétale, Bio-ingénieur…. ainsi que des doctorants et les Para-botanistes) de bien assimiler « **les notions élémentaires de la Taxonomie Végétale**[2] ».

J'espère que c'est un bon support pédagogique qui va guider les étudiants dans leurs travaux de systématiques et travaux pratiques en se référant

[1] Selon Alexandra Magro (2011), le terme « ***ex-cathedra*** », dans son livre Enseigner l'écologie – une autre approche didactique signifie : « *depuis sa chaire* » ou « *enseignement magistral* ». Il s'agit donc d'un cours où le rôle essentiel de l'enseignant est de transmettre son savoir à ses élèves. Le rôle principal de l'apprenant est par opposition d'écouter le discours du professeur tout en prenant des notes. Le cours ex-cathedra est un mode d'enseignement très exploité pour enseigner à de grands groupes, notamment à l'Université. (Daele & Sylvestre, 2011 : http://www.bfs.admin.ch).

[2] Branche de la botanique spécialisée dans la classification des espèces et dans leur nomenclature «attribution des noms », souvent assimilée à la systématique (Piet *et al.*, 2013).

aux différents exemples cités dans plusieurs paragraphes. Dans cet ouvrage, j'ai ressemblé des éléments sur l'origine, les classifications et conservation des spécimens d'herbier pour une bonne connaissance du monde végétal aux étudiants et aux Amis de la nature. Il s'agit d'un instrument qui donne un panorama de la connaissance sur l'identification à un niveau hiérarchique quelconque de la classification et conservation de taxon».

Etonnement des Scientifiques devant la diversité des végétaux du monde vivant

Pour répondre à cette question, il faut s'appuyer sur la notion de l'espèce et aussi du système espèce – environnement ainsi à des notions d'âmes, à des notions descriptives (description objective et séparation des plantes à fleurs des plantes sans fleurs), à l'invention de la nomenclature binomiale, au concept de la famille, au concept moderne du genre et à la définition de l'espèce de la botanique moderne qui est la mise en forme par Linné (Roger, 1978).

Dans la nature, les individus d'une même espèce se dispersent et se répartissent en plusieurs populations. Chacune des populations peut évoluer et acquérir une originalité génétique, plus ou moins différente de celle des populations voisines. On assiste alors à une diversification des espèces. Cependant, le plus souvent, elles continuent à échanger des individus par des événements de dispersion (pas d'isolement total). Ce flux de dispersion (de gènes) tend à homogénéiser des populations (brassage génétique) et à limiter leur diversification (Mangambu *et al.*, 2016).

Pour les Botanistes et Amis de la nature, une population végétale est formée par définition d'individus susceptibles de se reproduire entre eux. Celle-ci subit, au cours du temps, des changements incessants liés à la disparition (mortalité, émigration) et à l'apparition de nouveaux sujets (reproduction, immigration).

Toute population végétale est donc l'objet d'une dynamique qui soulève de nombreuses questions scientifiques. Les plus immédiates sont proches de l'histoire naturelle, mais posent inévitablement des interrogations plus profondes concernant la théorie de l'évolution. Pour attendre ce dernier domaine « ***la phylogénie*** », les Taxonomistes ont conservés dans les herbiers des spécimens (séchés et conservés), afin de mieux connaître et de classifier les taxons. Ces spécimens constituent des « preuves » matérielles, montrant que telle espèce fut, à un moment particulier, récolée à un endroit bien précis.

Evolution des classifications botaniques : utilitaires, morphologiques, phylogéniques

L'histoire des classifications botaniques reflète parfaitement les rapports que l'homme a entretenus avec la nature : à l'intérêt des plantes pour la médecine ou l'alimentation a succédé la retranscription fidèle de l'observation minutieuse des végétaux. Au fur et à mesure des progrès scientifiques, l'analyse devenait plus fine et les caractères étudiés plus nombreux. En d'autre terme dans le passé, les utilisateurs et les auteurs des classifications avaient des conceptions totalement différentes de celles qu'ils ont aujourd'hui sur la nature et le rôle de la classification. Le problème est devenu complexe parce que le sens de nombreux termes s'est modifié au cours du temps.

Mais le véritable changement apparût lorsque l'homme renonça au fixisme et à l'anthropocentrisme pour considérer l'évolution des espèces. Ainsi l'étude se porta petit à petit vers les liens de parenté entre les plantes étudiées sous leur forme morphologique puis moléculaire. Si la cladistique moléculaire fait aujourd'hui référence, ne perdons pas de vue que les conclusions actuelles peuvent être plus ou moins reconsidérées dans les années qui viennent en fonction des progrès futurs des sciences. Cependant on doit à la cladistique d'avoir permis à la classification de devenir une science : celle de la systématique.

La classification qui consiste à regrouper les organismes au sein d'ensembles en fonction de leurs similitudes : ensembles = « taxons». En autre terme, La classification est destinée à mettre en ordre les informations concernant les plantes et l'on peut construire des clés pour leur détermination.

Deux types principaux de classification sont reconnus dans l'histoire de la botanique systématique (**Classification empirique**[3] **et Classification rationnelle**[4]**)**. Par ailleurs la « nomenclature » qui consiste à attribuer un nom à chaque taxon. Enfin, la démarche d'identification qui utilise les deux domaines précédents afin de reconnaître et donner un nom. La systématique, l'étude de la diversité biologique a, entre autres, pour objet celui de reconstituer la phylogénie. Dans la mesure où elle cherche à mettre en évidence des relations évolutives entre les divers organismes, elle englobe la taxinomie, la science qui a pour objet de nommer et de classifier les espèces.

Début XIXe siècle, émergence de la notion d'évolution des espèces par **Darwin qui a révolutionné la Taxonomie, car** les individus se ressemblent non pas en raison d'une « instruction » divine, mais en raison d'une pression environnementale et de la sélection naturelle. Il ne faut donc pas regarder les variations des caractères acquis, mais celles des caractères héréditaires, transmis de génération en génération. La classification a progressivement intégré la phylogénie (Darwin, 1859) dont l'objet est la recherche de la généalogie des espèces. L'arbre généalogique lui-même, traduisant les liens de parenté constitue une classification, la classification naturelle.

Les scientifiques ont essayé donc de construire une classification *d'après ce que l'on sait de l'arbre généalogique*, donc des phylogenèses. **C'est une percée conceptuelle fondamentale ! Mais il a fallu attendre près d'un siècle pour qu'elle devienne opérationnelle.** C'est donc la phylogenèse (Yang, 2000) qui a réussi à faire adopter un système universellement reconnu, il ne faut pas croire que les progrès de la botanique se sont arrêtés avec Linné (Roger, 1978).

---

[3] Dans cette classification, les botanistes ont rangé les plantes dans un ordre alphabétique (ABC...). Le système peut être comparé avec un arrangement de mots dans un dictionnaire. Les plantes étaient classées d'après des critères étrangers à leur nature même (but commercial, ordre alphabétique de leurs noms, etc.). Il n'y avait pas de critère en considération (Marchar, 1988).

[4] Elle se fonde sur des particularités propres aux plantes. Dans cette classification, les plantes sont mises ensemble sur base de certains caractères naturels susceptibles de les unir.

De cette manière que cet ouvrage comprend trois grandes parties (reparties en huit chapitres) hormis l'introduction, historique et la conclusion qui se penche aux définitions des concepts, les attributions de botanique systématique. Ensuite, viennent l'historique, les attentives et l'apogée de classification des plantes.

- ***la première partie*** de cet ouvrage s'occupe de la taxonomie classique et identification des plantes. Elle comprend trois chapitres. Le premier s'intéresse aux caractères taxonomiques des plantes, le second à la Taxonomie classique ou morphologique et le troisième qui se consacre à l'identification, la classification, l'arrangement et la nomination des plantes (base de la Taxonomie)[5].

- ***la deuxième partie*** de l'ouvrage porte sur quelques éléments de Taxonomie numérique[6] et de la phylogénie[7]. Dans le premier volet de cette partie, je donne les approches utilisées en Taxonomie numérique et différentes méthodes cladistique qu'on peu utilisé dans ce domaine. Le second chapitre de cette partie évoque sur la connaissance, la nature des différentes données pour la phylogénie, la compréhension de la structure des arbres phylogénétiques et d'apprendre quelques méthodes de séquençage et constructions phylogénétiques

- ***la troisième*** et la dernière partie porte sur la conservation de matériel d'herbier qui comprend trois chapitres. Le premier chapitre de la partie se penche sur la construction et la gestion de l'herbier, comprend la

---

[5] La classification et l'arrangement hiérarchique des végétaux et des animaux sont à la base indispensable de toutes les disciplines biologiques et de leurs innombrables applications ; le double travail d'analyse et de synthèse qu'elle exige constitue, contrairement à ce que les esprits mal informés croient trop souvent, un exercice intellectuel éminemment formatif"(Lamarck, Dans la 3e édition de sa *Flore française* (1805).

[6] La classification de Michel Adanson prend en compte un maximum d'états de caractères (y compris leur absence) pour alimenter des analyses qu'elle veut affranchir du choix artistique ou arbitraire du taxonomiste (sa méthode est qualifiée de classification naturelle, classification numérique ou classification adansonienne). Le traitement statistique des 65 systèmes (->) de Michel Adanson n'a été réalisé que 240 années plus tard (Mugnier, 2004).

[7] Il est maintenant admis que la détermination des relations phylogénétiques (relations à un ancêtre commun) est un préalable nécessaire à une classification naturelle. La Taxonomie moléculaire est devenue l'outil de choix pour la reconnaissance des groupes monophylétiques. La méthode est basée sur l'ADN chloroplastique, ou sur l'ADN des ribosomes (Mugnier, 1998, 2000 ; Soltis et *al.* 2000).

préparation des spécimens, leur conservation, leur manipulation ainsi que le stockage. Le deuxième chapitre de partie se penche sur le rôle herbier en Taxonomie qui montre son importance du point de vue utilisations conventionnelles ou traditionnelles d'un herbier et non conventionnel est une source précieuse d'information sur les plantes. Le troisième chapitre montre aussi les différentes méthodes pour les entreposer des spécimens et sur des conventions qui ont été adoptées par les différents herbiers à travers le monde. Vu son importance, souhaitons, qu'elle diminue la quantité "d'échantillons" insuffisants et de "renseignements" vagues que l'on soumet trop souvent aux conservateurs des herbiers, et qu'elle les remplace par des échantillons bien faits et clairs.

Responsabilité partagée de l'enseignant et de l'apprenant

Je viens de faire ma part d'enseignement qui a une importance de taille sur la réussite de mes étudiants. Mais qu'en est- il de la responsabilité de l'apprenant ? Vous avez aussi a tout de même une responsabilité : celle de celui qui apprend. C'est ce qui le mobilise, l'engage dans un apprentissage, lui permet d'en assumer les difficultés, voire les épreuves, c'est le désir de savoir et la volonté de connaître.

Or ce désir de savoir ou plutôt cette envie d'apprendre peut venir de deux individus. Un enseignant ayant décidé d'ignorer son implication dans le désir d'apprendre de ses étudiants part donc du principe que la matière qu'il enseigne « est suffisamment intéressante pour capter l'attention de ces derniers ».

Je pense que le contenu étant suffisamment intéressant pour les motiver à apprendre, il n'y a, dans ce cas, pas vraiment de relation pédagogique à proprement parler. Il se peut également que l'enseignant accepte avoir un effet sur le processus de motivation des élèves à l'apprentissage.

Je vous donne donc un outil, je vous demande d'étudier la biodiversité et la systématique des plantes et leur évolution c'est-à-dire étudier et décrire le monde végétal, compléter la connaissance de la biodiversité végétale, préserver et le faire connaître pour construire ensemble un avenir durable.

Pour finir, je tiens à remercier d'abord les Professeurs et Enseignants de la Taxonomie végétale da la RDC (Professeurs Kalanda et Dhetchuvi). Je reste aussi très reconnaissant de mes anciens formateurs de l'Université d'Anvers/Belgique et ceux du Jardin Botanique de Meise/Belgique qui m'ont beaucoup aidé dans le nettoyage des textes et dans la proposition des successions des chapitres.

Je remercie mes anciens étudiants qui ont beaucoup travaillé et porté leur contribution dans le présent ouvrage que je considère comme partie d'une collection en cours.

Les Chef des Travaux Bashimbe Rukwira et Mwandaza Mweze de la Faculté des Lettres et Sciences humaines ont eu l'amabilité d'allier à leurs occupations une lecture attentive et patiente de l'entièreté ou des parties de ce document. Je leur sais gré d'avoir pu y apporter d'importantes améliorations au niveau de la forme. Jamais les mots ne sauront exprimer ma reconnaissance pour leur aide combien précieuse et incommensurable.

Dans la même optique, je voudrais également dire mes remerciements à Professeur Mbalassa Mulongaibalu, qui a aimablement accepté de donner une dernière touche à ce texte, traquant ici des coquilles têtues, restructurant là-bas des constructions syntaxiques restées boiteuses. Qu'elle soit spécialement remerciée ! En plus je lui dis un grand merci pour avoir accepté de préfacer ce livre en lançant un appel à la fois aux chercheurs et aux étudiants de le considérer comme un document de référence dans le domaine de Taxonomie végétale en RDC.

Puisse la maison d'édition de notre profonde reconnaissance pour le travail titanesque abattu dans l'exercice fastidieux de la mise en page et la correction cet ouvrage.

Chers collègues et Scientifiques, l'Université et, plus encore l'universalité la vraie, ne pouvant vivre sans un débat d'idées et d'opinions, je rassure à tous et à chacun que nous ne nous offusquerons pas du tout si vous retrouvez à redire sur le fond du livre.

Le progrès est impossible sans une telle reprise critique, fut-elle sévère. Ce cours sera, j'espère, utile pour tous ceux qui ont un intérêt quelconque concernant une partie de la classification du Règne Végétal.

Professeur Dr Mangambu Mokoso Jean De Dieu

TABLE DES MATIERES

INDEX DES ILLUSTRATIONS

INDEX DES TABLEAUX

1

Introduction générale

I. Le monde des végétaux

Le terme « végétal » est l'objet de références quotidiennes que l'on évoque à l'occasion de discussions diverses... Ce concept quotidien est fortement imprégné du sens commun, faisant des végétaux des organismes verts et immobiles. Selon les classifications scientifiques classiques un végétal est un organisme appartenant à l'une des diverses lignées qui végètent : c'est-à-dire qui respirent, se nourrissent, croissent comme les plantes, selon l'étymologie du terme (Selosse, 2012). Contrairement à une idée largement répandue, le terme végétal ne désigne pas uniquement les plantes (Buty. & Cornuéjols, 2002)[8]. Si l'on définit les plantes comme l'ensemble des organismes couramment reconnus comme les « ***végétaux verts*** », elles forment un groupe monophylétique comprenant les algues vertes et les plantes terrestres, constituant le taxon des Chlorobiontes (Selosse, 2008).

À ceux-ci, on rajoute les algues rouges, les algues brunes, ainsi que les champignons, pour former les végétaux, au sens « commun ». Toutefois, au sens de la phylogénétique, et dans les classifications modernes, le « règne végétal » avec son contenu traditionnel n'existe plus, dispersé sur plusieurs clades séparés, et les végétaux sont désormais un terme trop vague qui tend à ne plus être employé en botanique (Bdelnour *et al*, 1998).

Le règne végétal est un assemblage polyphylétique d'organismes photosynthétiques et dont les cellules ont une paroi faite de cellulose (Morère & et Pujol, 2003). Ce groupe est formé de deux lignées, l'une d'algues, et la seconde de plantes terrestres, qui comprennent notamment les Bryophytes (anthocérotes mousses et hépatiques), Ptéridophytes (Fougères et Lycophytes), Spermatophytes (gymnospermes et angiospermes).

La botanique, discipline d'étude des végétaux, a identifié environ :

---

[8] L'élaboration ou l'utilisation de classifications jouent un rôle essentiel dans la vie quotidienne et dans l'activité scientifique, particulièrement en biologie.
Les nomenclatures biologiques sont diverses.

- 10 000 espèces de mousses et 4 000 d'hépatiques ;-
- 20 000 espèces de Fougère et Lycophytes, diversifiées depuis le début du Carbonifère ;
-900 espèces de gymnospermes (Conifères, Cycades, Gnétales), diversifiées depuis probablement la fin du Carbonifère ;
- 300 000 espèces de plantes à fleurs, diversifiées depuis le Crétacé.

Les champignons ne sont plus classés dans le règne végétal, et forment le règne identifié des Fungi. Les algues forment un ensemble polyphylétique (algues vertes, brunes, etc.).

Sur le plan scientifique, le développement de la biologie a engendré une diversité de questions et a rendu le concept de végétal fortement polysémique (Whittaker, 1969). Selon les disciplines biologiques, le terme « végétal » renvoie à une multiplicité de concepts, c'est-à-dire de constructions humaines répondant à des problèmes différents. Ainsi, le concept de végétal n'a pas la même signification selon le positionnement que l'on adopte : le point de vue de la systématique, interrogeant les liens de parenté au sein du vivant (phylogénie), le point de vue fonctionnel (biochimie, physiologie, écologie) ou encore le point de vue structural (biologie cellulaire, anatomie). Il ne réfère pas aux mêmes espèces. Depuis longtemps, les humains connaissent les bienfaits des plantes (Abd-El-Khalick. & Lederman, 2000).

Qualifier un être vivant ou un concept de végétal, qu'il s'agisse d'un groupe biologique ou d'un type de cellule, revient à mobiliser une classification du vivant (Appel, 1996). Or, il existe une grande diversité des espèces, dont chacune normalement pourraient avoir un nom scientifiquement reconnu suivant une classification en science et plus particulièrement en biologie. Malgré l'extraordinaire diversité du règne végétal, il est possible de retrouver des caractères communs permettant de regrouper les végétaux en ensembles appelés taxons.

La classification des êtres vivants nous préoccupe depuis l'Antiquité. (Bächtold, 2012). Cette opération consiste véritablement à créer une science de la classification des plantes dans le monde. Depuis l'Antiquité, les classifications botaniques se sont succédées, d'abord basées sur l'utilité des plantes ; elles se sont ensuite tournées vers l'étude morphologique avec les progrès des moyens d'observation lors de la Renaissance (Behnke *et al.,* 2000). Quand la théorie sur l'évolution apparût, elles se basèrent alors sur la réunion de plantes parentes. Cette dernière façon de classer le monde végétal fait aujourd'hui référence et profite des progrès scientifiques dans le domaine de la biologie moléculaire (Mangambu, 2018).

II. La taxinomie[9], Science de la classification : étymologie et définitions

La taxonomie est l'art de bien nommer les espèces (Steven & Janssen, 2009 et Clémençon, 2013). Jusqu'au milieu du XIX ième siècle, les Systématiciens avaient une conception fixiste de l'espèce avec l'idée d'immuable et en nombre limité. La taxinomie ou « **taxonomie** », branche de la biologie spécialisée dans la classification des espèces et dans leur nomenclature (attribution des noms), souvent assimilée à la systématique. Inaugurée par les travaux de ***John Ray*** (1627-1705) et de ***Sébastien Vaillant*** (1669-1722), la taxinomie connaît avec ***Carl Von Linné*** (1707-1778 naturaliste suédois), son premier système cohérent de classification.

Le but de la taxinomie est alors d'inventorier toutes les formes de vie existantes et de décrire leurs caractères spécifiques (Rolland & Vian, 1995 ; Spichiger et *al.*, 2002 et Clémençon, 2013). Cet ouvrage vise des objectifs spécifiques ci-dessous :
- connaitre l'histoire, tentative des classifications et l'apogée de la botanique systématique ;
- identifier les caractères (Types et usages des caractères)
- connaitre les notions générales sur l'identification des plantes ;

[9] La Taxonomie (ou taxinomie) est « la science des lois de la classification des formes vivantes. Science de la théorie et de la pratique de la classification (Mayr). D'un point de vue pratique, elle inclut la reconnaissance, l'identification des formes vivantes et leur rangement dans une classification. » Source : http://acces.enslyon.fr/biotic/evolut/parente/html/glossair.htm (G. Lecointre), consulté le 01/02/2017. P. Tassy (2003) précise que « par taxinomie on comprend ici la science des classifications selon la définition de son concepteur, A.-P. de Candolle en 1813, reprise notamment par Simpson (1961), et non la seule dénomination des espèces ». 2 Les six styles d'enquête et de démonstration sont : « déduction à partir de principes, méthode expérimentale.

- nommer et décrire les plantes suivant les règles établies et révisées par une Commission internationale de nomenclature ;
- maitriser les notions élémentaires de la taxonomie numérique et de la phylogénie des plantes ;
- maitriser les notions élémentaires sur l'usage et la gestion de l'herbier

Tout au long de cet ouvrage, nous allons comprendre que la taxonomie comprend trois domaines différents : d'une part la classification qui consiste à regrouper les organismes au sein d'ensembles en fonction de leurs similitudes : ensembles = «***taxons***». D'autre part la « ***nomenclature*** » qui consiste à attribuer un nom à chaque taxon. Enfin la démarche d'identification qui utilise les deux domaines précédents afin de reconnaître et donner un nom à la plante (Bernhard, 1999).

II.1. Étymologie et usage du mot

Le mot taxinomie[10] provient du grec **ταξινομία** (taxinomia), lui-même composé de **τάξις** (taxis) «placement», «classement», «ordre» (racine que l'on retrouve en sanscrit : **taksh** : «tailler», «faire », «former»), et de **νομός** (nomos) qui signifie «loi», «règle»).[11] Le terme de taxinomie ne dérive pas du mot taxon, ce dernier étant un concept apparu bien plus récemment : le botaniste ***Herman Lam*** a créé le mot taxon en 1948. Ainsi, la taxinomie n'est pas, étymologiquement, l'étude des taxons mais bien les lois sur l'ordre, donc les règles de la classification. Cependant, le mot taxinomie

[10] **Taxinomie :** nom commun, féminin (taxinomie) qui s'écrit aussi : Taxonomie. Ce une sciences regroupement méthodique et hiérarchique (d'éléments). [Remarque d'usage : originellement réservé aux sciences de la vie, ce terme se rencontre à présent également dans d'autres champs].

[11] Le terme fut créé en 1813, sous l'orthographe de «Taxonomie», par le botaniste suisse ***Augustin Pyrame de Candolle*** (1778-1841) dans sa *Théorie élémentaire de la botanique ou exposition des principes de la classification naturelle et de l'art de décrire et d'étudier les végétaux*, pour désigner dans sa « théorie des classifications» à la fois la méthode et ce qu'il a qualifié de « bases de la botanique philosophique» (*Mémoires et souvenirs*, Livre III). ***Émile Littre***, dans son Dictionnaire de la langue française (version 1872-1877) précisait que le mot « taxinomie » pouvait aussi être utilisé, formé sur l'étymon grec *taxis* (l'ordre). Le Grand dictionnaire terminologique confirme que taxinomie est recommandé par plusieurs auteurs considérant « *Taxonomie* » comme « un calque de l'anglais *Taxonomy* ». Cependant, la plupart des dictionnaires anglais affirment que le mot *taxonomy* dérive du français, et, pour le TLFI, l'anglais *taxonomy* est apparu en 1828 dans *Webster's*.

est le plus souvent utilisé pour nommer la science de la description des taxons (Clémençon, 2013).

Le terme est devenu d'usage courant aujourd'hui, soit dans la graphie originale, mais étymologiquement contestée, de Taxonomie, soit sous la graphie corrigée par ***Émile Littré*** (dictionnaire de version 1872-1877) de taxinomie, mais l'autre graphie reste néanmoins très répandue, notamment en raison de sa conservation dans la traduction anglaise, « *Taxonomy* ».

II.2. Définitions

La Taxinomie (ou *Taxonomie*) est une science, branche de la biologie, qui a pour objet de décrire les organismes vivants et de les regrouper en entités appelées taxons afin de les identifier puis les nommer et enfin les classer et de les reconnaitre via des clés de détermination dichotomiques. En bref, la Taxonomie est un nom pour identifier le taxon (***taxon = groupe de plantes qui possèdent des caractères communs*** (Mangambu, 2018). Elle complète la systématique qui est la science qui organise le classement des taxons et leurs relations (Nyakabwa, 2005).

Parmi ces méthodes, les plus récentes incluent une nouvelle approche conceptuelle de la classification mais aussi des méthodes d'analyse d'éléments empiriques restés longtemps ignorés de la science avant l'arrivée, au cours de la seconde moitié du XXe siècle, des découvertes de la biologie moléculaire. La taxinomie s'étend maintenant à d'autres sciences, entre autres les sciences humaines et sociales, les sciences de l'information et de l'informatique (Djekoun & Hamidechi, 2006).

II.2.1. Différences entre Taxonomie et Systématique

Dans la plupart des disciplines de la biologie, le terme Taxonomie (taxinomie) est inséparable de celui de systématique, science qui a pour objet de *dénombrer* et de *classer* les taxons dans un certain ordre, basé sur des principes divers. Dans la pratique, le terme « *systématique* » désigne aussi bien la méthode utilisée (on dira par exemple la « systématique phylogénétique ») que le résultat obtenu avec cette méthode (la « *systématique des Asteraceae* »).

Dans le sens concret de résultat, les deux sciences sont peu distinctes et souvent confondues, car pratiquées simultanément par les mêmes personnes (Dhetchuvi, 2003). Les Taxonomistes ont de tout temps été nommés systématiciens, car après avoir étudié et décrit des organismes, ils ont tout naturellement essayé de les classer à partir du bas niveau des espèces (*alpha taxonomy* ou « ***taxinomie primaire*** »).

Néanmoins, la systématique ne s'attache pas uniquement à utiliser les ressemblances externes pour classer les organismes : elle est également la science qui inventorie la biodiversité, décrit et nomme tous les êtres vivants. Ce sont les espèces qui constituent les unités de bases du classement systématiques.

Donc, la systématique en générale s'est définie comme une science qui s'intéresse à la diversité des organes, elle implique la découverte, la description de la diversité biologique ainsi que la synthèse des informations sur la diversité et leur présentation sous forme de systèmes de classe prédictive (Dhetchuvi, 2003 ; Selosse, 2008).

Ceux qui utilisent surtout le sens de méthode, les Phylogénéticiens notamment, nomment souvent le résultat classification ou encore «taxinomie». La systématique est utilisée pour classer les organismes vivant en plusieurs groupes selon une hiérarchie bien précise (classification), basée sur les points communs et les différences entre ces organismes (Lejoly, 1997 ; Djekoun & Hamidechi, 2006).

II.2.2. Classification et Nomenclature

Classification est donc le fait de mettre l'ordre dans ce qui existe dans la nature en vue de reconstituer les groupes reconnaissables et cela facilite la reconnaissance entre ces derniers. La classification biologique cherche à expliquer la réalité du monde vivant. En d'autre terme, mettre un ordre permettant la détermination exacte des espèces et cette dernière est indispensable dans nombreux problèmes tant scientifiques que pratiques (Mangambu, 2018).

Les règles de nomenclature constituent un ensemble de principes, règles et recommandations permettant d'attribuer un nom à un organisme. Si l'on considère un nom d'organisme comme un mot d'une langue particulière, les règles de nomenclature pourraient correspondre à la grammaire de cette langue (Steven & Janssen, 2009). Elles déterminent, entre autres, la manière dont doit être rédigé le nom, mais aussi son existence aux yeux des scientifiques. Ainsi, un ensemble de critères détermine l'existence ou non d'un nom, ce que l'on désigne selon les codes, sous les termes de disponibilité, établissement ou publication valide (Lejoly, 1997).

Pour reprendre l'analogie avec la grammaire, il s'agit alors non seulement de rédiger un mot, mais aussi de dire que les seuls mots à utiliser sont ceux présents dans un dictionnaire donné (et qui ont suivi un processus particulier pour être autorisés à y être présents, Mangambu, 2018). De plus, avant de déterminer le nom à donner à un taxon, il faut avoir réalisé des choix taxonomiques (tout comme il faut avoir fait une phrase pour écrire correctement un mot, en particulier un nom ou un verbe, Gledhiil, 2008).

En nomenclature biologique, ces choix taxonomiques sont principalement le choix du rang auquel le taxon doit être reconnu (s'agit-il d'une espèce, une sous-espèce ou une famille ?), et le choix du taxon supérieur (à quel genre, à quelle espèce, appartient-il en particulier ?). Ces deux décisions taxonomiques n'interviennent pas dans les règles de nomenclature, il s'agit seulement des deux questions dont il est indispensable de connaitre la réponse avant de pouvoir appliquer les règles de nomenclature et donc de pouvoir donner un nom au groupe reconnu (Gledhiil , 2008).

II.3. Les objectifs généraux des classifications

La classification peut avoir deux objectifs (Lejoly, 1997) : soit situer un taxon par rapport à d'autres, en fonction de nombreux caractères, en utilisant des principes et des critères clairement établis (classification *stricto sensu*), soit situer un spécimen dans un taxon par une méthode aussi

simple que rapide (classification *lato sensu ;* le terme exact, schème d'identification ou de détermination, est peu cité).
Exemple : *Bidens Pilosa* fait partie de l'embranchement des Magnoliophyta, de la classe des Asteropsida, de l'ordre des Asterales, de la famille des Asteraceae, Tribu des Heliantheae du genre Bidens.

Après avoir déterminé le nom de l'échantillon, il s'agit ensuite de situer le taxon Grillon dans une classification. Dans une clé de détermination, les critères choisis peuvent être totalement arbitraires et sans fondement scientifique ; mais ils recouvrent parfois plus ou moins ceux d'une classification, et il est dans ce cas difficile de séparer détermination et classification, qui sont confondues[12].

III. Les attributions de botanique systématique et but de la classification végétale

III.1. Les attributions de botanique systématique

Les attributions de botanique systématique sont les suivantes en Taxonomie végétale (Lejoly, 1997 ; Selosse, 2008):
- décrire les centaines de milliers d'espèces végétales peuplant la terre, ou l'ayant peuplée au cours des périodes géologiques écoulées ;
- donner un nom dépourvu d'ambiguïté ;
- classer, c'est-à-dire de les ranger suivant leurs ressemblances en groupes hiérarchisés.

Pour cette raison, la classification et la nomenclature sont des activités aussi anciennes que l'humanité. Les premiers hommes classaient déjà

[12] ***Jean Baptiste Lamarck* (1744-1829),** l'un des plus grands classificateurs de son époque, servira de modèle, afin de faire comprendre sa démarche intellectuelle et ses prises de position sur les espèces et leur devenir. Dans la 3e édition de sa *Flore française* (1805), il reconnaît le double intérêt des classifications : - déterminer les noms des plantes et déterminer l'emplacement naturel les unes par rapport aux autres, c'est-à-dire retrouver l'Échelle des êtres « *Le fixisme dogmatique* » et « *Le transformisme lamarckien, l'Échelle des êtres* »). Le fixisme dogmatique consiste à fournir le moyen le plus sûr et le plus facile pour résoudre, dans tous les cas particuliers, ce problème général : étant **donnée une production du** règne végétal, trouver le nom que les botanistes lui ont assigné... (Dayrat, 2003).

les plantes en fonction de leur utilisation, en différenciant notamment les plantes à fruits ou à graines comestibles de celles qui présentaient une certaine toxicité. Néanmoins, *la systématique* ne s'attache pas uniquement à utiliser les ressemblances externes pour classer les organismes (Dhetchuvi, 2003) :

- elle est également la science qui inventorie la biodiversité, décrit et nomme tous les êtres vivants ;
- c'est une science qui s'intéresse à la diversité des organes, elle implique la découverte, la description de la diversité biologique ainsi que la synthèse des informations sur la diversité et leur présentation sous forme de systèmes de classe prédictive.

III.2. But de la classification végétale

La classification végétale poursuit un double but en Taxonomie et sont les suivants (Dhetchuvi, 2003) :

a. **Mettre, dans une somme énorme de connaissance**, et qui va sans cesse croissant, un certain ordre, sans lequel l'esprit humain, même le plus encyclopédique, n'arriverait pas à maîtriser ces connaissances. Cet ordre doit permettre la détermination exacte des espèces de plantes ou de leurs variétés, détermination indispensable dans de nombreux problèmes tant scientifiques que techniques ; ainsi considérées, la classification et la dénomination des plantes ne constituent pas une fin, mais un moyen, au service des autres disciplines de la botanique pure et appliquée, dont elles constituent la base ; elles se doivent d'être pratiques. Elles forment la systématique descriptive ou la Taxonomie.

b. **Tâcher de reconstituer et d'expliquer l'évolution du règne végétal** à partir de la connaissance des plantes fossiles et des ressemblances existant entre les plantes actuelles ; dresser en quelque sorte l'arbre généalogique du règne végétal. C'est-à-dire dresser en quelque sorte l'arbre généalogique du règne végétal permettant de reconstituer et expliquer son évolution à partir de la reconnaissance des plantes fossiles, et les ressemblances existant entre les plantes actuelles. Il s'agit ici d'une véritable science ayant une fin en soi : la Phylogénie.

Elle mène à l'étude des mécanismes de l'évolution (***bio systématique***) et a, de ce fait, de nombreuses incidences avec la botanique appliquée (amélioration, transformation et extension de l'aire des plantes cultivées, conservation de la biodiversité). C'est-à-dire, l*a botanique systématique* a pour objet la description des végétaux, leur identification par un nom approprié et en fin leur classification « Taxonomie » en différents groupes suivant leurs ressemblance et différences selon un code logique préalablement établit (Barrie *et al.*, 1995). L'importance de la systématique est particulièrement illustrée par les sciences de l'environnement et les sciences médicales (Dhetchuvi, 2003).
Avant la pénétration dans les sciences biologiques des idées sur le transformisme et l'évolution, la botanique systématique a été purement descriptive et artificielle ; depuis lors, la Taxonomie est devenue de plus en plus phylogénétique, et on parle aujourd'hui de Systématique phylogénétique.
De cette manière, la Systématique fait progresser nos connaissances sur l'évolution pour une meilleure compréhension de cette présentation générale. Elle est importante aussi pour des « ***études bio systématiques***» sur nombreux phénomènes biologiques tels que l'adaptation, la spéciation, les rythmes évolutifs, la diversification et la spécialisation écologique, les relations de coévolution entre les hôtes et les parasites, la biogéographie, etc. (Nyakabwa, 2007 ; Mangambu, 2018).

IV. Unités de la systématique

IV.1. La notion d'espèce

Dans toute classification, il faut choisir une unité, l'unité de la systématique est **l'espèce.** On peut la définir grossièrement comme une collection d'individus tous semblables et qui se transmettent cette similitude de génération en génération. En d'autre terme, c'est l'unité de base de la hiérarchie linnéenne (Clémençon, 2013).

C'est le seul taxon dont le statut biologique est (censé être) objectif, grâce au critère d'interfécondité (difficile à appliquer pour les fossiles). En analyse phylogénétique, les taxons terminaux peuvent être des unités infra-spécifiques (individus, populations, sous-espèces), des espèces et/ou des unités supra-spécifiques (de niveau générique, familial ou suprafamilial).

L'espèce, c'est la collection de tous les corps organises, nés les uns des autres, ou de parents communs, et de tous ceux qui leur ressemblent autant qu'ils se ressemblent entre eux (Francour, 2013).

IV.2. Aspects de l'espèce

Il existe deux aspects de l'espèce en taxonomique « taxinomie et dans l'étude de la vie (Lejoly, 1997) :
- ***Suivant l'aspect biologique,*** les espèces sont des groupes de populations dont les membres peuvent se croiser entre eux, et qui sont productivement isolés des autres groupes. L'un des critères majeurs pour différencier des espèces voisines est le fait que les hybrides éventuels ne seront pas viables ou seront stériles. La genèse des espèces consiste donc simplement en l'acquisition, par le jeu de l'évolution, de quelque différence - n'importe laquelle - qui empêche la production d'hybrides féconds entre des populations, dans des conditions naturelles.
- ***Sur le plan génétique***, le concept d'espèce biologique implique qu'il existe un pool de gènes qui peut se recombiner à l'intérieur de toute la population lors de la reproduction sexuée, mais que ce pool génique est en quelque sorte protégé d'un mélange possible avec d'autres pools par des mécanismes biologiques, physiologiques ou comportementaux. Si le concept d'espèce biologique n'est pas discutable, il est néanmoins difficile à appliquer chez les poissons dans la mesure où des essais systématiques de croisement entre diverses populations naturelles sont particulièrement difficiles à mettre en œuvre (Bernhard, 1999).

IV.3. Variation de l'espèce

Cette notion d'espèce est bien moins claire pour les spécialistes, et sa complexité ne fait que s'affirmer d'avantage avec les progrès de la cytogénétique, car il n'existe dans la nature que des individus, l'espèce étant une abstraction (Lejoly, 1997 ; Francour, 2013).

Chaque individu végétal a un aspect extérieur qui est la résultante de facteurs internes (constitution génétique, métabolisme, organisation de la morphogénèse, etc...) et externes (action du milieu) ; l'ensemble des caractères dus aux facteurs internes forme le génotype ; le phénotype, aspect du végétal, est réalisé par l'action du milieu extérieur sur le génotype (Darwin, 1859). Il est en général difficile de dissocier chez une plante ce qui est génotypique de ce qui est phénotypique. Pour mettre les génotypes en évidence, il faut placer tous les individus étudiés dans les conditions de milieu exactement semblables.

Pour distinguer les phénotypes, il faut placer dans des milieux variés des individus qui sont tous génotypiquement semblables ; une collection de tels individus, qui sont tous génotypiquement semblables, s'obtient par reproduction asexuée d'un individu initial (clone) ou par reproduction sexuée à partir d'un ou deux parents strictement homozygotes (lignée pure).

On appelle biotype : une population d'individus génotypiquement semblables ; si l'on place ces individus dans des conditions de milieu identiques, leur forme extérieure (phénotype) est strictement la même pour tous (Francour, 2013).

Dans la nature, les clones sont relativement peu fréquents, et les lignées pures rares ; la plupart des individus naissent de parents plus ou moins hétérozygotes et se présentent en populations plus ou moins hétérogènes, qui sont des mélanges de biotypes ; chacun des individus à ses caractères individuels propres ; suivant la grandeur de l'échelle de variabilité des individus, l'espèce (notion abstraite) sera plus ou moins bien définie (Lejoly, 1997 ; Francour, 2013).

Une des tâches du systématicien est de définir les caractères génotypiques communs à chacun des individus de l'espèce, et manquant aux individus des espèces voisines : ce sont des caractères spécifiques ; leur ensemble constitue la diagnose de l'espèce , celle-ci étant variable, on peut y distinguer des subdivisions : sous-espèces, variétés, formes (Lejoly, 1997).

V. Pertinence de la systématique

V.1. Importance de la systématique dans la société

L'impact de la systématique dans la société est principalement reflété dans la satisfaction de notre curiosité intellectuelle concernant notre monde. Autrement dit, la Systématique est l'étude sur l'origine de la vie tout en investiguant sur l'évolution de vie sur la terre et ces investigations concernent la morphologie, l'anatomie, la cytologie, la biochimie,...

Cette notion apparaît claire aux yeux du profane; elle existait certainement déjà chez les premiers hommes, dans la vie desquels les plantes jouaient un tout premier rôle (alimentation, textiles, médecine, religion et magie): "***origine trophique du savoir*** " (Hauman); elle est de nos jours encore très développée chez certains peuples: extraordinaire connaissance des poisons végétaux (de flèches, d'ordalies, de pêche, etc...) chez les habitants des brousses de l'Afrique et de l'Amérique tropicales (Lejoly, 1997 ; Dhetchuvi, 2003).

La description des caractères et des propriétés utiles à l'homme est le fait de la botanique économique. La botanique économique des plantes médicinales est la Pharmacognosie. La phytochimie est l'étude des substances chimiques élaborées par les végétaux (Dhetchuvi, 2003). En bref, la Systématique est essentielle en sciences biologiques qui s'occupent de la diversité, de la biologie de la conservation, de l'écologie, de l'ethnobotanique, etc.

V.2. Contribution de la Systématique à la Biologie

La contribution de la systématique dans la biologie est multiple, nous allons citer entre autre :
- La Taxonomie joue un rôle important dans le système de production de données biologiques qui permettent de rétablir les relations entre les organismes ;
- Elle aide dans la compréhension des processus de l'évolution en considérant l'isolation individuelle, le mode de spéciation ;

- Les études systématiques permettent d'établir les patrons de distribution des espèces.

Donc, la systématique des végétaux et des animaux est la base indispensable de toutes les disciplines biologiques et de leurs innombrables applications ; le double travail d'analyse et de synthèse qu'elle exige constitue, contrairement à ce que les esprits mal informés croient trop souvent, un exercice intellectuel éminemment formatif". Donc, pour identifier une plante correctement, il reste donc nécessaire de bien connaître de la morphologie afin de pouvoir établir avec précision la liste des caractères observés sur la plante à identifier.

V.3. Situation actuelle et perspectives de la classification botanique

Bien que les connaissances sur les ancêtres des plantes commencent à se préciser, seul un petit nombre de séquences de gènes ont été étudiées. Actuellement, on cherche à augmenter ce nombre et à intégrer l'histoire évolutive que contiennent ces séquences. Plus important encore, il s'agit de synthétiser les avancées scientifiques dans les différents domaines de la connaissance en botanique qui demeurent, par anticipation, sans lien entre eux.

Les angiospermes sont le groupe de plantes qui a le plus attiré l'attention des botanistes, ce qui n'a pas été le cas d'autres groupes (évolutivement plus anciens et beaucoup plus simples à étudier) tels que les bryophytes, raison pour laquelle on attend dans les prochaines années à partir de leur étude l'émergence de nouveaux concepts et paradigmes. Les algues, autre exemple de groupe qui n'a pas été analysé en profondeur, sont extrêmement diverses et on a découvert qu'elles comprennent au moins sept lignées évolutives différentes, dont une seule est à l'origine du règne des Plantae. En tant que telles, les algues représentent une myriade d'expériences sur l'adaptation susceptibles d'études comparatives en raison de leur simplicité et de leur relative diversité.

La croissance des plantes est également un processus caractéristique en raison de sa plasticité, phénomène qui n'est pas encore entièrement compris. Comme les plantes sont immobiles, ancrées sur un substrat, elle présente une extrême capacité à modifier leur mode de croissance. Les plantes ne peuvent pas échapper à un prédateur, à un compétiteur ou à des conditions de milieu qui contrarient leur développement normal. Pour cette raison, elles ont une réponse adaptative consistant à modifier leur croissance et leur développement pour former des structures assez éloignées des structures habituelles. Ces changements spectaculaires dans l'apparence d'un même individu dans différentes conditions environnementales permettent d'aborder un autre aspect essentiel de la biologie : comment les gènes interagissent-ils avec l'environnement pour déterminer la forme et la taille de l'organisme ?, ou autrement dit, quelle est la base génétique de la plasticité ?

Outre les avancées de la botanique pure, la botanique appliquée a évolué depuis l'Antiquité pour trouver de nouvelles réponses aux besoins humains croissants, tant dans l'alimentation que dans les applications médicinales, textiles, industrielle et comme source d'énergie renouvelable. Actuellement, de nombreux chercheurs dans le monde consacrent leurs travaux à des sources d'énergie nouvelles, basées sur la fermentation du maïs ou d'autres espèces pour produire de l'éthanol ou du méthanol, ainsi que sur la photosynthèse des algues et leur combustion ultérieure.

La bio remédiation utilisant les plantes, les champignons et les algues est un autre aspect central de la recherche en cours pour atténuer les effets de la pollution produite par les déchets toxiques. En outre, le rôle des plantes dans le domaine de la médecine s'étend bien au-delà de leur utilisation traditionnelle et continue en pharmacie, pour essayer de convertir diverses espèces végétales en fabriques d'anticorps monoclonaux contre le cancer et d'autres produits biopharmaceutiques (cf. moléculture végétale).

Le rôle des autres organismes, tels que des champignons, dans la recherche de nouveaux composés pour le traitement de diverses maladies a également augmenté. Le génie génétique appliqué aux plantes a pris une place à côté de l'amélioration génétique classique comme un moyen de créer de nouveaux caractères bénéfiques pour les cultures. En fait, la plupart des plantes cultivées destinées à l'alimentation humaine, à la production de fourrages, de fibres textiles et d'huiles comestibles ont été génétiquement modifiées pour augmenter leur tolérance aux maladies, à la sécheresse, aux basses températures, à différents herbicides et aux ravageurs phytophages.

Au cours de l'histoire, le sort de l'espèce humaine a été inextricablement associé aux plantes, depuis le développement de l'agriculture, en passant par les grands voyages de découverte stimulés par la recherche d'épices exotiques, jusqu'à la Révolution verte. Il n'y a aucune raison de supposer que notre destin serait maintenant plus éloigné des plantes que plusieurs siècles ou millénaires auparavant.

En fait, la dépendance des êtres humains à l'égard des plantes semble être de plus en plus grande, compte tenu que la majeure partie de l'approvisionnement alimentaire mondial provient d'une vingtaine d'espèces de plantes seulement. La connaissance de ces dernières, de leur structure, de leur fonctionnement et de leurs interrelations, le maintien de leur diversité et l'utilisation de ces plantes pour répondre aux besoins de l'humanité demeurent la mission de la botanique pour les prochains siècles.

V.4. Développement de l'enseignement de la Taxonomie Végétale

Pour ses usages pharmaceutiques et agricoles, mais aussi en raison d'un intérêt croissant pour les sciences de la nature, l'enseignement de la taxonomie et systématique botanique se sont développées rapidement, appuyées par la constitution de centaines de sociétés savantes, de grands herbiers et de collections de référence, la diffusion d'illustrations naturalistes, d'ouvrages taxonomiques, mais aussi des microscopes et de modèles tridimensionnels (tels que le « Modèle Brendel »). Notons que l'enseignement universitaire s'appuie aussi sur les jardins botaniques.

Chapitre I :
Histoire de la systématique Botanique

1.1. Introduction

L'histoire de la botanique est l'exposition et la narration des idées, des recherches et des travaux liés à la description, à la classification, au fonctionnement, à la distribution et aux relations des organismes appartenant aux règnes des Champignons, des Chromistes et des Plantes au cours des différentes périodes historique (Yang, 2006).

Depuis l'Antiquité, l'étude des plantes a été abordée selon deux approches assez différentes : théorique et utilitaire. Du premier point de vue, qu'on appelle botanique pure, la science des plantes a été construite sur ses propres mérites comme partie intégrante de la biologie (Vernier, 2009). Selon la conception utilitaire, la botanique appliquée a été conçue comme une discipline rattachée à la Médecine ou à l'Agronomie. Au cours des différentes périodes de son évolution l'une ou l'autre approche a prévalu, même si à ses origines - qui remontent au VIII ième siècle avant Jésus Christ. C'est l'approche de botanique appliquée qui a été dominante (Selosse, 2012).

La botanique, comme beaucoup d'autres sciences, a atteint la première expression définie de ses principes et problèmes dans la Grèce antique, puis a poursuivi son développement dans la période de l'Empire romain (Vernier, 2009). Les Romains ont peu contribué aux fondements de la botanique, mais ils ont apporté une grande contribution à notre connaissance de la botanique appliquée à l'agriculture (Selosse, 2012).

1.2. Utilité : source de la systématique Botanique

Pour comprendre la botanique et plus précisément la Taxonomie, un passage par l'histoire est indispensable. Les premiers hominidés ont très certainement été les premiers botanistes par nécessité. Les plantes leur amenaient la nourriture et déjà les médicaments utilisés aux soins de leurs maux (maladies).

La botanique a donc été dès l'origine une science utilitaire (Dhetchuvi, 2003). Il fallait manger, boire, se vêtir, se loger. Il n'était pas nécessaire, en ces périodes, de connaître ce que nous appelons aujourd'hui la Taxonomie. Il faut dire que les gens avaient surtout besoin de reconnaître la plante pour sa comestibilité, ses qualités médicinales, textiles ou tinctoriales (Vernier, 2009).

L'écriture nous amène à la connaissance et celle-ci s'accroît au fur et à mesure de la découverte du Monde. C'est ainsi on propose dans cet ouvrage en passant en revue les principaux botanistes de l'Antiquité, ceux du XVIII ieme siècle, pour terminer par l'étude de la botanique aujourd'hui, au filtre de la biologie moléculaire (Yang, 2006).

1.3. Genèse de la botanique

1.3.1. Sous l'Antiquité

La science des plantes, comme beaucoup d'autres, a connu la première expression définie de ses principes et problèmes dans la Grèce antique, et par la suite, c'est l'Empire romain qui a continué son développement. Parmi toutes les figures de cette période se détachent celles ***d'Aristote, de Théophraste, de Pline l'Ancien et de Dioscoride.***

1.3.1.1. Une botanique au service de la médecine

En ce temps la préoccupation des hommes était de trouver des remèdes à leurs maux (maladies). C'est ainsi que les plantes étaient citées, parfois décrites dans des ouvrages médicaux (Marganne, 2004). Le manuscrit le plus ancien de ce type connu à l'heure actuelle est assyrien. Il est vieux de 3500 ans et évoque, parmi les pratiques magico-religieuses, les propriétés qu'a le cyprès pour calmer les douleurs hémorroïdaires (Amigues, 2002 ; Pelt, 2009).

La médecine chinoise date d'au moins 3000 ans (Marganne, 2004) et fait appel entre autres à la phytothérapie et l'on retrouve déjà dans les textes de ce temps les mentions de la rhubarbe, de l'aconit, de l'armoise et de l'opium (Amigues, 2002 ; Romieux, 2004).

Exemple 1 : les occupants du sous-continent indien utilisaient également les plantes dès 1500 avant Jésus-Christ. Le fameux chanvre indien (*Cannabis*) en faisait partie mais également la jusquiame et une autre plante indienne *Rauwolfia serpentina* qui est à l'origine du premier tranquillisant moderne, la réserpine beaucoup utilisée dans les années 1960 pour ses effets neuroleptiques et antihypertenseurs (Stannard, 1999).

Exemple 2 : dans le même temps les égyptiens nous révèlent dans le papyrus Ebers rédigé vers 1550 avant Jésus-Christ les propriétés de certaines plantes (Stannard, 1999).

La pharmacopée égyptienne de l'époque faisait appel à plus de 700 substances, tirées pour la plupart du règne végétal : safran, myrrhe, aloès, feuilles de ricin, lotus bleu, extrait de lys, suc du pavot somnifère, huile de baumier, résine, encens, jusquiame, chanvre, etc. Les sujets des Pharaons utilisaient plusieurs organes de plantes (Stannard, 1999).
Exemple : les feuilles de menthes pour soigner les troubles gastriques, le pavot à opium comme antidouleur, les épis de blés contre les maladies de peau.

1.3.1.2. Les premiers essais de classification

Le monde grec prend le relais et ***Aristote***[13] (384-322 av. J.C.), philosophe touche à tout et notamment à la biologie, écrit et enseigne *les Sciences Naturelles*. Il est considéré comme le « ***fondateur de la botanique*** ». Cependant son œuvre botanique est réduite et il ne se sera intéressé aux végétaux qu'en tant qu'organismes vivants faisant partie de l'organisation générale du monde vivant. Sa classification des êtres vivants est fonction de la nature de l'âme de ces êtres vivants (Théophraste, 1988 (livre écrit à son mémoire après sa mort); (Amigues, 2002 ; Vernier, 2009).

Il détermine quatre type d'âmes : *l'âme nutritive, l'âme sensitive, l'âme appétitive et locomotrice* et *l'âme rationnelle.* C'est donc lui qui a produit un

[13] **Aristote** (384-322 avant J.C.), qui a produit un concept implicite de l'espèce, a laissé une classification animale. Il a été un initiateur de la démarche expérimentale en souhaitant que l'observation précède la théorie. Le 2 février 1882, peu avant sa mort, Darwin écrit à son ami William OGLE qui vient de lui envoyer la traduction de ***De Partibus Animalium*** d'Aristote : « Linné et Cuvier ont été mes deux dieux, bien que de façon différente, mais à côté du vieil Aristote ils ne sont que de simples écoliers. »

concept ***implicite de l'espèce***, a laissé une classification animale. Il a été un initiateur de la démarche expérimentale en souhaitant que l'observation précède la théorie (Théophraste, 1988). En fonction de cette échelle sa classification part des êtres inanimés en passant successivement par les éponges, les méduses, les mollusques pour aller jusqu'aux mammifères et arriver, au sommet de cette hiérarchie, à l'homme. Il a pour élève ***Théophraste*** à qui il a fait découvrir les secrets du monde vivant (Amigues, 2002 ; Vernier, 2009).

Théophraste[14] (372-287 avant Jésus Christ) philosophe grec, est l'auteur de « ***Histoire des Plantes*** » écrite en 360 avant Jésus-Christ et qui traite de la *morphologie* et de la classification des végétaux. Il est le premier à faire la distinction entre le *règne animal* et *le règne végétal*. **A ce titre, il est considéré comme le père de la botanique**. Sa classification botanique est artificielle. Il distingue quatre groupes principaux : les herbes, les sous arbrisseaux, les arbrisseaux et les arbres. Il y range cinq cents plantes (Vernier, 2009).

Plus tard, ***Pline L'ancien*** (23-79 après Jésus Christ) homme de lettres, militaire et historien romain nous lègue son «Histoire naturelle», «*Historia naturalis*», qui comporte 37 livres dont 9 traitent des Plantes médicinales et est considérée comme l'encyclopédie botanique de cette époque (Stannard, 1999 ; Vernier, 2009).

Pedanius Dioscoride (40-90 après Jésus Christ.) physicien et médecin militaire exerçant dans l'armée Romaine et botaniste grec. Il fut un grand voyageur et a ainsi accumulé les connaissances des plantes médicinales du monde connu à cette époque et il accompagna les armées romaines de ***Claude*** puis de ***Néron*** tout autour de la méditerranée. Son œuvre fera référence jusqu'au XVIème siècle. Il reste célèbre de l'Antiquité à la Renaissance, pour ses travaux sur les plantes. Dans son ouvrage « *Historia Plantarum* », il aborde tous les aspects de leur biologie et propose une

[14] Brillant disciple d'***Aristote, Théophraste*** (372-322 avant J.C.) reste célèbre de l'Antiquité à la Renaissance, pour ses travaux sur les plantes. Dans son ouvrage ***Historia Plantarum***, il aborde tous les aspects de leur biologie et propose une classification hiérarchique dont les critères sont morphologiques, biologiques, reproductifs et écologiques (Amigues, 2002).

classification hiérarchique dont les critères sont morphologiques, biologiques, reproductifs et écologiques (Vernier, 2009).

Dans ce titre, est considéré comme le **Père de la pharmacognosie**. De chaque région traversée, il récolte des informations pratiques sur les plantes indigènes. Il dresse la liste d'environ un millier de substances actives sur l'homme, la plupart d'origine végétale. Il rédige un énorme ouvrage « Sur les Plantes médicinales », de six volumes «*De Materia Medica*» rédigé vers 60, dans lequel il classe les plantes méditerranéennes selon des critères utilitaires : plantes aromatiques, médicinales, poisons... et leurs effets sur l'homme (Vernier, 2009). Cet ouvrage décrit les plantes en tant que médicaments et aborde parfois leur répartition géographique (Amigues, 2002 et Vernier, 2009). Il écrit également «***De universa medica***» où il décrit plus de 600 plantes, essentiellement médicinales (Marganne, 2004).

1.4. Du moyen-âge au siècle des lumières

Toutes les avancées acquises dans l'Antiquité, dont une bonne partie avait été perdues ou ignorées pendant le bas Moyen Âge, durent être redécouvertes à partir de XII ième siècle, après la chute de l'Empire romain au Ve siècle. Seule la tradition conservatrice de l'Église et le travail de quelques personnalités ont assuré, bien que très lentement, l'avancement des connaissances sur les plantes (Marganne, 2004).

1.4.1. La systématique construite au fil des siècles

1.4.1.1. Les anciens arabes

Au Moyen Âge il convient de noter la grande importance qu'ont eue les Arabes, qui dominèrent à cette époque une grande partie de l'Occident. Au VIIIe siècle, ***Al-Asmai*** (v. 740-828), un linguiste de Bassora, en Irak, est l'auteur d'un ouvrage de botanique sur les plantes et les arbres, dans lequel il nomme 276 végétaux, dont beaucoup sont des désignations collectives. Il a également donné un nom à toutes les plantes qui poussent dans les différentes parties de la péninsule arabique. Le penseur kurde ***Ābu Ḥanīfah Āḥmad ibn Dawūd Dīnawārī*** (828-896) est considéré comme le fondateur de la botanique arabe pour son ouvrage ***Kitâb al-nabât*** (« Le livre des plantes »), dans lequel sont recensées au moins 637 espèces de plantes et qui expose le développement de la plante, de la germination à la sénescence, en décrivant les étapes de la croissance et de la production des fleurs et des fruits (Marganne, 2004).

Au début du XIIIe siècle, le biologiste ***Andalou Abu al-Abbas al-Nabati*** a mis au point une méthode scientifique pour la botanique, introduisant des techniques empiriques et expérimentales pour les essais et les descriptions des herbes médicinales, séparant les informations non vérifiées de celles soutenues par l'observation et l'expérimentation (Amigues, 2002).

Son élève, Ibn al-Baitar (1197-1248), a écrit une encyclopédie pharmaceutique (*Kitāb al-Jāmi' li-mufradāt al-adwiya wa-l-aghdhiya*, « livre de compilation sur les médicaments et les aliments simples »), dans laquelle sont décrites 1400 espèces de plantes, aliments et médicaments, dont 300 sont de vraies découvertes. Cet ouvrage, traduit en latin, eut une grande influence sur le développement des biologistes et des herboristes européens aux XVIII et XIXe siècles. Sous le califat de Cordoue, se distingue l'ouvrage ***d'Abul-Qasim Khakaf ibn al Abbas al Zahravi***, plus connu sous le nom d'***Albucasis*** (936-1013), qui a écrit son Hygiène, œuvre qui contient 166 dessins de plantes assortis de commentaires.

1.4.1.2. Au Moyen-âge

Albertus Magnus (1193-1230), moine dominicain allemand canonisé par le Pape Pie XI en 1931, reprend les thèses d'Aristote et écrit entre autres « *De vegetalis* » où l'on voit transparaître pour la première fois les notions de plantes monocotylédones et dicotylédones, sur la base de la comparaison de la structure de la tige. Il classe dans « *De vegetalibus et plantis* » (1256-1257) plus de 400 espèces végétales.

1.4.1.3. A la renaissance

La Renaissance représente une révolution dans le monde de la science, puisqu'on entreprend l'étude détaillée de l'univers matériel et de la nature humaine au moyen d'hypothèses et d'expériences, dont on espérait qu'elles conduiraient à la nouveauté et au changement. Plusieurs facteurs ont contribué au développement et au progrès de la botanique : l'invention de l'imprimerie, l'apparition du papier pour la préparation des herbiers, et le développement des jardins botaniques (le premier fut celui de Padoue en 1545), qui, conjointement, ont permis une augmentation significative du nombre des plantes connues, tout cela lié au développement des arts et de la science de la navigation qui a rendu possible la réalisation d'expéditions botaniques.

L'invention de l'imprimerie aidant, les livres d'heures représentent parfois et désignent par un nom commun les plantes ornant les Parcs et Jardins de princes. Les Grandes heures d'***Anne de Bretagne*** (1503-1508) sont parmi les plus remarquables de ce genre. L'entrée dans la botanique scientifique et descriptive avec ***Otto Brunfels*** (1488-1534), botaniste allemand qui a enseigné à l'Université de Strasbourg pendant neuf ans, a été un des premiers à décrire des plantes d'après nature et non par recopie des textes anciens de ***Dioscoride*** ou de ***Théophraste***. De plus, les illustrations de son œuvre « *Herbarium vivae eicones* » (1530-1536) étaient originales et furent réalisées d'après matériel vivant par ***Hans Weiditz*** (Opsomer, 1972 ; Kushner, 2011).

Brunfels ouvre de nouveaux horizons à la botanique, à telles fins que ***Linné*** le considère comme le père de la botanique moderne. Il est vrai que nous entrons avec ***Brunfels*** dans l'ère de la *botanique scientifique et descriptive*. A noter que nos amis de la Société Botanique d'Alsace ont nommé leur base de données atlas du nom de ce grand botaniste. Le genre *Brunfelsia*, Solanaceae américaine a été nommée par ***Linné*** en reconnaissance de ce grand botaniste (Vernier, 2009).

De dix ans son cadet, ***Jérôme Bock*** (***Hieronymus Tragus***) (1498-1554) publie en 1539, encouragé par ***Brunfels***, un « *New Kreuterbuch* ». Il élabore une méthode de classification qui associe les plantes par similarité de forme. Sa Taxonomie se base seulement sur les parties végétatives des végétaux, même s'il décrit la morphologie des fleurs et des fruits. Les Euphorbiacées tropicales et subtropicales du genre *Tragia* ont été nommées en son honneur par ***Linné*** (Vernier, 2009).

Andrea Cesalpino[15] (1519-1603) est un philosophe, médecin, botaniste et naturaliste italien. Dans « *De Plantis* » (1583), il est le premier à établir une classification d'après les caractéristiques du fruit élaborée sur la comparaison des éléments de sa nombreuse collection de plantes. Pour lui l'embryon est un élément essentiel à prendre en compte dans la reconnaissance des végétaux. Il est, d'après ***Linné***, *le premier à établir un système de classification à partir du genre.*

Charles Plumier (1646-1704) lui (***Andrea Cesalpino***) dédie le genre *Caesalpinia* de la famille des *Leguminosae* et de la sous-famille des *Caesalpinioideae* que certains classent dans la famille des Fabaceae. La classification des êtres vivants commence à prendre forme (Vernier, 2009).

Kaspar Bauhin [16](1560-1624), pasteur, médecin et naturaliste suisse d'origine française, a été sensibilisé à la botanique par son frère aîné ***Jean*** (1541-1613). Il a été parmi les premiers à tenter de réaliser une classification naturelle des plantes auxquelles il donnait un « *binomium* » présageant le binôme linnéen. C'est ainsi qu'il appelait déjà la pomme de terre : *Solanum tuberosum* dans « *Pinax Theatri Botanici* » (1623). Ce vocable latin est le nom scientifique valide repris par Linné (*Solanum tuberosum* L.). Son œuvre botanique fut commémorée par ***Charles Plumier*** qui nomma un genre d'arbres tropicaux Bauhinia et ***Linné***

[15] ***Andrea Cesalpino***, dit Césalpin, (1519- 1603), est un philosophe, médecin, naturaliste et botaniste italien. Comme philosophe, il se fait remarquer par sa connaissance profonde des écrits d'Aristote. En médecine, un des premiers, il soupçonna la circulation du sang. Comme naturaliste, il reconnut le sexe dans les fleurs et inventa la première méthode de botanique : il fondait sa classification sur la forme de la fleur, du fruit et sur le nombre des graines (*De plantis libri* XVI ième , Florence ; 1583 ; 1 500 espèces décrites et classées). Il rejette les systèmes de classification basés sur des critères artificiels (comme le goût, les utilisations médicinales ou l'ordre alphabétique) et tente de trouver un système naturel.

[16] Son œuvre botanique fut commémorée par ***Charles Plumier*** qui nomma un genre d'arbres tropicaux Bauhinia et ***Linné*** nomma « pour mieux rappeler la gloire inséparable des deux illustres frères (***Bauhin***) » une espèce de ce genre *Bauhinia bijuga*.

nomma « pour mieux rappeler la gloire inséparable des deux illustres frères (***Bauhin***) » une espèce de ce genre *Bauhinia bijuga* (Vernier, 2009).

1.4.1.4. Le concept de l'espèce prend forme

John Ray[17] (1627-1705) a sans doute hérité de sa mère herboriste son intérêt pour les plantes. Ses études théologiques (prêtre et fils de forgeron anglais) ne l'empêchent pas de publier en 1660 le « *Catalogue des Plantes de Cambridge* ». Ses observations en Angleterre et en Europe continentale le conduisent à rechercher des critères nécessaires pour établir une classification rigoureuse ; ceci l'amène à donner une définition moderne de l'espèce en introduisant le critère reproductif.

En 1682, dans « *New Method of Plants* » (*Methodus Plantarum Nova)*, ***John Ray*** conseille de prendre en compte l'ensemble des caractères d'une plante. Sa passion de la botanique lui est venue lors des longues promenades qu'il faisait alors qu'il était malade. Il entreprend de réaliser des Flores et conçoit des clés dichotomiques, clés dont le principe est toujours d'actualité. Il sépare les monocotylédones des dicotylédones de façon nette, distingue les Gymnospermes des Angiospermes, sépare également les plantes sans fleurs des plantes à fleurs.

Il s'intéresse, comme de nombreux scientifiques de son époque, à la zoologie, à l'ornithologie, à la paléontologie. Il est un des premiers, si ce n'est le premier, à définir les caractéristiques de l'espèce dans son « *Historia plantarum* » (1686-1704).

Pour lui « les plantes ne peuvent pas transmettre à leurs descendances des caractéristiques accidentelles acquises ». Les individus appartenant à une espèce donnée engendrent des individus identiques à eux. Un croisement entre deux individus d'espèces différentes ne peut donner de « descendance fertile ». Tout cela sera repris et précisé par Linné, mais l'essentiel des concepts était défini. Il clarifie certains termes de botanique et nomme notamment le cotylédon et le pollen (Armand,

[17] ***John Ray*** ; sa mère était guérisseuse et connaissait bien les plantes, naturaliste anglais, invente le concept d'espèce selon la ressemblance morphologique des plantes. *Historia plantarum* (1686) : 18 000 espèces ; première mention de Mono et Dicotylédones !

1970). Il est considéré comme l'un des fondateurs de l'histoire naturelle moderne (Opsomer, 1972).

1.4.1.5. Et le genre prend la forme

Il semble que ***Joseph-Piton Tournefort*** (1656-1708), ami de ***Pierre Magnol***, ait été le premier en France à élaborer une classification botanique en se basant sur la forme de la corolle dans « *Eléments de Botanique*» publié en 1684. On y voit apparaître les concepts d'Apétales, de Monopétales et de Polypétales respectivement repris dans la nomenclature moderne en Gamopétales ou Sympétales pour les deux premiers et Dialypétales pour le dernier. Sa classification est basée sur le genre dont il introduit la notion moderne (Vernier, 2009).

1.4.1.6. Puis vient la famille

Pierre Magnol[18] (1638-1715) est un médecin botaniste de Montpellier, diplômé de l'Université de cette ville. Il est formé dès sa jeunesse par son père apothicaire *à l'Histoire naturelle et plus particulièrement à la botanique.* Il doit abjurer sa religion, le protestantisme, pour accéder à une chaire à l'université de Montpellier dont il deviendra le directeur du Jardin Botanique en 1697. Il est reconnu comme le plus grand botaniste de son temps grâce à son œuvre où il décrit plus de 2000 plantes. Pour la première fois dans l'histoire de la botanique la notion de famille (*Familia*) apparaît clairement (Vernier, 2009).

Pierre-Joseph Buc'hoz (1731-1809), médecin botaniste de Stanislas 1er Roi de Pologne et Duc de Lorraine, le vénérera à telles fins qu'il donnera à sa « *Flore de Lorraine* » le nom de «*Tournefortius Lotharingiae* ». Il précède d'une cinquantaine d'années l'illustre Linné et sa classification basée sur le nombre et la disposition des organes sexuels (étamines et pistils) présentée dans «*Systema naturae*» en 1735 et finalisée dans la dixième édition de ce même «*Systema naturae*» en 1758. Les règles du système de nomenclature binomiale de Linné sont simples et permettent de dénommer toutes les espèces animales et végétales ainsi que les minéraux

---

[18] Il sera élu au siège de son ami ***Tournefort*** à l'Académie des Sciences en 1709, décédé l'année précédente. En son honneur ***Linné*** nommera le Magnolia.

(Vernier, 2009). Il s'agit d'une combinaison de deux noms latins qui comprend :
- un nom de genre dont la première lettre est une majuscule
- une épithète désignant l'espèce, qui peut évoquer une caractéristique de l'espèce, ou qui peut être formé à partir du nom d'une personne, d'un lieu…
Le binôme ainsi formé est suivi de l'abréviation du ou des auteurs. L'origine de ces noms est diverse. C'est ainsi qu'il existe des noms d'origine grecque, française, chinoise…. Ils sont écrits en alphabet latin sans accent ni diacritiques (tréma, cédille…). Ce système est sensé simplifier la dénomination des espèces et permettre une meilleure communication entre les scientifiques. Le problème rencontré est la multiplication des synonymes, recombinaisons et interprétations qui parfois multiplient le nombre de vocables pour une seule espèce (Barrie *et al.*, 1995). Cela a amené les Taxonomistes à régler ces différends au moyen d'un Code International qui est revu régulièrement au cours de colloques, le dernier étant celui de Vienne en 2006

Charles Linné (suédois : 1707-1778), qui a mis l'accent sur les genres et ses descriptions étaient plus détaillées que celles de ***Tournefort***. Les genres (même ses espèces) étaient naturels. Les genres étaient séparés dans la nature et le genre était un rang distinct dans l'organisation de la nature. Il a mis en synonyme la plupart des genres de Tournefort. Mais comme Linné l'avait observé, les genres existent dans la nature, indépendamment des caractéristiques utilisées pour les représenter et en tout cas, de toute application rigide de caractères "***génériques***".

Linné considérait que les grands groupes étaient peu pratiques, d'où il donnait la préférence aux taxons de petite taille à tous les niveaux de la hiérarchie. Les diagnoses au niveau générique ont en pratique été principalement basées sur des caractères reproducteurs. Les genres restaient des groupes d'espèces séparés par des discontinuités morphologiques suffisantes.

L'existence des familles végétales fut suggérée par ***Pierre Magnol*** en 1689, sur base des caractéristiques propres à toutes les parties de la plante ou parfois sur une affinité raisonnable. Dans son système sexuel, Linné décrivit des classes et des ordres (= ***familles***). Les plantes étaient classées dans des groupes basés principalement sur le nombre et la disposition des étamines, et en second lieu sur le nombre de stigmates ou de styles sans oublier la structure de l'ovaire.

Il esquissa également une classification naturelle, but de la botanique, en réunissant les genres en familles naturelles. Mais, il fut incapable de donner des caractères diagnostiques à certaines familles plus naturelles, par exemple les Umbelliferae. Pour ***Linné***, le port et la constitution signifiaient tout le reste de la plante. Il reconnaît que sa méthode est défectueuse parce que les plantes montraient des relations dans diverses directions du fait que l'habitude de certaines plantes était mal connue.

Auteur d'un catalogue des plantes du Jardin botanique de l'Université d'Uppsala. Dans la 1ère édition (1730) de cet « *Hortus uplandicus* », il suivit la classification de Tournefort. Dans la 2ème (1732), il employait une nouvelle classification, son *Système sexuel.*

Dans *Philosophia Botanica* (1751), Linné a énuméré 67 ordres naturels comme les groupes naturels tels que les palmiers, les herbes, les orchidées, les conifères, etc. Quelques ordres naturels sont réellement mélangés, par exemple Dicotylées et Monocotylées. Dans *Genera Plantarum*, il décrivait tous les genres connus et les accepta.

En 1753 - 1754, il eut deux suppléments au *Genera*, d'où *Species Plantarum* et *Mantissae.* Il donna la diagnose de 1336 genres pour le règne végétal. Les genres étaient groupés en 24 classes entièrement basées sur le nombre et l'arrangement morphologique des étamines. Ces classes sont subdivisées en ordres selon le nombre de leurs pistils en considérant aussi l'unisexualité des fleurs. Dans le sens moderne, la classe de Linné correspondait à l'ordre et l'ordre à la famille.

Dans *Species Plantarum* (à 2 volumes et 2 livres), il a diagnostiqué 6000 espèces réparties en 1000 genres. Au-dessus du niveau du genre, le système sexuel était, peut – être, un arrangement largement artificiel.
Exemple : Pinus apparaît dans un même ordre que l'Euphorbiaceae.

Mais ce système était une classification commode qui a permis plus d'espèces d'être identifiées. Ses descriptions étaient limitées en 12 mots en tenant compte de références, l'habitat et de provenance. Pour une nouvelle espèce ou une espèce à identification incertaine, il ajoutait occasionnellement une note descriptive. Dans la marge, il mit une épithète spécifique, ajoutée au nom générique. Ce qui donna du poids à la nomenclature binominale (Subrahmanyam, 1997a).

C'est cette œuvre « *Species Plantarum* » qui a fourni le point de départ (1753) à la nomenclature botanique sous le code international. Même année, il décrira le genre *Adansonia* et l'espèce *Adansonia digitata* qui est le nom scientifique du baobab africain découvert par Adanson lors de son séjour au Sénégal entre 1748 et 1754 (Adanson, 1996).

1.4.1.7. Apogée, Mérite et démérites de Linné (Nyakabwa, 2007)

1.4.1.7.1. Système de classification de Linné

- Dans *Species Plantarum*, Linné répartissait toutes les plantes en classes dont seulement la 24ème pour les *Cryptogames.* Cette classification est basée sur le nombre et la nature des étamines. Chaque membre inclus dans chaque classe avait :
- un nom générique ;
- un nom trivial (épithète spécifique du système binominal) ;
- une brève description ;
-des références aux travaux précédents ;
- un foyer original.

A ce temps, Linné n'a donné aucune importance à l'épithète spécifique. Plus tard, les Taxonomistes trouvèrent que la nomenclature binominale était convenable et l'ont retenue (Subrahmanyam, 1997).

1.4.1.7.2. Mérites et démérites

- Le seul mérite de ce système artificiel se trouve dans l'aide à l'identification facile par un ou peu de caractères
- Cette classification groupe les Gymnospermes dans la 14ème classe avec les Angiospermes de la famille *Labiatae* ; non distinction entre dicotylées

et monocotylées : la 2ème classe (gynandre) contient des *Orchidaceae, Pistia* de monocotes et *Grewia, Passiflora,* etc. de dicots.
- Les familles alliées, les genres etc. sont gardés à part alors que les familles et les genres n'ayant aucun rapport ni lien de connection étaient mis ensemble ;
- Les classes monoïques, dioïques et polygames sont surtout insatisfaisantes jusqu'à ce que la condition monoïque ou dioïque apparaisse dans n'importe quelle famille à cause de la suppression d'un sexe ;
- Les genres appartenant à différentes familles ont été regroupés sous *Monandrae* parce que leurs fleurs, comme *Globba* (famille *Zingiberaceae :* monocotylédone) et *Mangifera* (famille *Anacardiaceae :* dicotylédone) contiennent seulement une étamine. Dans le 49ème ordre de *Sarmataceae,* inclut *Vitis* (dicotylédone) et *Asparagus* (monocotylédone).

1.4.1.8. Un système nouveau, différent de celui de Linné

Bernard de Jussieu (1699-1777), docteur en médecine mais se passionne pour la botanique et devient Professeur de botanique au Jardin du Roi. Il refusera la charge de botaniste du Roi. Il travaille sur la classification botanique et développe un système nouveau, différent de celui de Linné. Il se base sur les caractères morphologiques des plantes. Il reprend l'idée initiale ***d'Albertus Magnus*** et subdivise les espèces en monocotylédones et en dicotylédones, puis en familles regroupées suivant leurs affinités morphologiques. Ce travail sera repris et complété par son neveu ***Antoine-Laurent de Jussieu*** (Drouin, 2003)...
Il a classé les plantes à fleurs en groupes suivant le (la) :
- nombre de cotylédons,
- position de l'ovaire,
- présence ou absence de pétales et
- union ou distinction des pétales.

Michel Adanson (1727-1806), botaniste français, publie en 1763 son livre « Familles de plantes » dans lequel il propose une classification basée sur soixante-cinq caractères végétaux. Il y regroupe 58 familles. Il édicte le principe de subordination des caractères (Adanson, 1763). Pour lui la détermination des espèces ne doit pas se faire sur quelques caractères, comme ***Linné*** le professait, mais sur tous les caractères possibles à examiner.

Robert Brown (1773-1858), Il reconnut que les Gymnospermes constituaient un groupe des Angiospermes et étaient caractérisés par des ovules nus.

Antoine-Laurent De Jussieu (1748-1836) est également docteur en médecine. Il commence par un emploi de démonstrateur en botanique au Jardin du Roi. En 1774, il fait paraître son « Exposition d'un nouvel ordre des plantes, adopté dans les démonstrations du Jardin royal » dans les « Mémoires de l'Académie des sciences », complété quinze ans plus tard par son « *Genera plantarum* » (1789). Il présente dans cet ouvrage une hiérarchisation des critères de classification ce que n'avait pas fait son prédécesseur ***Adanson***. Cette méthode permet de donner une valeur plus élevée aux caractères les plus stables par rapport à ceux qui varient d'espèce en espèce (Tort, 1996). Le classement de ces caractères permet de les subdiviser selon leur constance et aboutit au principe de subordination des caractères. Sa méthode est à la base des classifications *phylogénétiques et évolutionnistes toujours d'actualité.* En 1794 il prend la direction du Muséum National d'Histoire Naturelle tout nouvellement créé (Vernier, 2009).

Joseph Dalton Hooker (1871-1911), premier directeur du Jardin botanique de Kew, il a exploré l'Antarctique et l'Himalaya. ***Bentham***, pour son utilisation des termes en commun avec plusieurs Taxonomistes, tels que Brown, de Candolle, etc. Il a rejoint le staff de Kew en 1854. Un temps après, il a commencé son travail *Genera Plantarum*_dans lequel il était assisté par Hooker. La part de Bentham était à peu près les 2/3 du travail.

Hooker, devenu directeur de Kew en 1865 jusqu'en 1885, après sa retraite a initié l'Index Kewinsis. Il a publié 7 volumes dans *The flora of British India.*

Alfred Barton Rendle (1865-1936). Dans "*The classification of Flowering plants*", (en 2 volumes), il avait groupé les plantes selon le système d'***Angler*** et ***Prantl***. C'était plutôt une convenance qu'une signification phylogénétique moderne.

1.5. La systématique aujourd'hui

Au cours des dernières décennies, d'innombrables exemples de relations évolutives entre les groupes d'organismes, et de séquences d'événements donnant lieu à spéciation qui sont à l'origine de ces organismes, ont fait l'objet de recherches et de publications dans des revues scientifiques. Ce domaine bouillonnant d'analyses phylogénétiques est fondé sur la capacité existante d'examiner et de comparer des séquences d'ADN et tend à aborder l'un des thèmes majeurs de la biologie : l'évolution de l'espèce humaine et celle de millions d'autres espèces.

Comme groupe évolutif, les plantes vertes se distinguent non seulement par le grand nombre de modes de reproduction qu'elles présentent, mais aussi par la façon dont elles produisent leurs propres nutriments grâce à la photosynthèse (Vernier, 2009). La compréhension de l'origine de la vie sur Terre restera incomplète tant qu'on n'aura pas découvert précisément les processus évolutifs qui ont produit la diversité des espèces végétales existantes. « Un mystère abominable », telle est la manière dont Darwin décrit l'apparition soudaine des plantes à fleurs dans le registre fossile. Pendant plus de 100 millions années, celles-ci ont été le type le plus commun parmi les plantes sur la planète et, de fait, la masse d'un seul type de plante à fleurs, l'arbre, dépasse celle de tout autre organisme. On a commencé à comprendre la création et l'évolution ultérieure de la structure reproductive, la fleur, responsable de la radiation adaptative de ce groupe d'organismes, bien que le mystère de Darwin ne soit pas encore résolu.

1.5.1. L'arrivée du microscope électronique

Depuis Linné, on n'a pas dévié de ce principe de base. Il est important de noter que la nomenclature binomiale donne à la fois l'information sur l'espèce (épithète spécifique) et l'information sur le genre auquel appartient cette espèce. Depuis le siècle des lumières jusqu'au milieu du XXème siècle on pourrait résumer la situation par cette citation lapidaire

« *rien de nouveau*». L'arrivée du microscope électronique et de la biologie moléculaire vont orienter la recherche biologique au travers de l'observation de l'infiniment petit, alors que nos botanistes du XVIIIème siècle, même s'ils se penchaient parfois sur un microscope, prêtaient attention au visible sans instrument (Roger, 1978 ; Vernier, 2009).

Depuis Charles Darwin (1809-1882) et la publication de « L'origine des espèces » en 1859, il a été établi que les êtres vivants évoluaient au cours du temps, c'est-à-dire que les espèces se transforment et transmettent leurs caractères de génération en génération[19].

Gregor Mendel (1822-1884) puis Hugo de VRIES (1848-1935) par la découverte des lois de la génétique sont à l'origine des foudroyants progrès acquis par les recherches qui s'ensuivirent. Le 2 février 1882, peu avant sa mort, Darwin écrit à son ami ***William Ogle*** qui vient de lui envoyer la traduction de *De Partibus Animalium* d'**Aristote** : « *Linné et Cuvier ont été mes deux dieux, bien que de façon différente, mais à côté du vieil Aristote ils ne sont que de simples écoliers.* ».

Brillant disciple d'***Aristote***, ***Théophraste*** reste célèbre de l'Antiquité à la Renaissance, pour ses travaux sur les plantes (Kushner, 2011). Dans son ouvrage « *Historia Plantarum* », il aborde tous les aspects de leur biologie et propose une classification hiérarchique dont les critères sont morphologiques, biologiques, reproductifs et écologiques (Kushner, (2011).

Le but de ces classifications était d'ordre pratique, ainsi que l'explique ***Lamarck***[20]: « *Partout dans la nature, où l'homme s'efforce d'acquérir des*

---

[19] De leur côté, ***Jean Baptiste Lamarck*** et ***Darwin*** sont arrivés à la même conclusion : une classification naturelle ne peut être que généalogique. Après la publication de L'Origine des espèces (1859), il sera de plus en plus difficile d'établir un type de classification qui ne soit pas le reflet et l'aboutissement de recherches phylogénétiques. Les taxinomies ont passé, mais les critères définis par ces différents auteurs sont toujours en usage.

[20] Toutes tendances confondues, des naturalistes tels que Bernard de ***Jussieu*** (1699-1776), ***Michel Adanson*** (1727-1806), ***Lamarck*** (1744-1829), ***Antoine Laurent de*** **Jussieu** (1748-1836), ***Georges Cuvier*** (1769-1832), ***Étienne Geoffroy Sainthilaire*** (1772-1844), ***A. P. de Candolle*** ou ***Darwin***, en rejetant les classifications conçues comme de simples ouvrages de détermination, ont souligné l'importance d'une classification « naturelle » et la difficulté d'en établir les critères objectifs. De leur côté, ***Lamarck*** et ***Darwin*** sont arrivés à la même

connaissances, il se trouve obligé d'employer des moyens particuliers (Dayrat, 2003):
- pour mettre de l'ordre parmi les objets infiniment 77 nombreux et variés qu'il considère ;
- pour distinguer sans confusion, parmi l'immense multitude de ces objets soit des groupes... soit chacun d'eux en particulier ;
- pour communiquer et transmettre à ses semblables tout ce qu'il a appris, remarqué et pensé à leur égard ».

Les techniques de manipulation de l'ADN et de l'ARN, respectivement Acide Désoxyribonucléique et Acide Ribonucléique, datent des années 1930 mais il faudra attendre 1938 pour voir baptiser cette nouvelle discipline, par ***Warren Weaver***, directeur des Sciences Naturelles pour la Fondation Rockefeller, biologie moléculaire.

En 1953, ***James Watson*** (1928-), ***Francis Crick*** (1916-2004), ***Maurice Wilkins*** (1916-2004) et ***Rosalind Franklin*** (1920-1958) découvrent la structure en double hélice de l'ADN. Après les années 1970 tout s'accélère dans ce domaine. ***Hans Hallier*** (1869-1932) : Botaniste Allemand, qui proposa un système phylogénétique en 1905. Les plantes à graines comprennent 2 ***phylla*** ; Monocotylédones et Dicotylédones, chacun étant monophylétique dans cette évolution (Djekoun & Hamidechi, 2006). Il pensa que les plantes à graines avaient évolué à partir d' une race inconnue et d' une tribu éteinte appartenant aux *Cycadaceae* apparentés aux *Bennettitales* et présentant des affinités avec les *Marattiales.* Les monocotylédones étaient considérées comme étant plus évoluées que les dicotylédones.

Comme ***Bessey Hans*** avait considéré le type strobiloïde de la fleur comme primitif et, pris la polycarpie et la disposition en spirale des pièces comme primitifs au détriment de la syncarpie et la disposition verticillée des pièces florales (Vernier, 2009).

---

conclusion : une classification naturelle ne peut être que généalogique. Après la publication de L'Origine des espèces (1859), il sera de plus en plus difficile d'établir un type de classification qui ne soit pas le reflet et l'aboutissement de recherches phylogénétiques. Les taxinomies ont passé, mais les critères définis par ces différents auteurs sont toujours en usage (Dayrat, 2003).

La botanique ne pouvait échapper à cette nouvelle discipline et c'est ce qu'ont fait les membres de l'APG (Angiosperm Phylogeny Group, Lecointre & Le Guyader, 2010). Une autre étape importante vers un code de nomenclature intégrale a été réalisée par ***Candolle***. Il a travaillé à la demande d'un congé international de botanique à Londres (1866) à la réalisation d'un code nomenclatural, un code qui a été accepté quasiment inchangé en 1867 à Paris « ***lois de la nomenclature botanique*** ». Bon nombre des articles que nous trouvons dans le code d'aujourd'hui ont leur origine dans ce texte.

Au cours des années, le code a connu les changements suivants concernant la description et la nomination valide d'un nouveau taxon (Barrie *et al.*, 1995 et Djekoun & Hamidechi, 2006).

-1935 : il devient obligatoire de rédiger une diagnose en latin pour décrire le nouveau taxon
-1958 : il devient obligatoire de désigner un holotype pour les genres et les taxons infra génériques (voir ci-dessous).
-1990 : il devient obligatoire de mentionner l'institut où le holotype a été déposé.

Le code peut être modifié lors du Congrès International de Botanique qui a lieu normalement tous les cinq ans. Dans une session spéciale de la nomenclature, les changements proposés sont adaptés ou non, et adoptés de façon démocratique (par voter à la majorité simple).

Les modifications proposées sont publiées dans Taxon, la revue de l'Association Internationale pour la Taxonomie Végétale (IAPT, fondées en 1950), mais peuvent également être formulées lors de la conférence elle-même (appelé « *Proposals from the floor* », propositions émanant du public présent lors de la conférence, Subrahmanyam, 1997). Ce processus relativement démocratique où les règles sont beaucoup plus strictes. Depuis 1952, les règles de la nomenclature sont établies dans le 'International Code of Botanical Nomenclature' (ICBN), (Barrie *et al.*, 1995).

1.5.2. Phylogénie moléculaire et début d'un nouveau système de classification des Angiospermes et Ptéridophytes

Au cours de la dernière décennie du XXe siècle, la reconstruction de la phylogénie des angiospermes a fait un grand pas en avant. D'une part, on a rapidement accumulé une grande quantité d'informations sur les séquences d'ADN de nombreuses espèces végétales, en particulier les séquences de gènes du chloroplaste appelées rbcL, ce qui a fourni un ensemble de données très instructives. D'autre part, les analyses cladistiques de base de données comme celle mentionnée sont sensiblement améliorées, en particulier par le développement d'une théorie phylogénétique et son application à l'analyse de grandes bases de données, et la création de diverses méthodes d'inférences statistiques concernant les regroupements d'espèces en clades dans les arbres phylogénétiques. On a ensuite établi une ébauche de l'arbre phylogénétique de toutes les angiospermes, identifiant plusieurs clades importants qui impliquent de nombreuses familles. En de nombreuses occasions, cette nouvelle connaissance de la phylogénie a révélé des relations qui se trouvaient en conflit avec les classifications modernes largement utilisées (comme celles décrites plus haut de ***Cronquist, Thorne*** et ***Takhtajan***), lesquelles étaient basées sur des similitudes sélectionnés a priori et sur des différences morphologiques.

Il fut évident, pendant une courte période, que les systèmes phylogénétiques de classification développés pendant la plus grande partie du XXe siècle ne reflétaient pas de manière adéquate les relations phylogénétiques entre les angiospermes. Pour cette raison, un groupe de taxonomistes, se faisant appeler « Groupe pour la phylogénie des angiospermes » (plus connu sous le sigle APG, acronyme d'Angiosperm Phylogeny Group) a proposé en 1998 une nouvelle classification pour ce groupe de plantes dans un ouvrage intitulé An ordinal classification for the families of flowering plants (Nyakabwa, 2007).

Angiosperm Phylogeny Group[21] (2016) fait suite à la classification APG III(2009), APG II(2003) et de l'APG I (1998) bâtie par des scientifiques américains et publiée dans les Annales du Jardin Botanique du Missouri « *Annals of the Missouri Botanical Garden* ».

Elle constitue la classification la plus importante aujourd'hui. Cette classification introduit des changements notables au niveau des familles par rapport à la classification classique. C'est ainsi que l'ancienne famille des Liliacées est maintenant éclatée en une dizaine de familles (Djekoun & Hamidechi, 2006 et El Alaoui, 2013).

Pteridophyte Phylogeny Group I[22] (2016). Un groupe de plus de 50 scientifiques, Ptéridologues renommées on fait la révision Phylogénétique des Ptéridophytes basée sur deux gènes chloroplastiques et un gène nucléaire de ribosome jusqu'au niveau de l'Embranchement (Mangambu, 2018).

---

[21] APG IV. An update of Angiosperm Phylogeny Group classification for the orders and families of flowering. Botanical Journal of the Linnean Society. 2016; 181: 1–20. https://doi.org/10.1111/boj.12385

[22] Pteridophyte Phylogeny Group (2016), A community-derived clas-sification for extant lycophytes and ferns (Institute of Botany, Chi-nese Academy of Sciences). Journal of Systematics and Evolution 54 (6): 563–603 http://dx.doi.org/10.1111/jse.12229

Première Partie :
Taxonomie classique, identification et nomenclature

La construction des classifications avec leurs nombreux éléments positifs repose sur une comparaison méticuleuse des attributions des organismes. Face à la diversité du monde vivant (environ 1 800 000 espèces décrites, soit 10 ou 100 fois moins que le nombre d'espèces prédites), les biologistes ont de tout temps essayé de regrouper des êtres vivants entre eux afin de comprendre avec différentes méthodes quelles étaient les grandes divisions du vivant. Ainsi, le naturaliste ***Linné*** proposait une classification fixiste où le vivant était classé selon un ordre divin autour de sept niveaux hiérarchiques à savoir (Roger, 1978) :

- règne,
  - embranchement,
    - classe,
      - ordre,
        - famille,
          - genre et
            - espèce.

Ces classifications se basaient sur le choix de caractères morphologiques dits « ***pertinents*** » qui permettaient de subdiviser le vivant en fonction de la présence ou de l'absence de ces caractères. Cette approche a donc permis de classer harmonieusement les organismes vivants à partir d'un ensemble de dichotomies basées sur la présence ou l'absence d'un caractère et donc de définir une hiérarchie stricte de rangs taxinomiques du règne à l'espèce (Clémençon, 2013).

Exemple : les thallophytes (lichens, algues, champignons) étaient caractérisés par l'absence de structures différenciées et étaient opposés aux cormophytes qui eux possédaient des structures différenciées telles que des racines ou des feuilles. Cette méthode dite «***divisive*** » a été à la base de la majorité des classifications du vivant proposées de l'époque des premiers naturalistes à nos jours.

Alors que la systématique regroupe les êtres vivants en taxons de différents niveaux par un processus d'agglomération, l'identification repose sur une classification préexistante et assigne l'individu observé à un groupe de la classification. Ces deux processus très différents de la classification et de la détermination ont souvent été confondus.

Par opposition à la méthode synthétique de détermination, qui procède par la reconnaissance globale sans décomposition des caractères, qui identifie un spécimen en reconnaissant explicitement des caractères. Après avoir identifié plusieurs fois un taxon par la méthode analytique, l'expert reconnait souvent une espèce par la méthode synthétique, identifiant de loin le taxon alors qu'il ne peut reconnaitre les caractères permettant l'identification (Djekoun & Hamidechi, 2006).

Depuis Darwin (1859) la publication de « ***l'origine des espèces*** » qui a montré que les espèces se transforment et transmettent leurs caractères de génération en génération[23]. Il démontre que :
- ce mécanisme étant à la base de la diversité des êtres vivants, il en résulte que la classification du vivant doit refléter l'évolution des espèces et non l'ordre divin. Ainsi, la classification classique de par ses bases fixistes présente le désavantage majeur de ne pouvoir refléter l'évolution des espèces.
- de plus les caractères dits « pertinents » choisis ne reflétaient pas toujours des événements évolutifs clefs.

C'est ainsi que cette première partie se focalise aux caractères taxonomiques des plantes, à la Taxonomie classique ou morphologique et de l'identification, classification, arrangement et aussi nomination des plantes (base de la Taxonomie).

---

[23] La classification a progressivement intégré la phylogénie (Darwin, 1859) dont l'objet est la recherche de la généalogie des espèces. L'arbre généalogique lui-même, traduisant les liens de parenté constitue une classification, la classification naturelle. On essaie donc de construire une classification d'après ce que l'on sait de l'arbre généalogique, donc des phylogenèses. C'est une percée conceptuelle fondamentale ! Mais il a fallu attendre près d'un siècle pour qu'elle devienne opérationnelle.

Chapitre II :
Caractères taxonomiques

2.1. Introduction

Les caractères des organismes sont utilisés pour interpréter les relations évolutionnaires. Si les structures des organismes sont utilisées pour déterminer le processus de l'évolution, spécialement au niveau de la population, alors on parle de caractères Systématiques. Tous les caractères taxonomiques, dès lors, sont également des caractères systématiques mais pas l'inverse. De nombreux naturalistes ont considéré chaque organe comme indépendant des autres.

Buffon (1707-1788) s'était déjà élevé contre cette conception «***atomisante***» de l'individu. La reprenant à son compte, Georges Cuvier pense que certains systèmes physiologiques ont acquis une telle importance qu'ils contrôlent la conformation de tous les autres ; ainsi les fonctions d'un organisme sont tellement interdépendantes qu'elles ne peuvent varier isolément :
« Tout être organisé forme un ensemble, un système unique et clos, dont toutes les parties se correspondent mutuellement, et concourent à la même action définitive par une réaction réciproque. Aucune de ces parties ne peut changer sans que les autres changent aussi ; et par conséquent chacune d'elles, prise séparément, indique et donne toutes les autres »

De même, dans l'origine des espèces (1856), Darwin reconnaît ce principe
: « L'importance qu'ont, pour la classification, les caractères insignifiants dépend principalement de leur corrélation avec beaucoup d'autres caractères qui ont une importance plus ou moins grande. »

Il y a alors un effort considérable pour rendre naturelles les classifications existantes :
« Les caractères utilisés sont moins nombreux, mais choisis avec soin ».

Mais depuis l'émergence de la notion d'évolution des espèces, les individus se ressemblent non pas en raison d'une « ***instruction*** » divine, mais en raison d'une pression environnementale et de la sélection naturelle. Il ne faut donc pas regarder les variations des caractères acquis, mais celles des caractères héréditaires, transmis de génération en génération (Mangambu, 2018).

2.2. Etats de caractères et des états de caractères

2.2.1. Définition

Caractère taxonomique : est une structure d'un organisme qui est divisible au moins en deux conditions (ou état) et qui est utilisé pour la construction des classifications et activités associées (principalement d'identification). Ces expressions des relations sont basées sur la comparaison des attributs des organismes qu'on appelle caractères taxonomiques. Sont les conditions ou expressions de tous les types de caractères et ce sont ceux-ci qui sont comparés dans l'établissement de la classification (Dhetchuvi, 2003).
Exemple 1 : - couleur du sépale ou corolle est un caractère. (Corolle rouge : 0 ; Sépale blanche : 1)

Exemple 2 : - arrangement des feuilles (phyllotaxie) est un caractère dont les états sont : Alterne : 0 ; Opposée : 1 ; Spiralée : 2

Exemple 3 : - les Spermaphytes sont divisés en gymnospermes (*Pinophyta*) et angiospermes (*Magnoliophyta*) qui diffèrent l'un de l'autre par de multiples caractères dont entre autre :
Pinophyta (gymnospermes) : -Pas de carpelle (s), donc ni ovaire (s), ni stigmate (s), ni fruits (s), mais ovules puis graines nus, généralement sur des écailles étalées (mégasporophylles) ; - fleurs groupées en strobiles (=axe sur lequel il y a des écailles à la base desquelles se trouvent les fleurs).
Magnoliophyta (angiospermes) : un ou plusieurs carpelles, formant un ou plusieurs ovaires, fermés et contenant le (s) ovules (s), puis un ou plusieurs fruits, renfermant une ou plusieurs graines ; fleurs généralement groupées en inflorescences variées.

2.2.2. Rôle de caractères et des états

Les caractères permettent à décrire et à mesurer la réalité environnante perçue de telle sorte que nous pouvons accéder à n'importe quelles relations intéressantes. Les caractères et leurs états sont directement liés à notre habilité à interpréter et à apprécier la réalité dans le monde naturel. Ils constituent les données de base du monde vivant et de tous les domaines de la systématique. Ces données représentent une matrice de base de données des structures des organismes (Dhetchuvi, 2003). Par exemple sur les *Bidens, Asplenium, Ageratum*

C'est à partir de cette matrice de base de données et de ses analyses que dérivent toutes les interprétations de la classification ainsi que les affinités évolutionnaires (Darwin, 1859). C'est l'origine des clés de détermination. Les clés taxonomiques (habituellement dichotomiques) donnent un pair de choix opposés sur les structures observées (Dhetchuvi, 2003).

2.3. Types et usages des caractères

2.3.1. Caractères généraux

Il existe différent types des caractères : caractères physiques (évolution ou psychogénétiques), caractère classiques et caractères phénétiques. La différence la plus fondamentale entre ces caractères sont souvent exprimée dans l'organisation des états d'un caractère est son expression en quantitatif et qualitatif (Kalanda, 1983 ; Mangambu, 2013) :

1. Caractère quantitatif : mesure et comptage dont le résultat est exprimé en nombre.

Exemple : Mesure la hauteur et autres dimensions de la fronde, pétiole, rachis, limbe, diamètre de la plante, longueur d'une feuille en cm, Nombre de poils par mm², Nombre d'étamines

2. Caractère qualitatif : forme, contour.

Exemple : feuille ovale, lancéolé : port = herbe, arbuste ou arbre , Forme de rhizome, forme des frondes et la nervation, présence ou absence et couleur des écailles, forme et disposition des sores … , intensité des organes, …..).

Quelques exemples des caractères suivant les expressions quantitatif et qualitatif.

Exemple 1 : différence entre deux espèces du genre Asparagus du Rwanda (Troupin, 1988) et la région montagneuse de la République démocratique du Congo.

Asparagus asparagoides
Liane ou buisson à rameaux ± volubiles ; rameaux transformés en organes ovales, solitaires, de 3-7 cm de long et 0,8-2 centimètres (cm) de large ; pas d'épines. Fleurs solitaires ou groupées en fascicules de 2-3 fleurs ; pédicelle de 8-13 mm de long, articulé près du sommet ; périanthe blanc à blanc verdâtre, avec une ligne centrale foncée, de 4-6 mm de long. Baies de 4-7 mm (millimètres) de diamètre.

Asparagus falcatus
Liane ou buisson à rameaux étalés, flexueux et rameaux transformés, groupés par 1-5, linéaires, arqués, de 9-50 mm de long et 1,5-2,5 mm de large, vert foncé. Feuilles transformées en épines robustes atteignant 1 cm de long. Racèmes épineux, lâches, atteignant 10 cm de long ; fleurs groupées par 1-3 en fascicules. Fleurs à pédicelle de 3-5 mm de long, articulé au-dessus du milieu ; périanthe blanc, odorant, de 2-3 (-4) mm de long, à lobes étalés. Baies d'environs 6 mm de diamètre.

Tableau 1 : Caractères distinctifs ou diagnostic des espèces du genre Asparagus

Caractères	***Asparagus asparagoides***	***Asparagus falcatus***
Port	liane ou buisson à rameaux ± volubiles	liane ou buisson à rameaux étalés
Forme du rameaux	transformés en organes ovales, solitaires, de 3-7 cm de long et 0,8-2 cm de large ; pas d'épines	transformés, groupés par 1-5, linéaires, arqués, de 9-50 mm de long et 1,5-2,5 mm de large, vert foncé
Forme du limbe	feuilles normales	feuilles transformées en épines
Inflorescences	Fleurs solitaires ou groupées en fascicules de 2-3 fleurs	Racèmes épineux, fleurs groupées par 1-3 en fascicules
Pédicelle	pédicelle de 8-13 mm de long articulé près du sommet	pédicelle de 3 5 mm de long, articulé au-dessus du milieu
Périanthe	blanc à blanc verdâtre	blanc
Fruits	baies de 4-7 mm de diamètre	baies 6 mm de diamètre.

Exemple 2 : différence entre trois espèces du genre Dracaena du Rwanda (Troupin, 1988) et de la région montagneuse de la République démocratique du Congo.

Dracaena afromontana

Arbuste à petit arbre, de 2-4(-5) mètres (m) de haut. Feuilles rassemblées en touffes, sessiles ; limbe linéaire a linéaire-lancéolé, longuement aigu au sommet, rétréci en un pseudo-pétiole engainant à la base, de 8-20(-25) cm de long et 1-2,5(-3) cm de large. Panicules ramifiées, à fleurs nombreuses. Fleurs orange pâle devenant blanc jaune; périanthe de 12-15 mm de long, le tube n'ayant que 3-4 mm de long, plus petit que les lobes. Baies globuleuses, de 12-15 mm de diamètre.

Dracaena laxissima

Arbrisseau à arbuste buissonnant ou ± sarmenteux, de quelques m de haut. Feuilles espacées ; pétiole de 4-15mm de long, engainant à la base ; limbe aigu au sommet, rétréci à subarrondi à la base ; de 4,5-10(-12) m de long et de 2-4 cm de large. Panicules ± ramifiés et à fleurs peu nombreuses. Fleurs blanches, à périanthe de 12-15 mm de long ; tube plus court que les lobes. Baies globuleuses de 8-10 mm de diamètre.

Dracaena steudneri

Arbre atteignant 12 m de haut, souvent très ramifié. Feuilles rassemblées en touffes, sessiles; limbe lancéolé, de 60-100 cm de long et 7,5-10 cm de large, aigu au sommet, rétréci à la base en un pseudopétiole engainant. Panicules ramifiées, à fleurs nombreuses, souvent rassemblées en masses globuleuses. Fleurs blanc verdâtre, parfois teintées de rouge ; périanthe de 18-20 mm de long, à tube aussi long que les lobes. Baies globuleuses, d'environ 1,5 cm de diamètre.

Tableau 2 : Caractères distinctifs ou diagnostic du genre Dracaena

Caractères	*D. afromontana*	*Dracaena laxissima*	*D. steudneri*
Port	Arbuste à petit arbre, de 2-4(-5) m de haut	Arbrisseau à arbuste buissonnant ou ± sarmenteux, de quelques m de haut	Arbre, <12 m de haut
Feuilles	rassemblées en touffes, sessiles	Feuilles espacées	rassemblées en touffes, sessiles
Forme du limbe	linéaire à linéaire-lancéolé, longuement aigu au sommet	elliptique-oblong, rétréci à la base, courtement acuminé au sommet	lancéolé, aigu au sommet
Inflorescences	panicules ramifiées, à fleurs nombreuses	panicules ± ramifiés et à fleurs peu nombreuses	panicules ramifiées, fleurs nombreuses
Couleur de la fleur	blanches	blanches	blanc verdâtre, parfois teintées de rouge
Périanthe	12-15 mm de long ; tube plus court que les lobes	12-15 mm de long ; tube plus court que les lobes	12-15 mm de long ; tube plus court que les lobes
Fruits	baies globuleuses, de 12- 15 mm de diamètre	baies globuleuses de 8-10 mm de diamètre	baies globuleuses 0,8-1,5 cm de diamètre

Exemple 3 : principaux caractères distinctifs de deux espèces de Loxogramme dans le rift Albertine (Mangambu & Diggelen, 2016)

Loxogramme ntahobavukiana

Plante épiphyte, vivace, ascendante de petite taille variant entre 36,4-72,2 cm de long. Rhizome rampant, ramifié, couvert d'écaillés étroites, denses, peltées, écumées au sommet, de couleur brune pale à brune, marge pourvue de nombreux prolongements sur toute la longueur et pourvu de 2 rangées dorsales de courts phyllopodes pâles ou noirs, lancéolés, acuminés. Frondes en touffes, atteignant 16,2- 38,22 cm de longueur; pétiole long de 3,78- 4,6 cm, articulé distinct, parfois distinct en état jeune, non fonctionnel ; limbe 5-36 x 1-9 cm de long, pénnatilobé , parfois onduleux, crénelé à l'état jeune, glabre sur la face supérieure, d'écailles sur la face inferieure ; nervation indistincte, obsolète glabre sur la face supérieure; aréoles obliques par rapport à la nervure principale ; présence de nervilles plus au moins incluses ; rachis staminé, surélevé sur la face inférieure, presque indistinct sur la face supérieure. Sores très allongés, long de 6 à 11,6 cm, exindusies, obliques par rapport à la nervure principale, le sommet de chaque sore peu ou ne pas dépasser légèrement la base du sore supérieur ; sporanges portant généralement des glandes cylindriques sauvent caduques à l'état adulte, à pédicelle mince et court ; spore oblovoïdal monolète.

Loxogramme abyssinica

Plante épiphyte, ascendante de petite taille variant entre 12-46 cm de long. Rhizome très long, rampant, couvert d'écailles denses, brun noir, elliptiques, acuminées. Frondes simples, monomorphes, linéaires, elliptiques, espacées, longue de 14- 40 cm ; pétiole indistinct ou pseudo-pétiole ; penne simple, elliptique, glabre, attenue, rétrécie et aigue au sommet ; progressivement réduite à la base en une aile étroite presque jusqu'au rhizome ; marge entière ; rachis staminé, surélevé sur la face inférieure, presque indistinct sur la face supérieure ; nervures indistinctes. Sores linaires, longs, très peu obliques par rapport aux costae, le sommet de chaque sore dépassant la base du sore supérieur ; sporanges portant généralement des glandes cylindriques sauvent caduques à l'état adulte, à pédicelle mince et plus au moins court ; spore oblovoïdal monolète

Tableau 3 : Caractères distinctifs ou diagnostic de deux espèces

Caractères	*L. ntahobavukiana*	*L. abyssinica*
Rhizome	courtement rampant, long de 15 cm au maximum ; phyllopode cout, pâle ou noir, lancéolées, acuminées ; écaillés étroites, denses, peltées, brun pale à brunes, acuminées.	longuement rampant jusqu'à 211 cm ; phyllopode long, noir, elliptique ; écailles denses, brun noir, lancéolées, acuminées.
Frondes	touffe, atteignant 18,2- 46,22 cm de long, base oblancéolée	espacées, 12-40 cm de long avec la base, base elliptique
Pétiole	long de 6,78- 18,6 cm, articulé, ailé étroitement deux cotés jusqu'au rhizome	Court (psedopétiole), long 1,7-6,9 cm pour des longues frondes, non ailé
limbe	lancéolé, de 5-36 x 1-9 cm pennatilobé, parfois onduleux, crénelé à l'état jeune, glabre sur la face supérieure, d'écailles sur la face inferieure	limbe elliptique, glabre, de 7-35 x 1-3 cm, attenue a rétréci et aigu au sommet, progressivement réduit à la base en une aile étroite presque jusqu'au rhizome, à marge entière
nervures	obsolètes, nervilles visible uniquement à l'état jeune, aréoles obliques par rapport à la nervure principale	indistinctes, staminée, surélevé sur la face inférieure, anastomosées, présence visible de nervilles incluses
Sores	le plus souvent linéaires, long de 6 à 11,6 cm, le sommet de chaque sore peu ou ne pas	linéaires, atteignant 3,5 cm de longueur, très peu obliques par rapport au

	dépasser légèrement la base du sore supérieur.	rachis, le sommet de chaque, sore dépassant la base du sore supérieur

2.3.1.1. Caractères phylétiques (évolution ou psychogénétiques)

Sont utilisés dans la classification phylogénétique. La plus importante distinction se situe entre les caractères qui sont homologues s'apposant à ceux qui sont analogues (Dhetchuvi, 2003 et Francour, 2013).

a. Les caractères homologues **:** Après le développement de la théorie évolutionnaire, les caractères homologues ont été vus comme état des modifications structurales d'un même organe, hérité d'un ancêtre commun, en réponse à différentes processus de sélection. La détection de caractères homologues dans deux groupes est possible quand on sait qu'ils sont descendants d'un ancêtre commun.
Exemple : les oiseaux ont des ailes alors que les reptiles ont des pattes.

Pour retracer la généalogie d'un groupe, il est nécessaire de comparer des organes homologues (comme les membres des vertébrés) dont on peut suivre la diversification dans une même lignée. Selon la définition moderne de l'homologie, sont déclarés homologues des organes qui proviennent d'un même organe présent chez un ancêtre commun : la patte fouisseuse de la Taupe et l'aile de la Chauvesouris sont des organes homologues, car ils dérivent du membre de Tétrapodes adapté primitivement à la locomotion terrestre.

Pour déterminer l'homologie de plusieurs organes, il est conseillé d'appliquer deux principes, qui sont toujours d'actualité (Vernier, 2009) :
1) Le principe des connexions : un organe peut subir diverses modifications, mais il n'est jamais transposé. Ce principe souligne l'idée de relations anatomiques entre des organes dont la position anatomique est constante.
2) Le principe de composition : des organes homologues sont composés des mêmes sortes d'éléments. Le plan d'organisation est conservé, mais pas toujours la forme de ses éléments : aile d'un Oiseau, patte antérieure d'un Quadrupède, par exemple.

b. Les caractères analogues **:** C'est à similarité entre deux états des caractères, c'est-à-dire d'autre part étaient des structures développées par différentes sélections d'organes à la suite d'une même pression de sélection. Analogie, des rapports de similitude avec une autre chose ; comparable, semblable, similaire : Une matière poisseuse, analogue à la résine.

D'autres termes sont :

-b.1.Caractères phylogénétiques **:** Sont des caractères qui reflètent l'information sur la phylogénie du groupe et en rapport avec les structures se développant. Une classification descriptive ou phylogénique nécessite l'analyse des homologies et doit respecter trois propositions (Roger, 1978):

- les membres de chaque taxon doivent être les plus proches apparentés,
- tous les membres d'un taxon doivent être les descendants d'un même plus proche ancêtre et
- la hiérarchie linnéenne des taxons doit être compatible avec la phylogénie inférée

- b.2. Caractères régressifs : sont des caractères qui concernent les structures qui ont existées mais qui semblent disparues.

Exemple : l'absence de racines chez certaines angiospermes aquatiques comme *Caratophyllum* chez les *Caratophyllaceae*).

-b.3. Caractères adaptifs **:** sont des caractères qui contribuent au bien-être d'un organisme.

2.3.1.2. Caractères cladistiques

Caractères cladistiques ont été développés à partir de l'approche cladistique de la classification qui cherche à déterminer les séquences de branches de l'évolution et en basant la classification sur elles. Les caractères sont considérés comme étant significatifs sur le plan évolution et contenant des caractères homologues. Seuls les états dérivés de caractères sont vus comme significatifs cladistiquement.

2.3.1.3. Caractères phénétiques

Une approche majeure à la classification biologique est phénétique, elle utilise la similarité globale pour rechercher les relations. La classification phénétique ne cherche pas à établir les faits évolutifs, mais les taxa sont regroupés selon la similaire et la différence des états de caractère.

2.4.2. Du bon usage des caractères

Pour bon usage des caractères, il faut qu'il soit une bonne corrélation des caractères et un bon choix du nombre de caractères (Watson & Dallwitz, 1991 et Dhetchuvi, 2003).

2.4.2.1. La corrélation des caractères

De nombreux naturalistes ont considéré chaque organe comme indépendant des autres, ainsi les fonctions d'un organisme sont tellement interdépendantes qu'elles ne peuvent varier isolément (Cuvier, 1845) :
- tout être organisé forme un ensemble,
- un système unique et clos, dont toutes les parties se correspondent mutuellement, et concourent à la même action définitive par une réaction réciproque (symbiose),
- aucune de ces parties ne peut changer sans que les autres changent aussi,
- par conséquent chacune d'elles, prise séparément, indique et donne toutes les autres caractères.

2.4.2.2. Le choix du nombre de caractères

John Ray à rechercher des critères nécessaires pour établir une classification rigoureuse ; ceci l'amène à donner une définition moderne de l'espèce en introduisant le critère reproductif et conseille de prendre en compte l'ensemble des caractères d'une plante. Ses observations en Angleterre et en Europe continentale le conduisent à rechercher des critères nécessaires pour établir une classification rigoureuse ; ceci l'amène à donner une définition moderne de l'espèce en introduisant le critère reproductif. En 1682, dans New Method of Plants (Methodus Plantarum Nova), ***J. Ray*** conseille de prendre en compte l'ensemble des caractères d'une plante (Vernier, 2009).

En 1763, dans ses Familles des plantes, ***M. Adanson*** affirme que seule la prise en considération de l'ensemble des attributs particuliers à chaque organisme y compris ceux obtenus par la microscopie permet d'établir une classification naturelle (Tort, 1996).

Donc la taxinomie numérique contemporaine que nous allons voir dans la seconde partie, que l'on pourrait qualifier de « ***néoadansonienne*** », accorde autant d'importance à tous les caractères ; la taxinomie cladistique s'intéresse également à tous les caractères mais on accorde à ces derniers des valeurs différentes ((Tort, 1996).

Même chose, ***Lamarck*** reprendra à son compte dans sa Philosophie zoologique (1809) la pensée de ***M. Adanson*** (Tort, 1996 et Vernier, 2009) :

- le vrai moyen, en effet, de parvenir à bien connaître un objet, même dans ses plus petits détails, c'est de commencer par l'envisager dans son entier ;
- par examiner d'abord, soit sa masse, soit son étendue, soit l'ensemble des parties qui le composent ; par rechercher quelle est sa nature et son origine, quels sont ses rapports avec les autres objets connus ;
- en un mot, par le considérer sous tous les points de vue qui peuvent nous éclairer sur toutes les généralités qui le concernent. On divise ensuite l'objet dont il s'agit en ses parties principales, pour les étudier et les considérer séparément sous tous les rapports qui peuvent nous instruire à leur égard ;
- et continuant ainsi à diviser et sous diviser ces parties que l'on examine successivement, on pénètre jusqu'aux plus petites dont on recherche les particularités, ne négligeant pas les moindres détails.

Aujourd'hui, les autres Taxonomistes s'efforcent de considérer également un nombre de caractères élevé et non fixé a priori ; leur choix et leur traitement dépendent de leur valeur classificatoire.

2.5. Types de caractère taxonomiques en relation avec d'autres disciplines

Pour classifier les organismes, il faut recueillir un certain nombre de données comparatives pouvant permettre de faire les analyses plus précises de la situation. Les données sont de plusieurs formes et les

Taxonomistes doivent être capables et prêts à manipuler ces différents nombreux types de données (Dhetchuvi, 2003).
Exemple : la littérature fournit un certain nombre de données auxquelles le Taxonomiste doit ajouter ses propres données originales qui vont permettre une meilleure compréhension de la situation qu'il étudie.

Il est bien que le Taxonomiste soit capable de manipuler les données concernant le problème qu'il étudie, mais il faut qu'il soit aussi capable d'apprécier son échantillonnage, les qualités des mesures, bref la manipulation aisée des informations recueillies. Ce qu'il doit savoir c'est que toute information sur une plante ou sur une série d'espèces peut avoir une importance potentielle dans la compréhension des relations systématiques (Kalanda, 1983).
- Les informations recueillies peuvent être en petite qualité ou en grande quantité et peuvent provenir d'une partie ou de la totalité des parties de la plante.

Quelle que soit la source tous les différents types des données doivent être considérés et classées dans 3 types :
- informations provenant de l'organisme lui-même c'est-à-dire la morphologie, la composition chimique, la génétique, l'ultrastructure, etc.
-informations provenant des interactions organisme à organisme comme la biologie de la reproduction, des organismes, type de pollinisation.
- informations provenant des interactions organisme - environnement dans le sens large, distribution des échantillons, leur écologie (relation entre les êtres vivant eux-mêmes et leur milieu abiotique).

2.5.1. Les informations provenant de l'organisme lui-même

2.5.1.1. Données des structures exomorphiques

C'est le type des données ***(Organographie ou la morphologiques)*** sont le plus utilisé et concerne la forme extérieure d'un organisme et elles sont utilisées depuis le temps passé jusqu'à ce jour. Ces types des données sont faciles à obtenir car il suffit d'ouvrir les yeux et on peut les recueillir. Elles ont un avantage, c'est qu'elles peuvent être recueillies facilement et permettent de déceler leur variabilité. Grâce à cette facilité, les scientifiques ont l'avantage de compter sur ces données et non sur les autres (Kalanda, 1983).

a.1. Type des données morphologiques **:** Les données morphologiques ou structures exomorphiques d'une plante peuvent être vues comme étant de deux types :
- données macromorphologiques : toutes les données qu'on recueille à l'œil nu ou avec une portative ou binoculaire sont des données macroscopiques ou macromorphologiques. Elles sont communes dans la clé de détermination car elles sont faciles à trouver.
- les données micro morphologiques : c'est qu'on peut voir à l'aide de microscope optique ou électronique à transmission et à balayage.

a.2. Caractère morphologique végétatifs **:** Ici par exemple on peut considérer le cas du limbe car c'est facile à observer et il y des différences dans les dimensions (quantitative), la forme (qualitative). C'est une des parties les plus observées en Taxonomie. Il existe dans beaucoup de livres des références sur les formes standardisées décrivant les limbes ou d'autres structures y afférant.

a.3. Autres structures morphologiques **:** nous pouvons citer :
- l'épiderme qui est fortement utilisée en considérant les formes des cellules en observant les différents types de poils, les cellules somatiques. Le port de la plante, un apport important de la blastogénie (étude de plantule) ; morphologie et anatomie des tiges.
- caractères morphologiques floraux : on observe la diversité des structures florales des Angiospermes. Ces caractères sont utilisés de manière extensive dans le développement de système de classification à tous les niveaux. Ces structures variées proviennent des fleurs, des fruits, des graines, de la symétrie florale.

Efficacité des caractères morphologiques *:* Les caractères morphologiques sont utiles à tous les niveaux de la hiérarchie taxonomique, de la variété jusqu'à l'embranchement. Certaines familles sont clairement, de la variété même végétativement. Les caractères morphologiques reflètent les relations génétiques et évolutionnaires et donnent des indications sur la voie, les adaptations aux conditions environnementales. Certain auteurs considèrent la morphologie comme dépassée cependant les données morphologiques restent fondamentales dans la résolution des problèmes taxonomiques.

2.5.1.2. Données anatomiques

La forme et la structure interne des organes des plantes (anatomie) sont d'autres sources des classifications des données utilisées en Taxonomie. Les données anatomiques sont utilisées dans la résolution de problème relationnel. Car elle est plus de *confiance les homologies* des états des caractères morphologiques et elles peuvent aider dans l'interprétation de la population de l'évolution.

***a .1. Type des données anatomiques* :** Ils sont de 2 catégories :
- données endomorphiques observées au microscope optique et l'ultra structure observé au microscope électronique de transmission ;
- données exomorphiques qui nous sont fournies par le microscope électronique à balayage.

***a.2. Caractères anatomiques végétatifs* :** on site :
- la Racine : est la structure végétative la plus négligée due probablement aux difficultés d'obtenir du matériel spécialement sur les arbres mais aussi leur observation ou leur étude démontre peu de variations mycorrhizales. Tout comme les méristèmes racinaires peuvent être une série des caractères très utiles.
- les Tiges : les différents tissus et leurs cellules. La présence des grains d'amidon ; les laticifères, la chimie du latex, les vaisseaux et leur parenchyme.
- la Feuille : est riche en information par exemple l'ultra structure des cellules épidémiques, les mésophylles, les faisceaux, la nervation, les sclérites, ect.
- les organes reproducteurs : ceci concerne par exemple l'anatomie de la vascularisation des organes floraux, la structure de l'ovaire, la présence de disque nectarifère et leurs structures, le placenta, les carpelles, l'anatomie du fruit et des graines.

2.5.2. Les informations provenant des interactions organisme à organisme

2.5.2.1. Données embryologiques[24]

Les structures relatives à l'origine et au développement de l'embryon chez les Angiospermes et les Ptéridophytes ont été utilisées avec succès dans la détermination des relations taxonomique. Cela concerne le développement de l'ovule et de l'anthère c'est-à-dire micro (- et macro) sporogenèses, le gamétophyte, la gamétogénèse, la croissance de l'embryon et l'endosperme, du nucelle, de tégument.

a. Types des données Embryologiques : nous avons
- anthère : Nombre de microsporanges, nombre de ligne vertical de cellule dans chaque archéspore, type de développement de parois cellulaire (Armand, 1970).
- gamétophyte mâle (*Graine de pollen*) : on regarde la structure et le développement, la présence ou l'absence de callosité (prolifération cellulaires) dans le tube pollinique, l'ultra structure de spermatozoïde etc.
- gamétophyte femelle (*Ovule*) : Il s'agit de gamétogenèse, l'ovule, archéspore, le mégasporogenèse. Les autres types de données embryologiques proviennent de la fertilisation, fécondation, et endosperme, andospergénie, vascularisation des graines, etc.

2.5.2.2. Données Palynologique[25]

Les données palynologiques proviennent des études comparativement des grains de pollen dont l'on utilise spécialement le port et la structure de l'exine (Armand, 1970).

---

[24] L'embryologie est une discipline scientifique qui englobe la description morphologique des transformations de l'œuf fécondé en organisme (embryologie morphologique) et l'étude de leur déterminisme (embryologie causale).
https://www.universalis.fr/encyclopedie/embryologie/

[25] La palynologie est l'étude des grains de pollen et spores actuels mais aussi des palynomorphes (cellules et organismes microscopiques à parois organiques). La science qui étudie les palynomorphes fossiles est la paléopalynologie. https://www.futura-sciences.com/planete/definitions/botanique-palynologie-17187/

2.5.2.3. *Données Cytologique*[26]

On tient compte spécialement de l'étude des croissements, formes et nombre des cellules. On utilise aussi la forme et la dimension ainsi que la position du centromère. C'est l'étude des cellules isolées.

2.5.2.4. *Donnes génétiques et cytogénétiques*[27]

On sait que la génétique est la science de l'hérédité et de ses variations. La cytogénétique est l'étude de croisement et leurs implications génétiques (Mayr, 1989). C'est ainsi que les deux sciences sont considérés ensembles pour fournir des données taxonomiques. Elles sont en effet la base réelle de l'hérédité et permettent d'expliquer les divergences évolutionnaires (Mayr, 1989).

a.1. Données génétiques : on peut citer :
- Analyse génétiques : Il s'agit de déterminer la base génétique de caractère de certaines structures rencontrées au sein d'une population.
- Analyse de l'isozyme : Cette analyse permet d'estimer la distance génétique entre le taxa. Les isozymes sont des variantes d'enzyme (contrôleurs génétiques) qui ont des fonctions métaboliques variées dans la plante.

Les enzymes sont extraites de la plante, déposées sur le gel et séparées par électrophorèse pour obtenir les bandes des protéines qui reflètent les phénotypes d'isozymes.

a.2. Données cytogénétiques : On étudie le degré de relation entre taxa via les homologies des croissements. La compatibilité reproductive et la

---

[26] La cytologie est une partie de la biologie qui étudie la cellule vivante, comme les stromas plastidiaux, sous ses différents aspects physiologiques, morphologiques, biochimiques, etc. La cytologie est la branche de la science qui étudie les cellules, à un niveau structurel, à la fois dans leur état normal et pathologique en médecine.
Lire plus : https://www.aquaportail.com/definition-3923-cytologie.html

[27] La cytogénétique: est une branche de la génétique qui est liée à l'étude de la structure et de la fonction dans la cellule, en particulier les chromosomes. Dans certaines maladies congénitales, telles que le syndrome de Down, la cytogénétique a détecté la nature du défaut chromosomique. https://www.aquaportail.com/definition-3924-cytogenetique.html

capacité reproductive par hybridation naturelle ou artificielle. Si les hybrides sont normaux et fertiles, cela signifie que les relations génétique entres les taxa étudies sont très étroites.

2.5.2.5. Les données chimiques

Les macromolécules et les micromolécules sont considérées comme les phlagonoïdes qui sont des produits secondaires de métabolisme. Il y a les macromolécules où on trouve les protéines et acides nucléiques comme l'ADN et l'ARN du noyau, des chloroplastes et des mitochondries. Ce sont ces molécules aux poids moléculaires très élevés et qui peuvent être considérées comme caractéristiques ou spécifiques de certaines espèces du point de vue de leur synthèse.

Remarque : Chimiotaxonomie
La chimio taxonomie a pour objectif d'établir des rapports entre la composition chimique des espèces vivantes et leur classification systématique (Taxonomie). Elle s'applique surtout aux plantes, riches en métabolites secondaires.

Les alcaloïdes fournissent une contribution dans certains groupes où ils sont bien représentés comme la famille des apocynacées : la sous-famille des plumieroïdées ne comprend que des espèces à alcaloïdes indoliques, mais celles-ci sont absentes chez les cerberoïdées et les échitoïdées.

Dans certains cas, les critères chimiques permettent des distinctions plus fines comme celle des genres Vinca (pervenches des régions tempérées) et Catharanthus (pervenches tropicales), ce dernier contenant des alcaloïdes « doubles » très particuliers. Certains alcaloïdes sont de bons marqueurs taxonomiques, propres à une espèce, un genre, voire une tribu (colchicine des liliacées-wurmberoïdées) ou une famille (dérivés du type taxol des taxacées). D'autres, comme la nicotine, sont disséminés par les caprices de l'évolution dans des familles éloignées dans la classification. La situation est en définitive très différente suivant les produits et les groupements botaniques, et la valeur chimio taxonomique des alcaloïdes reste limitée.

2.5.2.2.6. Les Données de la biologie de la reproduction : Les plantes ne vivent pas isolément, elles sont en interaction constaté avec les éléments biotiques et abiotiques de leur environnement. Et chacune développe une stratégie permettant une adaptation à l'environnement en vue de survivre.

Les données de la biologie reproductive ont une valeur taxonomique limitée mais elles peuvent éclairer sur certains problèmes biologiques. Beaucoup des données ont été directement utile comme la phénologie, les structures liés aux rayons U-V, les pollinisateurs, les nectaires, le système de croissement et les agents de dispersion.

Phénologie : Il s'agit d'étudier le rythme d'apparition des organes. Plus la phénologie est différente pour les individus observés, plus on peut se retrouver en présence d'espèces différentes (c'est-à-dire les individus observés sont différents).

a.2. Structures liées aux rayons UV : on peut citer :
- Phénologie : Certaines fleurs sont évoluées au cours de milliers d'années et ont développé une structure adaptée à des pollinisateurs précis. Cette évolution est accompagnée par des modifications structurales

Exemple : couleur de la corolle, position des anthères, etc.

- Nectaires : On étudie leur présence ainsi que la composition du nectar qui est des données permettant d'étudier les relations entre les plantes.
- Système de croissement : on étudie le transfert sur les stigmates et leurs germinations.
- Système de dispersion : les structures qui permettent la dispersion et les agents qui y contribuent.

2.5.3. Les informations provenant des interactions organisme - environnement

2.5.3.1. Données écologiques

Les données écologiques sont différentes de ce qu'on collecte traditionnellement. Il ne s'agit pas des données de structure mais provenant des interactions plante -environnement. Ces données sont de

2 types : Partie abiotique (sol, température) et partie biotique (être vivant). Les études écologiques permettent la manipulation des plantes dans les environnements différents pour détermination des éléments des variations provenant de l'environnement ou la génétique.

a.1. Type des données écologiques : nous avons :
Distribution : La distribution est le type des données écologiques les plus utilisées en Taxonomie car ça permet de connaitre l'Isolation reproductive.
Zone de végétation : On regarde la zone phytogéographique occupé par l'espèce et on peut considérer le type d'habitation dans cette végétation.

a.2. Les facteurs environnementaux locaux : nous avons :
-Facteurs abiotiques : sol, type de sol. Le sol joue un rôle important dans la spéciation des espèces.
La géologie : elle affecte aussi la distribution des plantes et sous –sol peut influencer l'installation des espèces. Autres facteurs abiotiques de l'environnement sont également importants dans la distribution des plantes. Les associations des plantes en communautés des plantes décrites après le taxon dominant.

Les données écologiques peuvent être utiles à différant niveau de la hiérarchie taxonomique mais ils ont le plus d'impact au niveau spécifique et infra spécifique qui sont plus concernés par l'évolution dans les conditions environnementales considérées.

Chapitre III :
Taxonomie classique

3.1 Introduction

Depuis les origines de la Taxonomie par ***Aristote*** et ses disciples en passant par ***Linné*** jusqu'à la naissance de la phylogénie, les Scientifiques se sont efforcé de grouper les végétaux de façon pratique et évolutionnaire afin de pouvoir identifier aisément à une espèce connue les plantes rencontrées (Mayr, 1989). Cette manière de raisonner est destinée à mettre en ordre les informations concernant les plantes par une bonne diagnostique (Roger, 1978).

Dans le cadre de la classification des caractères, la taxonomie a pour objectif de circonscrire, d'après le plus grand nombre de caractères, des lots d'individus constituant des catégories semblables ou comparables, et de classer les unités ainsi délimitées et bien définies selon une échelle de subordination. Il est entendu que les classifications basées sur un seul caractère étaient suspectes et, les botanistes se limitaient souvent à fournir des révisions étendues montrant la variation des caractères individuels (Francour, 2013).

Malheureusement, en dépit de la nécessité de classifications synthétisant toutes les données disponibles, il ne fut pas possible d'intégrer véritablement toutes les données assemblées par les systématiciens avant l'avènement de l'ordinateur. C'est pour quoi cette évolution des classifications botaniques : utilitaires, morphologiques, phylogéniques » fait appel à deux domaines bien distincts : l'histoire des sciences, ici de la botanique, qui traitera plus des classifications en passe d'être sinon rejetées du moins remaniées et puis la biologie moléculaire à la base de la nouvelle classification (Mangambu, 2018).

3.2. Classification des plantes

Les classifications sont destinées à mettre en ordre les informations concernant les plantes et l'on peut construire des clés pour leur détermination. Deux types principaux de classification sont reconnus dans l'histoire de la Botanique systématique. Il existe deux types de classification botanique : classification empirique et classification rationnelle (Nyakabwa, 2007).

3.2.1. Classification empirique

Dans cette classification, les botanistes ont rangé les plantes dans un ordre alphabétique (ABC...). Le système peut être comparé avec un arrangement de mots dans un dictionnaire. Les plantes étaient classées d'après des critères étrangers à leur nature même (but commercial, ordre alphabétique de leurs noms, etc.). Il n'y avait pas de critère en considération.

3.2.2. Classification rationnelle

Elle se fonde sur des particularités propres aux plantes. Dans cette classification, les plantes sont mises ensemble sur base de certains caractères naturels susceptibles de les unir. Cette forme de classification peut être divisée de la manière suivante : Classification pratique (utilitaire), Classification Classique et Classification phylogénétique (Kalanda, 1983 ; Nyakabwa, 2007).

3.2.2.1. Classification pratique (utilitaire)

Elle est basée principalement sur les propriétés des plantes en rapport avec leurs valeurs ou usages par l'homme. Les plantes sont classées d'après l'intérêt direct que l'homme en retire (fibres, huiles, remèdes, etc.)

3.2.2.2. Classification Classique (classification de Taxonomie classique)

La classification classique, construite autour du système linnéen, a instauré des règles très durables de taxinomie et de classification, mais elle est de nos jours en voie de disparition. Les systématiciens continuent d'utiliser le système de nomenclature binominale en latin, tout comme ils continuent d'utiliser le latin pour la création de taxons, mais la tendance est de ne plus obéir aux impératifs d'une organisation des taxons en rangs taxinomiques, ce qui était l'un des traits les plus caractéristiques de la classification classique. Ils ont aussi abandonné certains des critères de classification de la classification classique, comme l'absence d'un caractère comme raison suffisante pour la création d'un taxon. Ce procédé est de nos jours considéré comme un manquement au critère d'objectivité nécessaire auquel font appel les classifications modernes

La classification classique a pourtant évolué grâce au travail de taxonomistes. Leurs travaux ont été intégrés soit complètement, soit partiellement par la communauté scientifique. Mais, contrairement à Linné, la plupart des taxinomistes ont travaillé sur un ensemble restreint d'espèces.

Voici quelques-unes de ces classifications :

Végétaux en général

- Classifications globales
  - Classification d'Engler (1877, 1909 puis 1924) par Adolf Engler
  - Classification de Wettstein (1935) par Richard Wettstein
- Plantes à graines (Spermatophytes) en particulier
  - Classification de Candolle (1819 puis 1824 à 1873) par Augustin Pyrame de Candolle
  - Classification de Bentham et Hooker (1862 à 1883) par George Bentham et Joseph Dalton Hooker
- Plantes à fleurs (Angiospermes) en particulier
  - Classification de Takhtajan (1954 puis 1997) par Armen Takhtajan
  - Classification de Cronquist (1968 puis 1988, le grand œuvre de 1981) par Arthur Cronquist basée sur celle de Takhtajan, ITIS suivait grosso modo cette classification jusqu'en 2011

Classification de Thorne (peu utilisée) (1992, 2000, 2002) par Robert Folger Thorne

Classification de Dahlgren (peu utilisée) (1975, 1983, 1989) par Rolf Martin Theodor Dahlgren

En botanique, pour les angiospermes, les classifications les plus généralement admises sont :
- pour la classification classique, la classification Cronquist (1981) ;
- pour la classification phylogénétique, la classification APG (1998) et particulièrement la dernière mise à jour, la classification APG IV (2016).

3.2.2.3. Différentes classifications

Il existe deux types de classification classique : Classification artificielle et classification naturelle

a. Classification artificielle : depuis les origines de la Taxonomie on s'est efforcé de grouper les végétaux de façon pratique afin de pouvoir identifier aisément à une espèce connue sur les plantes rencontrées. C'est le principe d'identification dite classification artificielle (Mangambu, 2018).

Exemple : **Linné** a classé les plantes en 24 classes suivant leur nombre d'étamine :
- Les 10 premières classes comprenaient les *Phanérogames* qui avaient 1, 2, 3, 4,...10 étamines ;
- La 11ème classe : 11 à 19 étamines ;
- La 12ème classe : nombre d'étamines de 20 au plus insérées sur le périanthe ;
- La 13ème classe : nombre d'étamines de 20 au plus insérées sur le réceptacle ;
- La 14ème classe : plantes à androcée didymame ;
- La 15ème classe : plantes à androcée tétradyname ;
- La 16ème classe : plantes à étamines monadelphes (filets soudés en 1 bloc) ;
- La 17ème classe : plantes à étamines diadelphes (filets soudés en 2 blocs) ;
- La 18ème classe : plantes à étamines polyadelphes (filets soudés en plusieurs blocs) ;
- La 19ème classe : plantes à étamines unies par les anthères (synandre) ;
- La 20ème classe : plantes à étamines gynandres (gynécée et androcée soudés) ;
- La 21ème classe : plantes monoïques ;
- La 22ème classe : plantes dioïques ;

- La 23ème classe : plantes polygames
- La 24ème pour les Cryptogames.

Ce système artificiel réussissait les espèces qui en fait appartiendraient aux groupes différents. On peut imaginer sur d'autres bases, d'autres classifications artificielles, c'est ce qui est réalisé dans les flores qui utilisent la méthode dichotomique pour permettre l'identification des espèces (Mangambu, 2018).

Exemple : 1e alternative : plantes avec ou sans fleurs.

2ième alternative : plantes à fleurs hermaphrodites ou unisexuées

Par élimination successive on se retrouve devant une dernière question qui amène à une espèce qu'on veut identifier.

En bref, la classification artificielle est plus ou moins arbitraire, comme les plantes sont classées sur base d'un ou au plus, un petit nombre de caractères qui, cependant, ne donnent aucune lumière sur les affinités ou les relations des plantes les unes des autres. La classification artificielle (classification-clé) utilise les caractères phénotypiques facilement observés et n'indiquant pas nécessairement les relations phylogénétiques. Il existe deux types de classifications artificielles : ***classification spéciale et classifications authentiques***

- On parle de classifications artificielles spéciales si elles ne visent qu'à faciliter l'identification des plantes.
- La Classifications artificielles authentique (ou pures) ont un intérêt pratique et évident mais étant entièrement basées sur l'étude d'un petit nombre des caractères arbitrairement choisi elle se saurait exprimer de façon satisfaisante les affinités des familles.

b. Classification naturelle [28]***:*** L'établissement de fondement d'une classification naturelle fut surtout l'œuvre de JUSSIEU. Dans une telle classification on s'efforce de rapprocher dans des groupes communs, les végétaux qui présentent entre eux un nombre plus ou moins élevé des ressemblances profondes. Les caractères pris en considération sont donc

[28] Tous les naturalistes ont un objectif commun : établir une classification naturelle. Mais ces classifications...sont des moyens tout à fait artificiels...Aussi l'on peut assurer que, parmi ses productions, la nature n'a réellement formé ni classes ni ordres, ni familles ni genres, ni espèces constantes mais seulement des individus qui se succèdent les uns aux autres, et qui ressemblent à ceux qui les ont produits » (***Lamarck***, Philosophie zoologique, p. 79).

choisis dans l'ensemble de l'organisation des plantes et ces classifications cherchent à reproduire l'image de la nature. A la base de classification naturelle les espèces sont groupées en genre. Les genres ayant un certain nombre de caractères communs sont groupés en familles ainsi de suite jusqu'à un niveau très élevé (classe, embranchement, etc....). Cette classification tente d'exprimer les affinités phylétiques des plantes entre elles et établies sur de nombreux critères de comparaison. On parle parfois de classification générale.

Les classifications naturelles ont une valeur prédictive. Ce système nous aide non seulement à certifier le nom de la plante mais aussi ses relations de parenté et ses affinités avec les autres plantes. Tous les systèmes modernes de classification sont naturels (El Alaoui, 2013).

3.2.2.3. Classification phylogénétique

Ce système classe les plantes selon leurs relations évolutionnaires et génétiques. La classification phylogénétique est une classification hiérarchique basée sur d'hypothétiques relations phylogénétiques telles que les membres de chaque catégorie dans la classification partagent un unique ancêtre commun (Mayr, 1989 ; Felsenstein, 2004a &b).

Notre connaissance actuelle est insuffisante pour construire une parfaite classification phylogénétique et tous les systèmes phylogénétiques actuels sont formés par la combinaison d'évidences naturelles et phylogénétiques (Mangambu *et al.*, 2016). Cette partie sera développée dans les deux derniers chapitres du cours.

3.2.3. Comparaison des classifications

a. Classification naturelle et classification artificielle. Elle est résumée de la manière suivante dans le tableau ci-dessous (Nyakabwa, 2007) :

Tableau 4 : Comparaison entre classification naturelle et classification artificielle

Comparaison	Classification naturelle	Classification artificielle
Caractères considérés	tous les caractères des plantes sont pris en considération	un petit nombre de caractères
Plantes groupées	plantes plus proches phylogénétiquement	groupement facultatif
Informations relatives à ses membres	grand nombre d'informations	nombre d'informations limitées
Inclusion d'informations supplémentaires	facile	impossible
Portée de la valeur prédictive	haute	petite ou nulle
Identification des plantes	peut être rendue facile	peut être difficile
Classification des plantes très peu connue	facile	peut-être incertaine
Stabilité	peut changer avec l'augmentation de nouvelles connaissances	stable et ne change pas

b. Classification naturelle et classification phylogénétique. La comparaison se résume comme suit (Nyakabwa, 2007):

Tableau 5 : Comparaison entre classification naturelle et classification phylogénétique

Classification naturelle	Classification phylogénétique
1. basée sur de nombreux caractères constants existant dans la nature.	1. basée sur les séquences évolutionnaires, en plus de nombreux caractères constants.
2. plantes regroupées sur base d'une corrélation des caractères en commun.	2. affinités naturelles et relations des plantes sont considérées, en plus de plusieurs caractères morphologiques constants.
3. cette classification sert le besoin pratique en fonctionnant de manière	3. les systèmes phylogénétiques sont plus récents et sont basés sur des relations phylogénétiques

adéquate comme une aide à une identification facile.	présumées, d'où ces systèmes sont largement utilisés dans certains pays.

3.3. Choix des caractères utilisés dans la classification naturelle

Pour la détermination des espèces, nous avons vu que l'on se fonde essentiellement sur les caractères morphologiques externe, il en est de même pour le genre et les familles. Les caractères végétatifs sont parfois très significatifs (Kalanda, 1983).
Exemple : la disposition des feuilles, la présence de stipules, la forme du limbe sont souvent caractéristiques d'une famille. Cependant les caractères sexuels d'une famille sont le moins sujets à variation. Ce sont les caractères fondamentaux.

La définition d'une famille, d'une espèce ou d'un groupe ne peut être basée sur un seul caractère il en faut un certain nombre donc coordonné. D'autre part les caractères invoqués sont des valeurs inégales les uns propres à une espèce, d'autres à tous les représentants d'une famille, d'un ordre, d'une classe. Ils sont subordonnés les uns aux autres d'où les deux principes de la coordination et subordination des caractères. Mais comme on ne sait pas mesurer la valeur taxinomique intrinsèque d'un caractère, le choix d'un caractère parmi plusieurs par un auteur est plus ou moins entaché de subjectivité (Mangambu, 2018).

3.3.1. Principe de la coordination et subordination des caractères

La valeur classificatoire d'un caractère est relative et elle est déterminée a posteriori. Le principe de subordination des caractères acquiert une dimension évolutionniste (Mayr, 1989) qu'il n'avait pas : « les valeurs taxinomiques sont liées à l'âge et à l'histoire des ascendants »

Passant des caractères aux êtres eux-mêmes, DARWIN exploite ce principe pour convaincre ses lecteurs : « Les descendants modifiés d'un ancêtre unique finissent par se séparer en groupes subordonnés à d'autre groupes... C'est ainsi, selon moi, que s'explique ce grand fait de la subordination naturelle de tous les êtres organisés... Tassy, 1997 » Mais il n'existe toujours pas d'échelle pour mesurer la valeur taxinomique d'un caractère.

C'est ainsi que nous soulignons l'importance des caractères constants dans de nombreux groupes ; ils concluent que la plus grande universalité d'un caractère, « La valeur est une notion qui se détermine a posteriori ». La hiérarchisation des caractères taxonomiques est correcte si le taxon étudié est monophylétique. Cette détermination faite a posteriori diminue la part de l'arbitraire qui dominait jusqu'alors dans la classification.

2.3.1.1. Principe de la coordination des caractères[29]

Même lorsqu'il s'agit d'une espèce ou d'un genre, un seul caractère ne suffit pas à la définition (Dhetchuvi, 2003).
Exemple : les fleurs à corolles unies d'un éperon. On peut trouver un éperon chez plusieurs espèces différentes, d'autres caractères doivent être adjoint à celui-là et cet ensemble de caractères qui le définira. Il en est de même à un niveau plus élevé pour la famille et l'ordre. Ainsi la famille de *Lamianceae* possède toujours une tige carrée avec des feuilles opposées. Ce caractère ne saurait à lui seul la définir car on le retrouve fréquemment dans une famille voisine chez le *Scrophullariaceae, Acanthaceae.*
Les *Lamiaceae* possèdent aussi une corolle bilabiée mais celle-ci se retrouve également chez les nombreux *Solanaceae, Acanthaceae, Scrophulariaceae* de même que la didynamie de l'androcée. Le gynécée des *Lamiaceae* aussi très spécial il est formé de 2 carpelles biovulés qui bientôt se divise chacun par une fausse cloison à 2 logettes uniovulées.
Le style est gynobasique et le fruit est un tétrakene mais ces caractères appartiennent également à une autre famille voisine les *Boraginaceae.* Aucun de ces caractères pris isolément ne suffisent à définir un groupe par contre leur union définissent parfaitement et sans ambigüité les *Lamiaceae.*

[29] ***M. Adanson*** a reconnu que tous les caractères n'ont pas une valeur taxonomique identique. Il note, en effet, dans sa Famille des plantes que les caractères qui ont une grande valeur taxinomique pour définir une famille peuvent n'en avoir aucune pour toutes les autres. En 1789, dans *Genera plantarum*, ***A.L. de Jussieu*** utilise le principe de subordination des caractères, établi par son oncle ***B. de Jussieu.***

Cela un fait général et qui permet de saisir les caractères artificiels d'une classification comme celle de ***Linné*** établit sur un seul caractère unique.

3.3.1.2. Principe de la subordination[30] des caractères

Si un groupe ne peut être défini que par un ensemble de caractères communs chacun de ceux-ci pris isolement se révèle à l'usage des valeurs très inégales (Tassy, 1997). Les uns sont absolument constants et présents chez toutes les espèces du groupe et uniquement dans celle-là, d'autre souvent rencontrent dans des espèces étrangères aux groupes (Dhetchuvi, 2003).

Exemple1 : les monocotylédones ont comme caractères communs :

- Présence d'un seul cotylédon dans l'embryon ;
- Présence des faisceaux conducteurs très nombreux isolés,
- Feuilles rétinerves engainantes
- Fleur trimère (construite sur le type 3).

Explication :

Les dicotylédones ont en quelques sorte de caractères opposés et s'excluant, le caractère (1) est absolument constant chez les monocotylédones et est rare chez les dicotylédones et est d'interprétation difficile, la présence d'un cotylédon entraine en quelque sorte les autres caractères par contre les caractères suivant sont moins généraux.

Exemple 2: le type de division de grain de pollen simultané chez les Orchidaceae se rencontre chez les dicotylédones, la fleur n'est pas toujours de type 3 et ce caractère se trouve aussi chez certaines dicotylédones. La nervation de la feuille n'est pas toujours rétinerves.

Exemple 3 : on trouve la nervation pennée chez les palmiers, elle est réticulée chez certaines dicotylédones. C'est finalement les caractères monocotylédones

---

Dans La Raison classificatoire (Paris, Aubier, 1989), ***Patrick Tort*** fait observer que ***M. Adanson***, pour extirper l'arbitraire de la classification des plantes, affirme en somme que « la méthode naturelle doit se vouer d'abord au recensement et à l'exploitation de tous les arbitraires possibles : dresser une fois pour toutes la liste de tous les systèmes praticables, et en utiliser la ressource classificatoire... » (p. 237) « ... ***M. Adanson*** recense 22 parties : les racines, les bourgeons, les tiges, les branches, les feuilles, les stipules, les vrilles, les épines, les poils, les fleurs, le sexe, le calice, la corolle, les étamines, l'ovaire, le style, le stigmate, le fruit, la graine, l'embryon, le réceptacle, le disque,... » auxquelles il ajoute la substance, les sucs, les teintures, les vertus. « Parties » et « qualités » s'additionnent donc pour former la base intégrale de tous les systèmes possibles » (p. 239-240).

qui sont prédominants pour distinguer les dicotylédones. L'établissement de cette classification de mono ou dico implique un choix concernant l'importance relative de certains caractères. Il implique donc un coefficient personnel de la part de chaque auteur et c'est la raison pour laquelle il n'existe pas un système de classification qui soit universellement admis.
Il est sûr qu'un organe possède une valeur taxinomique variable : « *On pourrait citer un grand nombre d'exemples montrant combien un même organe important peut, dans un même groupe d'êtres vivants, varier quant à sa valeur en matière de classification.*»

Mais comme on ne sait pas mesurer la valeur taxinomique intrinsèque d'un caractère, le choix d'un caractère parmi plusieurs par un auteur est plus ou moins entaché de subjectivité. Pour certains Taxonomistes, tous les caractères n'ont pas une valeur taxonomique identique. Il note, en effet, dans sa Famille des Plantes que les caractères qui ont une grande valeur taxinomique pour définir une famille peuvent n'en avoir aucune pour toutes les autres.

Chapitre IV :
Nomenclature et identification des plantes

4.1. Introduction

Comment nommer les végétaux et les champignons ? Afin d'éviter toute ambiguïté, l'idéal serait que tout taxon, en particulier tout genre, espèce, sous-espèce ou variété, soit désigné, dans une langue donnée, par un nom et un seul, qui ne s'appliquerait qu'à ce taxon : ainsi pourrait-on, en particulier au niveau de l'espèce, établir une bijection entre l'ensemble des espèces de végétaux (ou de champignons) et l'ensemble des noms désignant ces espèces ou les individus appartenant à ces espèces.

La nomenclature scientifique, en latin, dont les règles – décidées et affinées lors des congrès internationaux de botanique – sont exposées dans le Code international de nomenclature botanique (*International Code of Botanical Nomenclature, I.C.B.N.*) et le Code international de nomenclature des plantes cultivées (*International Code of Nomenclature for Cultivated Plants, I.C.N.C.P.*), tend à réaliser cet idéal :
- il serait atteint le jour où, en mettant de côté les synonymes qui témoignent de l'évolution des recherches, des classifications et des connaissances, tous les végétaux et les champignons auraient été décrits et ordonnés au sein d'une classification pouvant être considérée comme définitive.

Cela ne sera, hélas, jamais le cas, ne serait-ce que parce que de très nombreuses espèces disparaissent actuellement plus vite qu'il n'est possible de les étudier, en particulier lors de gigantesques incendies de forêts tropicales. Toutefois, en se limitant aux espèces décrites à un instant donné, les règles internationales de nomenclature botanique permettent de réaliser cet idéal formel : à une espèce correspond un nom scientifique et un seul (en excluant les synonymes, qui sont à rejeter), qui est le nom officiel de cette espèce, et il en est de même pour les cultivars.

Les critères classificatoires établis par les naturalistes sont l'aboutissement de nombreuses recherches qui, commencées parfois dès l'antiquité, ont été particulièrement intenses au cours des XVIIIe et XIXe siècles. Depuis, si leur nature s'est peu modifiée, en revanche les classifications actuelles ont changé avec la reconnaissance de la filiation des organismes dans les sciences naturelles (Amigues, 2002).

Il est sûr qu'un organe possède une valeur taxonomique variable. On pourrait citer un grand nombre d'exemples montrant combien un même organe important peut, dans un même groupe d'êtres vivants, varier quant à sa valeur en matière de classification.

Le système de la nomenclature et d'identification doit être simple et facile à comprendre, en plus ce système de nomenclature devrait être stable. Tout cela peut se faire que suivant un ensemble des règlements utilisés pour former les noms scientifiques des plantes,... et ces règles permettent de juger de leur légitimité «*la nomenclature*», (Barrie *et al.*, 1995). Elle sert donc pour donner un nom aux taxons. Il s'agit d'une science très formalisée, dont les règles sont établies et révisées régulièrement par une Commission Internationale de Nomenclature (Subrahmanyam, 1997).

Exemple : nous avons par :

- International Code of Botanical Nomenclature (ICBN)
- International Code of Nomenclature for Cultivated Plants (ICNCP)
- International Code of Zoological Nomenclature (ICZN)
- International Code of Nomenclature of Bacteria = Bacteria = Bacteriological Code (BC)
- Virus Nomenclature, International Committee on Taxonomy of Viruses (ICTV)

4.2. Bref historique

Tyrtamos d'Érèse, dit Théophraste (371 ou 370 av. J.-C. - 288 ou 287 av. J.-C.), qui succéda à Aristote à la tête du Lycée en 322 av. J.-C. et est l'auteur d'une œuvre philosophique considérable, est aussi l'un des tout premiers botanistes et mycologues dont au moins une partie de l'œuvre scientifique nous soit parvenue :

- dans ses ouvrages Περὶ φυτῶν α'ίτιων (Des causes des plantes, six livres) et Περὶ φυτῶν 'ιστορία (Recherche sur les plantes ou Histoire des plantes, neuf livres), il décrit, nomme et classe de nombreux végétaux, champignons et maladies de ces organismes. Ainsi, le nom de genre

Ostrya Theophr. ex Scop. provient-il du nom « ’οστρύα » par lequel Théophraste nomme Ostrya carpinifolia Scop., le charme-houblon, dont il donne une excellente description (in Recherche sur les plantes, III, 10, 3).

Avant Carl von Linné (1707-1778), de nombreux autres botanistes et mycologues ont fait progresser le vocabulaire, la nomenclature ou la classification. Pline l'Ancien (23-79) est l'auteur d'Historia naturalis, dont les livres XII à XIX sont consacrés à la botanique et où, d'après ***Thomas Archibald Sprague***, environ cent quatre-vingt-sept termes sont les mêmes que les termes botaniques actuels ou y ont un sens proche. Saint Albert le Grand (1193-1280), évêque de Regensburg, savant, philosophe et théologien, utilise cent quarante-deux (d'après T. A. Sprague) termes plus ou moins botaniques dans De vegetalibus (Des végétaux), où il décrit et classe plus de quatre cents espèces. *Valerius Cordus* (1515-1544) laissa à sa mort le manuscrit d'Historia plantarum (Histoire des plantes), dans lequel il décrivait plus de 500 plantes dont probablement 66 nouvelles ; parmi elles, le jonc-fleuri (Butomus umbellatus L.), qu'il avait appelé « gladiolus palustris ». Citons encore : Leonard Fuchs (1501-1566), auteur de « ***De historia stirpium*** » (De l'histoire des plantes, 1542) ; ***Carolus Clusius*** (ou Charles de L'Écluse, 1526-1609) qui décrit et tente de classer environ 1 400 plantes ou champignons

Mais la base de la nomenclature binaire ou binomiale était établie par LINNE au XVIIIe siècle. Auparavant, les plantes ont également été nommées et décrites, mais il n'était pas question d'une nomenclature uniforme (Subrahmanyam, 1997).

Exemple 1 : ***Clusius*** (1583) utilisait la nomenclature polynomiale (p.ex. *Salix pumila angustifolia altera*), dont le nom coïncidait avec un bref diagnostic de la plante, tandis que dans le système de Bergeret chaque nom était un mot de quinze lettres. *Belladonna* par exemple était nommé ***Leglyabiajisbey*** (=***nomenclature uninomiale***).

Exemple 2 : ***Touenefort*** (1700) était le premier à utiliser un nom unique pour désigner le genre suivie d'une phrase pour la description de l'espèce.

Exemple 3 : ***Linné*** a publié les idées de base de sa nomenclature binomiale dans les œuvres ***Fundamenta Botanica*** (1736), ***Gritica Botanica*** (1737) et

Philosophia Botanica (1751) et a appliqué cette nouvelle façon de nommer des organismes pour la première fois d'une façon consistante dans son livre *Species Plantarum* (1753). Chaque nom de l'espèce se compose d'un nom du genre et d'une épithète spécifique, suivi éventuellement d'un nom de l'auteur (parfois abrégé) (p. ex., *Bidens pilosa* L.) : Depuis ***Linné***, on n'a pas dévié de ce principe de base.

Il est important de noter que la nomenclature binomiale donne à la fois l'information sur l'espèce (épithète spécifique) et l'information sur le genre auquel appartient cette espèce. Le Code est divisé en trois parties claires : ***Les principes, les règles et les recommandations*** (Barrie *et al.*, 1995).

4.3. Les règles, recommandation et principe de la nomenclature Botanique

4.3.1. Les règles de la nomenclature

Les règles de la nomenclature constituent un ensemble de principes, règles et recommandations permettant d'attribuer un nom à un organisme. Si l'on considère un nom d'organisme comme un mot d'une langue particulière, les règles de nomenclature pourraient correspondre à la grammaire de cette langue. Elles déterminent, entre autres, la manière dont doit être rédigé le nom, mais aussi son existence aux yeux des scientifiques. Ainsi, un ensemble de critères qui détermine l'existence ou non d'un nom, ce que l'on désigne selon les codes, sous les termes de disponibilité, établissement ou publication valide.

4.3.2. Les principes

Les principes sont *les points de base sur quoi le code est basé.* Ils ne donnent pas les règles détaillées à propos de la nomenclature, mais ils montrent les idées principales qui ont guidé les compilateurs du Code, et seront à la disposition de tout botaniste entreprenant la publication d'un taxon. Selon cette section du Code, *tout taxon ou groupe de taxon de plantes peut porter seulement le nom correct et vice – versa un nom peut s'adresser à un groupe de plantes.* Les règles et articles : sont *au nombre de 75 et ils sont formés pour une méthode de* nomination des groupes taxonomiques. Les noms peuvent causer des erreurs ou des ambiguïtés doivent être évités ou rejetés.

4.3.3. Les principes de la nomenclature botanique

Le Code botanique contient un certain nombre de principes, règles (énoncées dans les articles, obligatoire), recommandation (facultatif) et des exemples. Il y a aussi un certain nombre d'annexes qui fournissent des règles pour des domaines de recherche spéciaux, tels que les fossiles. Voici les principes à respecter lorsqu'on crée des noms scientifiques pour les plantes (Barrie *et al.*, 1995) :

Principe I : La nomenclature botanique est indépendante des nomenclatures zoologique et bactériologique. Le Code s'applique uniformément à tous les noms de groupes taxonomiques considérés comme plantes, même si à l'origine ils n'ont pas été traités comme tels. Le même nom scientifique peut se référer à la fois à un taxon botanique et zoologique.

Exemple 1: *Cecropia*, renvoie à la fois à un genre de papillons et à un genre important de la famille des *Urticaceae.*

Exemple 2: la désignation des cyanobactéries, des Myxomycètes et de nombreux protozoaires (qui, historiquement, ont été traités comme des plantes) sont également couvertes par le code ICBN, même si maintenant ces taxons ne sont plus considérés des plantes.

Principe II : L'application des noms de groupes taxonomiques est déterminée par la méthode des types nomenclaturaux. Dans la pratique, ce principe est d'une importance primordiale. Ce principe stipule que chaque nom a un « *type* » qui détermine son application. Le nom du taxon est donc toujours associé à ce type (spécimen). Comme indiqué plus haut, cette règle est relativement récente. Auparavant, un nom était lié à la description originale du groupe taxonomique, que l'auteur a été donnée. Cette description est souvent une simple diagnose floue des caractères du taxon. La décision en 1958 d'obliger les auteurs à désigner un type, a comme résultat qu'un nom n'est plus lié à une description, mais à un spécimen réel et observable (voir ci-dessous).

Principe III : L'application des noms de groupes taxonomiques est déterminée par la méthode des types nomenclaturaux. Le principe de priorité ainsi que le principe du type forment la base de la nomenclature des plantes. La règle de la priorité stipule que le nom le plus ancien est celui qui est correct. Le début de la ligne prioritaire pour les Spermatophytes a été fixé à partir du 1[èr] mai 1753, la date de publication de Species Plantarum de Linné.

Principe IV : Chaque groupe taxonomique de délimitation, position et rang donnés ne peut porter qu'un nom correct. A savoir le plus ancien en conformité avec les Règles, sauf exception spécimens.

Principe V : Les noms scientifiques des groupes taxonomiques sont réputés latins, quelle que soit leur origine.

Principe VI : Les Règles de la nomenclature ont un effet rétroactif, sauf indication contraire.

Outre ces principes, il y a environ 75 règles et des recommandations multiples (par exemple la recommandation de la règle de priorité à application pour les rangs supérieurs). Dans les sections suivantes, nous allons discuter la formation des noms pour les différents taxons et nous irons plus loin dans les deux grand principes : ***la typification et le principe de priorité.***

4.3.4. Les recommandations

Elles sont des applications pratiques des règles. Celles-ci sont signifiées pour amener une grande uniformité dans la nomenclature future. Les règles et les recommandations concernent toutes les plantes, les champignons inclus, à l'exception des bactéries. Les prévisions pour les noms des hybrides apparaissent dans l'appendice.

Pour reprendre l'analogie avec la grammaire, il s'agit alors non seulement de rédiger un mot, mais aussi de dire que les seuls mots à utiliser sont ceux présents dans un dictionnaire donne (*et qui ont suivi un processus particulier pour être autorisés à y être présents*).

De plus, avant de déterminer le nom à donner à un taxon, il faut avoir réalisé des choix taxonomiques (*tout comme il faut avoir fait une phrase pour écrire correctement un mot, en particulier un nom ou un verbe*).En nomenclature biologique, ces choix taxonomiques sont principalement le choix du rang auquel le taxon doit être reconnu (s'agit-il *d'une espèce, une sous-espèce ou une famille* ?), et le choix du taxon supérieur (*à quel genre, à quelle espèce, appartient-il en particulier ?).*

Ces deux décisions taxonomiques n'interviennent pas dans les règles de nomenclature, il s'agit seulement des deux questions dont il est indispensable de connaitre la réponse avant de pouvoir appliquer les règles de nomenclature et donc de pouvoir donner un nom au groupe reconnu.

4.4. Les noms des taxons

Le code prévoit la désignation des différents niveaux hiérarchiques de la Taxonomie (Barrie *et al.*, 1995). Contrairement à la dénomination binomiale des espèces, la plupart des noms sont uninominaux, avec une terminaison qui indique le rang du taxon. Pour ce qui est de la nomenclature, l'attribution des noms donnés aux taxons, la classification classique s'est développée en intégrant le système de nomenclature proposé par Linné, ce qui constitue certainement de nos jours le seul apport de Linné qui soit encore d'actualité.

Linné établit le système de nomenclature binominale (et aussi trinominale), selon lequel une espèce reçoit un nom en latin constitué de deux termes. Le premier est le genre, un substantif dont la première lettre s'écrit en majuscule, et le deuxième est le terme ou épithète spécifique, qui détermine, au sein d'un genre, de quelle espèce il est question en particulier.

Ce deuxième terme, écrit entièrement en minuscules, est très souvent un adjectif mais lorsqu'il s'agit d'un substantif il a tout de même fonction d'adjectif (substantif en apposition). L'épithète spécifique s'accorde en genre avec le nom générique s'il s'agit d'un adjectif ; elle ne s'accorde pas s'il s'agit d'un substantif. De nos jours les noms binominaux s'écrivent selon la règle typographique en italiques tel que développer ci-dessous dans les points qui se suivent dans ce chapitre.

4.4.1. Organisation des taxons

Dans la classification classique les taxons se subordonnent les uns aux autres selon un système de rangs, mais contrairement à la nomenclature binominale, qui est universellement reconnue, cette démarche de Linné consistant à ranger les taxons en rangs est de plus en plus abandonnée. Le rang de base est l'espèce, qui se subordonne au rang du genre, qui lui à son tour se subordonne à la famille et ainsi jusqu'au rang le plus général qui les englobe tous.

De nos jours quelques naturalistes continuent encore à classer les taxons selon une disposition hiérarchique en rangs7. Ils se partagent le plus souvent entre ceux qui préfèrent le « domaine » comme étant le rang le plus général et ceux qui préfèrent celui dénommé « empire ». La suite de rangs suivants montre un exemple de la disposition actuelle des rangs de taxons (du plus général au plus particulier) selon le modèle traditionnel de la classification classique :

(vivant) → (empire →) règne (→ sous-règne) → embranchement → classe → ordre → famille → genre → espèce

Exemple : *Rosaceae* est le nom scientifique de la famille des roses. Rosales est le nom scientifique de l'ordre auquel appartient la famille des *Rosaceae.*

Tableau 6 : Rangs et la formation des noms des taxons (Piet et al., 2013).

	Rang		Suffixe	Exemple
Uninomial	Regnum	Règne	-	*Eucaryota*
	Subregnum	Sous-règne	-	-
	Divisio	Division (Embranchement)	phyta (mycota)	*Magnoliophyta*
	Subdivisio	Sous-division (sous-embranchement)	phytina (mycotina)	*Magnoliophytina*
	Classis	Classe	Opsida, atea (mycetes, phyceae)	*Magnoliatae*
	Subclassis	Sous-classe	Idae (mycetidae, phycidae)	*Magnoliidae*
	Superordo	Superordre	anae, iflorae	*Rosanae*
	Ordro	Ordre	ales	*Rosales*
	Subordo	Sous-ordre	ineae	*Rosineae*
	Familia	Famille	aceae	*Rosaceae*
	Subfamilia	Sous-famille	oideae	*Rosoideae*
	Tribus	Tribu	eae	Roseae
	Subtribus	Sous-tribu	inae	Rosinae
	Genus	Genre	Us.a.um, etc	Rosa
Binomial	Subgenus	Sous-genre		*Ranunculus* subg. *Batrachium*
	Sectio	Section		*Rosa* sect.*Canina*
	Subsectio	Sous-section		*Rosa* sebsect. *Villosae*
	Series	Série		*Primila* series *Acaules*
	Subseries	Sous-série		
	Species	Espèces		*Primila vulgaris* Huds
Trinomial	Subspecies	Sous-spèces		Silene vilgaris subsp.alpina
	Varietas	Variété		*Salix repens* var.*fusca*
	subVarietas	Sous-variété		*Saxifraga aizoon* subvar.*brevifolia*
	Forma	Forme		*Fagus sylvatica* f.*quercifolia*
	subforma	Sous-forme		*Saxifraga aizoon* subf.surculosa

4.4.2. L'ordre, la famille et la sous-famille

Pour ces trois rangs de taxon, on va utiliser une terminaison spéciale qui permet de comprendre de suite quel est le rang dont on parle. La terminaison est la partie qui finit le mot. Voici les terminaisons utilisées (Piet *et al.*, 2013):

Rang de taxon	*Terminaison*
Ordre	- ales
Famille	- aceae
Sous-famille	- oideae

Les noms sont formés de deux parties :

La racine	***et***	***la terminaison***
(Première partie du nom ; nom)		***(deuxième partie du***
Basée sur un « genre typique »)		

4.3.2.1. L'ordre

Pour former le nom de l'ordre, on va utiliser la racine d'une famille incluse dans cet ordre.

Exemple : la famille des *Cyperaceae* appartient à l'ordre des *Cyperales.*

CYPER	+	ALES	=	CYPERALES
(racine ; basée sur un «genre typique »)				(terminaison)

On écrit l'ordre avec une majuscule : Cyperales.

4.4.2.2. La famille et la sous-famille

De même, elles vont avoir un nom basé sur la racine d'un genre inclus dans cette famille des Cyperaceae.

CYPER	+	OIDEAE	= CYPEROIDEAE
(racine du genre)		terminaison de la sous-famille)	(sous-famille)
CYPER	+	- ACEAE	= CYPERACEAE
(racine du genre)		(terminaison de la famille)	(famille)

Ces noms commencent toujours avec une lettre majuscule : Cyperoideae et Cyperaceae

Il y a aussi quelques noms de famille pour lesquels il existe des noms alternatifs (sont aussi acceptés par le code, Barrie *et al.*, 1995):

Poaceae	*Gramineae*
Arecaceae	*Palmae*
Asteraceae	*Compositae*
Fabaceae	*Papillonaceae*
Fabaceae	*Leguminosae*
Apiaceae	*Umbelliferae*
Clusiaceae	*Guttiferae*
Brassicaceae	*Cruciferae*

4.4.2.3. Le genre

Le nom de genre n'obéi pas à cette règle de terminaison. C'est un mot utilisé comme un nom pour désigner une chose (ici une plante).
Certaines règles sont appliquées (Dhetchuvi, 2003 ; Mangambu, 2013) :
- il doit être d'un mot latin /grec ou être latinisé (en ajoutant, autant que possible, une terminaison latine).
- on doit éviter les noms qui s'adaptent mal à latin.
- il ne faut pas faire des noms trop longs difficiles à latin.
- il ne faut pas combiner plusieurs mots qui appartiennent à des langues différentes.
- le nom de genre commence toujours par une majuscule. (Remarque : il est normalement écrit en italique (lettres penchées).
- il ne faut pas dédier un genre à quelqu'un, il faut utiliser une recommandation !).
- lorsqu'on dédie un genre à quelqu'un, il faut utiliser une terminaison latine féminine, que ce soit un homme ou une femme.

Exemple 1 : le genre *Bromelia* a été dédié à ***Olaf Bromel*** (qui était un homme) par ***Linné***.

Exemple 2 : le genre Bertiera a été dédié à Mme ***Berthier*** (une femme) par ***Aublet***, car elle l'aida dans sa recherche de plantes en Guyane. Pour Berthier, remarquez comme le nom Berthier a été latinisé (« ***- thi-*** » ne se rencontre pas dans un mot latin). Beaucoup de genres ont été nommés à l'honneur du patron de la botanique ou d'Horticulture ou un botaniste.

Exemple 3 : ainsi, il existe un *Candollea* pour ***Auguste De Candolle***, *Einsteinia* pour ***Albert Einstein***, *Grayia* pour ***Asa Gray***, *Hookera* pour ***Hooker***, *Jeffersonia* pour ***Thomas Jefferson***, *Linnaea* pour ***Linné,*** *Theophrasta* pour ***Théophraste***. Et *Bauhinia* et *Thunbergia* après ***Bauhin*** et ***Thunberg***.

Dans plusieurs cas, les noms génériques expriment quelques caractéristiques de la plante.
Exemple : *Anigozanthus* (fleurs inégales) ;

Quelques noms génériques sont l'imaginaire, mythologique ou d'une origine poétique.
Exemple : *Circaea* qui se réfère au Circe, *Dodecatheon* (12 dieux), *Nymphaea* (eau-lisse).

4.4.3. L'espèce

Nous avons vu que l'espèce est le rang de taxon le plus utilisé en botanique pour bien différencier les plantes. C'est pourquoi il faut obéi tout particulièrement aux règles concernant les noms d'espèces. Le nom d'espèce est composé de trois parties.

Exemple : *Oxyanthus troupinii* Bridson

Oxyanthus	***troupinii***	Bridson
(nom du genre	épithète spécifique	nom de l'auteur
auquel appartient	(caractérise l'espèce)	(qui a décrit cet
espèce)		
l'espèce)		
Majuscule	minuscule	
Italique	italique	écriture normale

4.4.3.1. L'épithète spécifique

Il existe de nombreuses règles pour former et écrire les épithètes spécifiques. Comme le nom scientifique de l'espèce est toujours compose de deux mots latins, on parle de Nomenclature binomial.

L'épithète spécifique est souvent formée à partir :

1. ***du nom d'une personne*** célèbre en botanique ou dans les sciences naturelles ou d'un collecteur

Exemples :

a) comme adjectif possessif (gasmeriana (*Tulipa gasneriana*), muelleriana (*Eucalyptus muelleriana)* ;

b) comme un nom possessif (agharkarii (*Musa agharkarii*).

2. ***de l'adjectif*** qui décrit une caractéristique morphologique importante de l'espèce c'est-à-dire la forme commune d'une épithète spécifique est un adjectif descriptif.

Exemples :

a) longifolia, brevituba, etc…
b) Elle peut indiquer l'abondance relative d'une plante (rara (rare), vulgaris (commun)) ;
c) La couleur d'une plante ou une partie de la plante (alba (blanche), flava (jaune), nigra (noire), viridis (verte)).
d) La taille, forme, habitude de la plante. (alta (longue), crassé (mince), ingrate (géante),…)
e) L'utilisation de la plante (edulis ou esculenta (comestibles), officinalis (vendue dans des boutiques), sativus (semée pour récoltes)).
f) Autres traits : autumnalis (de l'autone), foetida (mal parfumée), spinosa (tissée).
g) Quelquefois, l'épithète spécifique est construite d'un nom ou suffix, montra l'affinité ou la ressemblance (amaranthoides (proche à *Amaranthus*, bignoniodes (similaire à *Bignonia),* quercifolia (avec les feuilles semblables à *Quercus*),…
h) Un type d'épithète spécifique ***est un adjectif descriptif constitué par la combinaison de deux*** ou plus de deux mots et se référant à certains traits descriptifs de la plante. (angustifolia (feuille étroite), cordifolia (feuille à forme de cœur), grandiflora (fleur large), etc.

3) ***d'un lieu***, d'une région de récolte ou d'une ethnie.

La région dans laquelle la plante était trouvée.

Exemples :

a) japonica (japonaise), indica (indienne), kivuensis (region du Kivu)…
b) L'habitat de la plante. **Exemple** : aquatica (dans l'eau), arveris (dans les champs), muralis (sur le mur), sylvatica (dans le bois).

c) **L'épithète spécifique peut être un nom au lieu d'un adjectif et souvent un nom latin pour quelques plantes** *(Alisma plantago-aquatica* (plantago-aquatica) est un mot ancien pour les plantes des eaux), *Pyrus malus* (malus était l'ancien mot pour la pomme), etc.

4) ***L'épithète d'une espèce peut avoir*** une origine quelconque et peut même être formée arbitrairement.

Remarque

Les auteurs qui proposent des épithètes spécifiques devraient se conformer aux exigences suivantes :
- utiliser des terminaisons latines autant que possible
- éviter les épithètes très longues et de prononciation très difficile en latin
- ne pas combiner des mots empruntés à des langues différentes
- éviter les épithètes formées de mots unis par un trait d'union
- éviter dans le même genre, des épithètes trop semblables, surtout celles qui ne diffèrent que par leurs dernières lettres ou par la disposition de deux lettres
- éviter les épithètes tirées de noms de localités peu connues ou très limitées, à moins que l'aire de l'espèce ne soit très petite
- dans ce cas ou l'épithète comportant plusieurs mots doivent être combinés en un seul ou reliés par un trait d'union

4.4.3.2. Taxons infraspécifiques

Pour les rangs inférieurs à l'espèce, voici comment ont formé les noms :
Au sein de l'espèce *Cremaspora triflora* (Thonn.) K.Schum, il existe différentes sous-espèces :
Voici deux d'entre-elle :

Cremaspora	*triflora*	(Thonn.) K.Schum.	subsp. *Triflora*
Nom du épithète Genre	épithète spécifique	nom de l'auteur de l'espèce	qualification (sous-espèce) infraspécifique

Cremaspora *triflora* subsp. *Confluens* (K.Schum.) Verdc
Nom du genre épithète qualification épithète nom de l'auteur
Spécifique infraspécifique de la sous-espèce

La sous-espèce qui inclut le type de l'espèce (spécimen sur lequel on a basé la description de cette espèce) s'appelle la sous-espèce typique ou l'autonyme. Vu que le nom de la sous-espèce reprend l'épithète de l'espèce (ici triflora), on n'ajoute pas le nom de l'auteur après l'épithète infraspécifique.

Le qualificatif peut être « subsp. » pour sous-espèce, « **f.** » pour forme ou « **var.** » pour variété.
Exemple : -*Cyathea camerooniana* (Hook.) R.M. Tryon var. *aethiopica* (Welw. ex. Hook) Roux et *Pteridium aquilinum* (L.) Kuhn subsp. *aquilinum*

43.3.3.3. Le nom de l'auteur

Il s'agit du nom de l'auteur qui a décrit l'espèce. C'est souvent d'une abréviation du nom.
Exemple : *Spermacoce annua* Verdc. Dans cet exemple, le nom rajouté à la suite est « Verdc. » (Pour Verdcourt).

Voici quelques-unes des règles de base :
- S'il s'agit d'une abréviation, il faut toujours rajouter un point(.) ; si ce n'est pas une abréviation il ne faut jamais rajouter un point.
Exemple : « **Mill** » signifie Mill, et « **Mill** » est l'abréviation de Miller.

- Il existe des cas où une espèce a d'abord été décrit par un auteur (ou plusieurs) et nommé d'après un genre, et puis est transférée vers un autre genre. On met alors le nom du premier auteur entre parenthèses et ajoute le (s) auteur(s).
Exemple : *Afrocrania volkensii* (Harms) Hutch.

- Si plusieurs auteurs ont décrit l'espèce ensemble, on ajoute « **&** » entre les noms.

Exemple : *Octodon filifolia* schumach. & Thonn. Fut décrit en 1827, puis il a été transféré vers *Spermacoce* par Lebrun & Stork en 1984, en conséquence le nom actuel de ce taxon est « *Spermacoce filifolia* (Schumach. & Thonn.) J.P.Lebrun & Stork »
Exemple 2 : *Acacia montigena* Brenan & Exell.

Le nom de l'auteur peut parfois comporter une ou plusieurs initiales, on écrit alors sans espèce être les deux, et sans espace entre le(s) initiale(e) et le nom de famille de l'auteur.
Exemple : « *Spermacoce jaliscensis* M.E.Jones ». Notez la différence entre « M.E. Jones » et « J.P. Lebrun » : dans le premier cas, M.et E. désignent le premier et le deuxième prénom de Jones, dans le deuxième cas J.P. désigne un premier composé (Jean-Paul).

Parfois on trouve entre les noms des différents auteurs le mot « **ex** ».
Exemple1 : « *Spermacoce humifusa* Willd. ex Roem. & Schult. ». Ceci signifie que Willd. a décrit cette espèce mais il n'a pas respecté les règles de publication, par conséquence le nom « *Spermacoce humifusa* Willd. » n'est pas valide : Roam. & Schult ont repris le nom car ils acceptent l'existence à cette espèce, mais ils ont respecté les règles de publication, donc le nom correct devient « *Spermacoce humifusa* Willd. ex Roem. & Schult. ».
Exemple 2 : *Agauria salicifolia* Hook.f. ex Oliver

Le « **in** » après un nom d'auteur est utilisé pour indiquer que l'auteur de l'espèce a décrit l'espèce dans l'œuvre d'un auteur.
Exemple 1 : *Spermacoce hyssopifolia* Kunth. **in** F.W.H. von Humboldt, A.J.A. Bonpland & C.S. Kunth,Nov. Gen. Sp.3.342 (1819). L'addition de "in ..." n'est pas obligatoire.

Le P.P. (" **pro parte**) après un nom signifie qu'on s'est référé seulement vers un parti du taxon qui porte ce nom.

4.5. Les types nomenclaturaux

En systématique, un type est l'élément de référence attaché à un nom scientifique à partir duquel une espèce a été décrite. Il désigne le matériel original (un ou plusieurs spécimens exemplaires) ayant servi à cette identification scientifique dite « typification ». Toutefois, il est très important de préciser que le type est celui d'un nom, et non pas celui

d'un taxon (groupe d'individus vivants) qui, lui, a pu changer de nom en raison de nouvelles découvertes, descriptions ou analyses :
- ainsi, un même taxon peut avoir plusieurs dénominations successives et donc, plusieurs types d'ancienneté différente ; il arrive aussi que plusieurs espèces ou variétés soient identifiées là où auparavant on ne pensait n'en voir qu'une, ou inversement, que l'on s'aperçoive que des types-noms différents (Couplan, 2012).

Le second principe du Code stipule que chaque nom d'un taxon à la famille ou de niveau inférieur est inextricablement lié à un spécimen particulier, c'est-à-dire le type[31] du nom d'une espèce ou d'un taxon infraspécifique consiste en un spécimen unique conservé dans un seul herbier ou une collection ou une institution, ou bien consiste en un nom d'espèce. Pour désigner ou citer un type (Barrie *et al.*, 1995).

Le seul nom d'espèce suffit, c'est-à-dire qu'il est considéré comme le parfait équivalent de son type. Le seul nom d'espèce d'une famille ou de toute subdivision d'une famille est le même que celui du nom de genre dont il est dérivé.

Pour désigner ou citer un type, le seul nom de genre suffit. Le type d'un nom de famille ou de sous-famille qui n'est pas dérivé d'un nom générique est le même que celui du nom alternatif correspondant. L'utilisation du terme « type » peut porter à confusion. En effet, le type nomenclatural n'est pas nécessairement l'élément le plus typique ou le plus représentatif d'un taxon. On distingue plusieurs sortes de types :

4.5.1. Holotype

Le holotype est le spécimen le plus important, c'est un échantillon choisi et indiqué par l'auteur comme (**holo**) type dans le protologue (c'est la publication originelle du nouveau nom). Il sera l'exemplaire officiel de référence pour cette espèce, pour comparer d'autres spécimens.

[31] La nécessité de typification des noms de taxons a mis du temps à se dégager. L'un des premiers zoologistes à utiliser le concept de type (même s'il n'utilise pas le mot) est Mathurin Jacques Brisson (1723-1806).

Le nom de l'espèce sera toujours rattaché à ce spécimen en particulier. Cela peut être un spécimen d'herbier, mais il peut arriver que le holotype soit une illustration (dessin), une préparation au microscope, etc.....

Le holotype doit être choisi au moment de la préparation de la publication d'une nouvelle espèce. Dans le protologue on doit indiquer un holotype et on doit mentionner dans quel herbier on a déposé ce holotype (Piet *et al.*, 2003).

4.5.2. L'isotype, le syntype, le lectotype et le néotype

L'isotype c'est lorsqu'on a un spécimen qui devient un holotype, tous les doubles de ce spécimen deviennent des *isotypes* : ils peuvent être conservés dans le même Herbier que celui du holotype, mais il est préférable d'en envoyer au moins un autre Herbier, pour faciliter les identifications de nouveaux spécimens par d'autres botanistes.

Il peut arriver que, dans les anciennes publications, le holotype sur lequel se base la description n'est pas indiqué (l'indication d'un type n'était pas obligatoire avant 1958). Dans ces cas tous les échantillons cités dans le protologue sont des *syntypes*. On doit choisir un nouveau type unique. On choisit alors un exemplaire parmi ce matériel (*syntypes*).

Ce nouveau type s'appellera alors *lectotype*, ce type fonctionne comme holotype. Il est aussi possible que le holotype ne soit plus disponible (par exemple : perdu ou détruit lors d'un incendie). Donc il n'existe pas de matériel original (pas de doubles, pas d'illustrations).

On choisit alors un nouveau type à partir de matériel nouveau (spécimen de la même espèce, récolté après le holotype) : ce nouveau type s'appelle alors ***néotype.*** Lors du choisi de ce ***néotype,*** il est préférable que le nouveau matériel ressemble à la description dans le protologue et qu'il provient du même lieu de récolte que le holotype, ou bien à défaut d'un lieu de récolte proche du lieu original.

4.5.3. Le paratype et le néotype et l'épithète

- ***Un paratype*** est un spécimen cité dans le protologue, et qui est ni le holotype, ni un isotype, ni l'un des syntype si deux spécimens ou plus ont été désignés simultanément comme types. Sensu strictu les paratypes ne sont pas des vrais types (Piet *et al.*, 2003).
- ***Un néotype*** est un spécimen ou une illustration qui a été choisi pour servir de type nomenclatural tant que tout le matériel sur lequel a été fondé le nom du taxon fait défaut.
- ***Une épithète*** est un spécimen ou une illustration qui a été choisi à servir de type interprétatif lorsque le holotype, le lectotype ou le néotype précédemment désigné (ou bien tout le matériel original), associé à un nom validement publié, est ambigu de façon démontrable et qu'il ne puisse être identifié de manière probante en vue de l'appliquer précisément à ce nom de taxon.

Lorsqu'un épitype est désigné, il faut citer de manière explicite le type (holotype, lectotype, néotype) que cet épitype conforte.

Basionyeme : premier nom valide, légitime créé pour un taxon. Son épithète sera retenue si de nouvelles combinaisons sont reconnues par la suite pour le taxon (Piet *et al.*, 2003).

Protologue : mot utilisé pour désigner la première publication du nom d'un nouveau taxon (Piet *et al.*, 2003).

4.5.4. Topotypes et Série-type

-***Topotypes :*** est un type trouvé dans la localité type. Cette localité type correspond à l'endroit où l'holotype cité dans le protologue a été découvert. Il n'a aucune valeur de porte nom.

Série-type : est l'ensemble des syntypes déposés en même temps et non catégorisés.

4.5.5. Principe de priorité

Toute famille ou tout taxon de rang inférieur de délimitation, position et rang donnés ne peut porter qu'un seul nom correct, les seules exceptions sont 9 familles et 1 sous-famille pour lesquelles des noms alternatifs sont autorisés. En aucun cas, un nom n'a priorité en dehors du rang auquel il a été publié (Piet *et al.*, 2003).

Exemple 1 : *Lyhrum intermedium* Ledeb. (1822). Traité comme variété de *Lyhrum salicaria* L. (1753), s'appelle *L.salicaria* var. *glabrum* Ledeb. (Fl. Ross. 2 : 127.1843), et nom *L. salicaria* var. *intermedium* (Ledeb.) Koehne (Bot. Jahrb. Syst. 1 : 327. 1881).

Exemple 2 : *Magnolia virginiana* var.*foetida* (L.) Sarg. (1889).

Exemple 3 : *Campanula* sect. *Campanopsis* R.Br. (Prodr. 561. : 1810), traité comme genre, s'appelle *Wahlenbergia* Roth (1821), nom qui est conservé à l'encontre du synonyme taxinomique (hétérotypique) *Cervicina* Delile (1813), nom *Campanopsis* (R.Br.) Kuntze (1891).

Pour tout taxon de la famille au genre inclus, le nom correct est en principe le plus ancien nom légitime de même rang.

Exemple 1: Lorsque *Aesculus* L. (1753), *Pavia* Mill. (1754), *Macrothyrsus* Spach (1834) et *Calothyrsus* Spach (1834) sont affectés au même genre, le nom correct est la combinaison de l'épithète finale du plus ancien nom légitime de même rang qui s'applique au taxon, avec le nom correct du genre ou de l'espèce auquel il est attribué.

Exemple 2: *Antirrhium spurium* L. (1753), transféré au genre *Linaria*, s'appelle *Linaria spuria*(L) Mill. (1768)

Néanmoins, cette règle ne s'applique pas dans le cas où le nom formé de cette façon est invalide ou illégitime selon les règles du Code (Barrie *et al.*, 1995 et Piet et *al.*, 2003).

Quelques exemples :

Exemple 1 : *Spartium biflorum* Desf. (1798) transféré dans *Cytisus.* Desf. ne pouvait pas s'appeler *C. biflorus* à cause de *C.biflorus* L' Hér. (1791) validement publié précédemment, le nom de remplacement C.fontanesii Spach (1849) a par conséquence été proposé correctement.

Exemple. 2 : *Spergula stricta* Sw. (1799), transféré au genre Arenaria L. se nomme *Arenaria uliginosa* Schleich. Ex Schltdl. (1808), à cause de l'existence du nom *Arenaria stricta* Michx. (1803), fondé sur un type différent ; toutefois, en cas de transfert au genre *Minuartia* L, l'épithète stricta redevient disponible et l'espèce s'appelle *Minuartia stricta* (Sw.) Hiern (1899).

Exemple 3 : *Arum dracunculus* L. (1753), transféré au genre *Dracunculus* Mill, se nomme *Dracunculus vulgaris* Schott (1832), car l'utilisation de l'épithète linnéenne aurait engendré un tautonyme.

La publication valide des noms de plantes des divers groupes est censée débuter aux dates indiquée ci-dessous (pour chaque groupe, un ouvrage est cité qui est censé avoir été publié à la date donnée pour ce groupe) :
- Spermatophyta et Pteridophyta, Ier mai 1753 (Linnaeus, *Species Plantarum* ed. 1).
- Musci (*Sphagnaceae* exceptées), Ier janvier 1801 (Hedwig, *Species muscorum*).
- Sphagnaceae et Hepaticeae, Ier mai 1753 (Linnaeus, *Species Plantarum* ed 1).
- Champignons (y compris les Myxomycètes et les champignons formant des lichens), 1er mai 1753 (Linnaeus, *Species Plantarum* ed. 1) Les noms d'*uredinales*, d'*ustilaginales* et de *Gasteromycetes* (s.1.) adoptés par Persoon (*Synopsis methodica fungorum*, 31 décembre 1801) et les noms des autres champignons (à l'exclusion des Myxomycetes) adoptés par Fries (*Systema mycologicum*, vol. 1 (1er janvier 1821) à 3, avec index complémentaire (1832) et l'*Elenchus fungorum*, vol.1-2) sont sanctionnés (voir l'Art. 15).

Du point de vue de la nomenclature, le nom des lichens s'applique à leur constituant fongique.
Pour éviter des changements nomenclaturaux gênants du fait de l'application stricte des règles, et particulièrement du principe de priorité, les Appendices II et III du code donnent des listes de noms de familles, de genres et d'espèces qui sont conservés (*nomina conservanda*).
Les noms conservés sont légitimes, même si à l'origine ils peuvent avoir été illégitimes. La conservation vise à la sauvegarde des noms qui contribuent le mieux à la stabilité de la nomenclature.

Quelques exemples (Piet *et al.*, 2003) :
Glyceria R.Br. 1810 est conservé, au détriment de *Panicularia* Fabr. 1763.
Maianthemum Web. 1780 est conservé, au détriment de *Unifolium* Zinn. 1757
Dendrobium Swartz 1799 est conservé, au détriment de *Callista* Lour 1790
Nasturtium R.Br. 1812 est conservé au détriment de *Cardaminum* Monch 1794
Taraxacum Wigg. 1780 est conservé, au détriment de *Hedypnois* Scop. 1772

4.5.6. Règnes du vivant et circonscription actuelle des algues, champignons et plantes

L'idée que la nature peut être subdivisée en trois règnes (minéral, végétal et animal) a été proposée par **Nicolas Lemery** (1675) et popularisée par Linné au XVIIIe siècle.

Bien que par la suite des règnes distincts aient été proposés pour les champignons (en 1783), les protozoaires (en 1858) et les bactéries (en 1925), la conception du XVIIe siècle selon laquelle il n'y avait que deux règnes d'organismes a dominé la biologie pendant trois siècles. La découverte des protozoaires en 1675, et des bactéries en 1683, toutes deux réalisées par **Leeuwenhoek**, a finalement commencé à saper le système des deux règnes. Cependant, un accord général parmi les scientifiques sur le fait que le monde vivant doit être classé en cinq règnes au moins n'a été obtenu qu'après les découvertes faites par la microscopie électronique dans la seconde moitié du XXe siècle.

Ces résultats ont confirmé qu'il existait des différences fondamentales entre les bactéries et les eucaryotes et ont également révélé l'énorme diversité ultra structurale des protistes. L'acceptation générale de la nécessité de multiples domaines pour inclure tous les êtres vivants doit aussi beaucoup à la synthèse systématique d'**Herbert Copeland** (1956), et aux travaux influents de **Roger Yate Stanier** (1961-1962) et de **Robert Harding Whittaker** (1969).

Dans le système des six règnes proposé par **Thomas Cavalier-Smith** en 1983 et modifié en 1998, les bactéries sont traitées dans un seul règne (Bacteria) et les eucaryotes sont divisés en cinq règnes : protozoaires (Protozoa), animaux (Animalia), champignons (Fungi), plantes (Plantae) et Chromista (algues dont les chloroplastes contiennent des chlorophylles a et d, ainsi que d'autres organismes proches sans chlorophylle). La nomenclature de ces trois derniers règnes, objet classique de l'étude de la botanique, est soumise aux règles et recommandations du Code international de nomenclature botanique lesquelles sont publiées par l'Association internationale pour la

Taxonomie végétale (connue par son sigle IAPT, acronyme d'International Association for Plant Taxonomy). Cette association, fondée en 1950, a pour mission de promouvoir tous les aspects de la systématique botanique et de son importance pour la compréhension de la biodiversité, y compris la reconnaissance, l'organisation, l'évolution et la désignation des champignons et des plantes, tant vivants que fossiles.

4.6. Clés d'identification

4.6.1. Types de clés et construction des clés d'identification

4.6.1.1. Types d'identification

Les clés utilisées dans les flores sont d'habitude diagnostiques, cela étant, on identifie une plante inconnue en déclarant la physionomie par laquelle les taxons variés peuvent être reconnus. Les clés présentant souvent deux possibilités alternatives lors de chaque choix, elles sont parfois appelées clés dichotomiques « ***la clé à accès simple ou clés séquentielles***», cependant certaines étapes peuvent présenter trois ou davantage d'options alternatives : elles sont alors « ***polytomiques ou clé à accès multiples***». Donc, il existe deux types : clé identité et clé groupé (Couplan, 2012).

- *à accès simple* : l'ordre des caractères est fixe et déterminé par le concepteur de la clé. Il s'agit par exemple des clés de détermination traditionnelles. Cette méthode présente la limite importante de bloquer l'utilisateur si un caractère demandé lui est inaccessible (portant sur le fruit alors que son spécimen est en fleur, sur le mâle alors qu'il détermine une femelle, etc.).

-***à accès multiple*** : l'ordre des caractères est libre et choisi par l'utilisateur. Une première méthode de clé à accès multiple est le système de cartes perforées. Chaque carte décrit un taxon, et chaque état de caractère est marqué par un trou, fermé si l'état correspond au taxon et ouvert dans le cas contraire. En introduisant une pointe dans le trou, seules les cartes dont le trou est fermé restent. La limite de cette technique est son utilisation peu pratique.

Par opposition à la méthode synthétique de détermination, qui procède par la reconnaissance globale sans décomposition des caractères, une clé de détermination suit la méthode analytique, qui identifie un spécimen en reconnaissant explicitement des caractères. Après avoir identifié plusieurs fois un taxon par la méthode analytique, l'expert reconnait souvent une espèce par la méthode synthétique, identifiant de loin le taxon alors qu'il ne peut reconnaitre les caractères permettant l'identification.

Par opposition aux méthodes d'identification polythétiques qui prennent en compte en même temps un ensemble de caractères (par exemple en calculant un indice de ressemblance globale) une clé de détermination est une méthode monothétique, s'intéressant successivement à chaque caractère.
A part les clés à parenthèse et identifiée, on a aussi une catégorie de clés qui est celle de la clé décodée.

Tableau 7 : Différence entre clé en parenthèse et clé décodée

Clé en parenthèse	Clé décodée
1. Chaque couplet a ses deux entêtes immédiatement ajacéens sous la même main gauche énumérée 2. Le premier couplet à être consulté commence à la tête de la clé proche du nombre 1. 3. Le prochain couplet approprié et à consulté est indiqué par le nombre de références allant loin de la clé placée au côté droit de l'entête choisie.	1. Chaque couplet a ses entêtes décodés par le même montant du bord gauche de la page. 2. Le premier couplet à être consulté est celui au moins décodé et qui garde son premier entête à la tête de la clé. 3. le prochain couplet approprié à la consultation est celui d'avec la première en tête choisie du couplet antérieur, ses entêtes au moins d'une paire décodée en bas de la récente

NB : Une clé présente deux choix en contrastes à chaque étape, chaque paire de choix est appelée ***couplet,*** la clé est désignée de telle sorte qu'une partie du couplet sera acceptée et l'autre rejetée. Les premiers contrastes dans chaque couplet sont des références considérées comme clé primaire de caractères. Les caractères suivants celui en tête constituent la clé secondaire des caractères. Une des premières clés de détermination serait celle de la Flore française (Lamarck, 1805).

4.6.1.2. Construction des clés

Il y a des situations dont il faut tenir compte lorsqu'on construit les clés de détermination (Dhetchuvi, 2003) :

- il vaut mieux utiliser les caractéristiques constantes que celles qui varient ;
- il faut mieux utiliser les mesures que les termes imprécis comme larges, haut,
- utiliser les caractères qui sont généralement disponibles en permanence que ceux qui sont saisonnières ou qui sont visibles uniquement sur le terrain ;
- si possible, grouper les caractères pour montrer les relations que de construire une clé entièrement artificielle.
- si possible, commencer les deux choix d'une paire avec le même mot et bien insisté pour donner de la valeur au premier mot. Si possible, commencer les différentes paires dichotomiques de chois avec le mot différents.

1. Toujours commencer par ce terme ou la désignation de la structure et le faire suivre par les qualificatifs (racine pivotante, racine fasciculaire, fleur jaune, fleur rouge,..)
2. Construire un tableau comparatif des différents caractères

Exemples de clé indentée

Exemple 1 : les espèces du genre Primula

1. Les feuilles du dessous chiffonnées, fleurs violettes, Calice avec demi côté beaucoup plus obscure que le reste, les fruits projetés dans le calice....*P. elatia*
2. Feuilles du dessous non chiffonnées, fleurs jaunes, les fleurs à fils « crinkly » ; fleurs lisses, calice à dents de plus ou moins de points tranchant, fruits cylindriques plus longs que le calice..*P. scotica*

Exemples de clés groupé

Exemple1 : clé d'identification des trois genres d'Araliaceae de la flore d'Afrique centrale.

1. Feuilles pennées; fleurs articulées sur le pédicelle .... Polyscias
- Feuilles simples ou composées-digitées; fleurs non articulées sur le pédicelle...2
2. Panicules, racèmes ou épis simples; ovaire 2(-3-4)-loculaire; albumen ruminé...Cussonia
- Ombelles composées ou panicules, racèmes ou épis d'ombellules ou de capitules; ovaire (2-)5-10-loculaire, albumen lisse ....Schefflera

Description des trois genres d'Araliacée de la flore d'Afrique centrale qui a fait l'objet de la comparaison par la clé.

1. Polyscias
Arbres ou arbustes. Feuilles alternes, imparipennées, stipulées ou non. Inflorescences en panicules (racèmes de racémules) ou en racèmes d'ombellules ou de glomérules. Fleurs bisexuées, articulées sur le pédicelle ; calice très court, entier ou à peine 5-lobé ; pétales 5-15, valvaires, libres ; étamines 5-15, alternipétales ; disque plat ou faiblement conique ; ovaire 2-8-loculaire ; styles 2-8, libres ou soudés à la base. Fruits comprimés latéralement ou subglobuleux. Graines à albumen lisse.

2. Cussonia
Arbres ou arbustes, rarement suffrutex rhizomateux. Feuilles groupées au sommet des rameaux, alternes, longuement pétiolées, palmatilobées ou composées-palmées ; folioles entières, diversement dentées ou pinnatifides; stipules intrapétiolaires, adnées partiellement au pétiole. Inflorescences en épis, racèmes ou panicules, groupées au sommet des rameaux, multiflores. Fleurs bisexuées, sessiles ou pédicellées ; calice ondulé à courtement 4-5-denté ; pétales 4-5 ; étamines 4-5; ovaire 2 (-3-4)-loculaire; styles 2 (3-4), adnés à la base. Fruits drupacés, subglobuleux, ovoïdes ou comprimés latéralement, parfois anguleux. Graines à albumen ruminé.

3. Schefflera
Arbres, arbustes ou lianes, souvent épiphytes. Feuilles composées digitées ; stipules intrapétiolaires, souvent partiellement connées à la base du pétiole. Inflorescences en ombelles composées, en panicules ou racèmes d'ombellules ou en épis de capitules. Fleurs bisexuées, non articulées sur le pédicelle ; calice faiblement denté à ondulé ou subentier ; pétales 5-10, parfois cohérents au sommet et se détachant sous forme de capuchon ; étamines en nombre égal à celui des pétales ; ovaire (2-) 5-10-loculaire ; styles en nombre égal à celui des loges. Fruits subglobuleux, côtelés à l'état sec, à péricarpe charnu. Graines comprimées latéralement, à albumen lisse

Exemple 2 : les genres communs des Ranunculaceae
1. Fruit un groupe d'akènes, fleures non éperonnées............................2
—Fruit un groupe des follicules, fleurs éperonnées...............................4
2. Pétales absents...3

— Pétales présents..Ranunculus
sépales habituellement 4 ; aucun involucre...............................Clementis
— Sépales habituellement 5 ; présence d'involucre......................Anemone
4. Fleurs régulières, éperons 5..Aquilegia
—Fleurs régulières, éperons 1...Delphinium

3.6.2. Détermination ou usage de la clé d'indentification

Le travail taxonomique publié prend principalement la forme des révisions taxonomiques, monographiques et florales. Les spécimens inconnus sont souvent identifiés au moyen des clés. La clé est un outil qui sert à identifier une plante inconnue par une succession des choix de deux (ou plusieurs) affirmations. Si un herbier est disponible, une comparaison directe est employée après qu'une identification soit faite par correction se munissant de la clé (Dhetchuvi, 2003).

Si une identification ne peut être vérifiée localement, quelques collections peuvent être envoyées à une personne devenue experte dans l'identification de ce groupe particulier des plantes. C'est très normal d'identifier un spécimen par l'emploi des clés que d'entrer dans un tas d'anciens spécimens nommés communément Herbier (Couplan, 2012). L'emploi de la clé fournit l'identité correcte du spécimen par un processus d'élimination, il peut aider aussi à trouver une nouvelle espèce décrite. En d'autre terme, une clé est une façon d'arriver directement à l'identification mais elle n'est pas essentiellement correcte si les descriptions sont disponibles.

Il y a des consignes nettes qu'il faut suivre pour qu'une clé soit bien utile à la détermination (Dhetchuvi, 2003) :
- Toujours lire les choix même si le premier semble logique car le deuxièmes peut être meilleurs ;
- Etre sûr d'avoir bien la signification des termes en présences, il ne faut pas supposer ou deviner
- Quand des mesures sont données, il faut utiliser un instrument des mesures adéquat, il est interdit supposer ou deviner

Les organismes vivants sont toujours variables ainsi il ne faut jamais baser les conclusions sur une seule observation, mais il faut arriver à une moyenne d'études de plusieurs spécimens. Si la division entre les deux états n'apparait pas clairement ou si vous n'avez pas suffisamment d'information, ne vous permettez pas de faire des choix, il faut essayer les deux états qui vont permettre de suivre les 2 voies jusqu'à atteindre l'objectif (Mangambu, 2018)

La première étape d'identification des plantes inconnues rend l'emploi des clés difficile pour déterminer la famille. Après, la clé du genre fera place au nom générique. Après la détermination du genre, le processus de mise en clé est repris dans le même genre pour la détermination de l'espèce. Les descriptions sont normalement trouvables dans les manuels des familles, genres et espèces. En consultant les descriptions, la ressemblance d'erreurs due aux différentes ignorances d'observation ou de la clé sera réduite (Dhetchuvi, 2003).

4.6.3. Suggestions pour l'emploi des clés

Après Dhetchuvi (2003), pour mieux utilisé une clé, on suit les éléments suivants :
- Avoir des informations autant possibles à propos des caractères de la plante inconnue avant de commencer à employer la clé ;
- Sélectionner les clés appropriées aux matériaux de la plante et pour l'espace géographique où la plante était observée ;
- Lire l'introduction pour les abréviations et autres détails ;
- Lire toujours les deux choix d'une façon attentive en observant la ponctuation ;
- Etre sûr de comprendre tous les termes rencontrés dans chaque choix ;
- Utiliser un matériel luisant ;
- Si les deux choix semblent être possibles, essayer d'entamer les deux chemins et
- Confirmez vos résultats en comparant les spécimens avec une illustration ou bien avec un spécimen d'herbier.

Exemple : clé de trois espèces du genre Dracaena de la région montagneuse de la République démocratique du Congo (diagnostic page 36).

1. Feuilles à pétiole de 4-15 mm de long ; limbe foliaire elliptique-oblong, rétréci à la base, courtement acuminé au sommet ; panicules à fleurs peu

nombreuses et espacées ; périanthe à tube plus court que les lobes ; baies de 8-10 mm de diamètre buisson ou arbuste sarmenteux..................*D. laxissima*
- Feuilles sessiles, disposées en touffe ; limbe foliaire linéaire à lancéolé-elliptique ; panicules à fleurs nombreuses et rapprochées ; petits arbres........ 2
2. Limbe foliaire linéaire à linéaire-lancéolé, ne dépassant pas 30 cm de long et 3 cm de large ; périanthe de 15 mm de long, à tube cylindrique de 3-4 mm de long; baies d'env. 1,5 cm de diamètre.............................*D. afromontana*
- Limbe foliaire lancéolé, de 60-100 cm de long et 7,5-10 cm de large; périanthe de 18-20 mm de long, à tube de plus de 5 mm de long, aussi long que les lobes; baies de 0,8-1,5 cm de diamètre.. *D. steudneri*

4.6.4. Évolutions et prospectives

Avec les progrès de la bio-informatique et des NTIC (Nouvelles Information and communication technologies), on voit apparaître depuis la fin des années 1990 :
- des logiciels d'aide à l'identification. Ils ont notamment l'avantage d'être à accès multiple et d'ajouter de nombreuses informations (images, liens vers des bases de données, etc.). Ils peuvent être textuels Xper[22] ou visuels (par exemple le logiciel IDAO[32] « ***A Multimedia Approach to Computer Aided Identification*** ». L'approche visuelle permet d'être accessible à tous les utilisateurs en s'affranchissant du vocabulaire technique et la comparaison directe.

Des approches par analyse d'images sont également mises en œuvre, notamment sur les espèces de la Flore française à travers le logiciel Pl@ntNet-Identify[33]. Il en existe pour de nombreux groupes taxinomiques, comme les chiroptères. Certains sont facilement utilisables sur des matériels nomades, tels que PDA ou petits ordinateurs portables de terrain.

---

[32] Le logiciel permet une identification de la plante, de manière graphique, par la composition d'un portrait-robot à partir de n'importe quelle partie de la plante (système IDAO). Les espèces sont triées en fonction de leur probabilité de vraisemblance. http://idao.cirad.fr/applications

[33] C'est une application de collecte, d'annotation et de recherche d'images pour l'aide à l'identification des plantes. Elle a été développée par les scientifiques d'un consortium impliquant le CIRAD, lL'INRA, l'INRIA, l'IRD et le RESEAU TELA BOTANICA, dans le cadre d'un projet soutenu par *Agropolis Fondation*) https://www.sciencesetavenir.fr/

Quelques autres logiciels sont adaptés aux langues locales, comme le logiciel *identification des espèces d'arbres des forêts des Ghâts occidentaux*, en Inde, qui a été primé par le Centre de bio-informatique de l'université de Pondichéry et qui a aussi reçu le prix *Manthan Asie du Sud 2009*. Ce logiciel a été réalisé dans le cadre d'un projet européen Biotik.
- des logiciels de reconnaissance visuelle automatisée, comme le logiciel ***IKONA*[34]*(une application mobile pour identifier les plantes sur le terrain)*** de reconnaissance de plantes par extraction de points d'intérêts sur les photos et cherchant dans une base de données des photos ayant des points similaires (texture, forme et couleurs) ou basée sur la morphométrie comme le programme ***ApiClass*** (***est un système expert en ligne qui permet d'identifier les lignées et les sous-espèces***) qui reconnaît les sous-espèces de l'abeille domestique à partir des nervures alaires.
- des puces à ADN pourront sans doute dans un proche avenir permettre, à des coûts raisonnables l'identification précise d'espèces, de provenance géographique ou d'identité génétique. Cette technique est appelée le DNA barcoding.

Ces puces et ces logiciels experts ou d'aide à la reconnaissance pourraient notamment faciliter le travail des douaniers, des forestiers, pêcheurs, naturalistes, Parataxonomistes[35] et autorités de contrôle concernant la

[34] C'est une application sur support mobile permettra un accès à l'information en temps réel: l'utilisateur qui souhaite identifier une plante prend de une à cinq photos avec son smartphone, qui sont aussitôt transmises et comparées à une banque d'images réparties en quatre catégories (fleur, fruit…). Le suivi des plantes rares ou menacées, exotiques ou à caractère envahissant, ou des milliers d'autres espèces végétales qui peuplent notre planète, nécessite la mobilisation d'un grand nombre de ressources humaines, matérielles et documentaires. Les photos réalisées à partir d'un smartphone sont comparées à plusieurs dizaines de milliers d'autres images identifiées par un réseau humain, afin de proposer les espèces les plus similaires sur le plan visuel. Ce système de recherche visuel appelé de manière distante par l'application a bénéficié de nombreuses années de développement du logiciel IKONA/MAESTRO développé par l'équipe projet IMEDIA.
https://inria.fr/actualite/actualites-inria/plantnet

[35] La parataxonomie désigne la première classification empirique qui remonte aux chasseurs-cueilleurs du Paléolithique qui décrivaient les plantes et les regroupaient en se basant sur des concepts descriptifs tels que leur usage potentiel, leur allure générale, leur écologie. Les parataxonomistes sont des personnes n'ayant pas de formation scientifique mais employées comme assistant de chercheurs sur le terrain. Selon Yves Basset (2004), ce mot est la version francophone du néologisme anglais « parataxonomist » inventé par des naturalistes anglo-

traçabilité de certains produits (bois exotiques, bois précieux ou écocertifiés, matériaux ou espèces appartenant à des espèces dont le commerce est interdit ou réglementé par la CITES par exemple)

4.7. Publication valide, correcte et légitime

Ce code international demande la publication valide : un nom est un nom formel seulement quand il est publié validement, ce qu'indique l'Art 6.31, développé et expliqué dans les Articles 32 à 45 du Chapitre V2. L'expression « nom valide » est utilisée (informellement) pour un nom qui est publié validement, c'est-à-dire que tous les noms botaniques sont des noms valides (Couplan, 2012).
Donc un nom légitime c'est un nom qui est publié effectivement et d'une façon valide et qui n'est jamais en conflit avec les règles nomenclaturales. Le nom correct (nom accepté) est le nom légitime le plus ancien. Deux conditions de base doivent être remplies avant qu'un nom soit proprement formulé, ce dernier peut avoir tout statut dans la nomenclature biologique et doit être publié dans une médiane en conformité aux demandes appropriées au Code, et doit être accompagné d'une matière écrite (Couplan, 2012).
- ***Publication effective*** : par la distribution publique d'imprimés ou du moins la distribution d'imprimés à des institutions botaniques dont les bibliothèques sont accessibles aux botanistes en général
- ***Publication valide*** : elle est conforme aux dispositions du Code. Un nom est légitime s'il est conforme aux règles

4.7.1. Critères d'une publication valide

Les Critères pour qu'une publication soit valide sont (Barrie *et al.*, 1995) :
- le nom doit être publié effectivement, ceci veut dire publié dans des publications bien divisées (Couplan, 2012).

saxons devant inventorier les invertébrés de forêts tropicales américaines. https://fr.wikipedia.org/wiki/Parataxonomie

- le nom doit être composé en accord avec le code de la Nomenclature par exemple, pas de tautonymes : *Dryopteris dryopteris* n'pas permis par le code botanique, ce nom doit être remplacé par un autre nom.
- la publication d'un nom doit contenir une description ou diagnose du taxon, ou référer vers une description ou diagnose déjà publiée. Depuis le 1er janvier 1935 une diagnose en latin est obligatoire. Un nom sans description, sans diagnose, etc … est un « *nomen nudum* » (nom nud.), ce n'est pas un nom valide.
- le rang du taxon doit être indiqué (depuis le 1er janvier 1958). Par exemple on utilise « *specien nova* » (sp.nov.) ou « combinaison nova » (*comb. Nov.*)
- le type nomenclatural doit être indiqué (depuis le 1er janvier 1958)
- les noms des algues ou des plantes fossiles devront être accompagnés par un dessin ou par une référence vers un dessin ou une illustration, qui peut être par exemple une photographie au microscope électronique (fossiles depuis le 1er janvier 1912 ; algues depuis le 1er janvier 1958).
- l'Herbier dans lequel on dépose le holotype doit être indiqué (1er janvier 1990).

Exemple d'une publication Valide : *Coffea fotsoana* Stoffelen & Sonké, sp. nov.

Coffea fotsoana a C. mayumbensis differt disco dilatato super fructum maturum, corollaque minore : tubo 3-5 mm longo et 1,5-2 mm lato ; lobis circa 7 mm longis et 2,5-3 mm latis.

Typus - Sonké 2731, Cameroun, Akoas, fl., fr. fév. (holo-, BR ! + fruits en alcool ; iso- BRLU !, K !, P !, YA !).

Arbuste d'environ 1,5 m de hauteur ; jeunes rameaux glabres. Feuilles à pétiole long de 4- 5 mm, limbe elliptique, long de (6,5-) 8-12(-13) cm et large de 4-6 cm, acumen 0,5-1 cm de longueur, cunéé à la base, papyracé à glabre ; (6)7-8(9) paires de nervures secondaires ; petites domaties glabres en forme de crypte aux aisselles des nervures secondaires ; stipules longues d'environ 3 mm, acuminées au sommet. Inflorescence unique à chaque nœud, 1-2 fleurs par inflorescence ; pédoncule et pédicelle atteignant ensemble 3 mm. Fleurs 5-mères, soutenues par 2 calicules avec appendices foliacés (appendices du calicule inférieur d'environ 2 mm et ceux du calicule supérieur de 8-9 mm) ; lobes du calice réduits à des bords courtement dentés ; corolle blanche, tube long de 3-5 mm et large de 1,5-2 mm à la gorge, lobes longs d'environ 7 mm et larges de 2,5-3 mm ; anthères longues de 6,5-7 mm, filaments longs de 1,5-

2 mm, insertes à environ 2 mm de la base de l'anthère ; ovaire glabre, non entouré par un calicule ; disque d'environ 0,6 mm ; style et stigmate longs d'environ 7,5 mm dont 3 mm de stigmate.

Figure 1 : - *Coffea fotsoana* Stoffelen & Sonké : A, extrémité du rameau en fleurs ; B, inflorescence et stipule ; C, fruit ; D ; coupe transversale du fruit. Sonké 2731. A, × 0,5 ; B-D, × 2.

Infrutescence 1-2 fruits ; fruit rouge et lisse à maturité, portant une cicatrice bien distincte et élargie en un disque simulant un cratère au-dessus du fruit à maturité, long de 13-15 mm, large d'environ 10 mm le long de la cloison, d'environ 8 mm de large perpendiculairement à la cloison, pédicelle long de 5 mm ; graines longues d'environ11 mm, larges d'environ 7,5 mm, tégument épais d'environ 4 mm.

Clé des espèces camerounaises de *Coffea*

1. Plante monocaule ; limbe foliaire subspatulé, 25-48 × 7,5-13,5 cm, base arrondie à cordée, 17-19 nervures secondaires de part et d'autre de la nervure principale ; fruit à 10-12 côtes longitudinales, (18-)20-30(-33) × (14-)18-24 cm... 1. *C. magnistipula*

- Arbuste ou arbre ; limbe foliaire non subspatulé (si oui, alors distinctement acuminé et acumen long de plus de 1 cm [voir *Coffea leonimontana*]) ; limbe foliaire plus petit (si le limbe est plus long que 25 cm, il s'agit d'un grand arbuste ou même d'un arbre, mais jamais d'une plante monocaule) ; base du limbe rarement arrondie ou cordée ; fruits jamais côtelés 2

2. Calice à bords portant des lobes triangulaires longs de 0,4-5 mm, inégalement accrescents après l'anthèse................................2. *C. heterocalyx*

- Calice à bords uniformes ou quelquefois dentés (dents toujours inférieures à 0,4 mm de longueur), lobes non triangulaires présents et accrescents............3

3. Stipules ne dépassant pas 8 mm de longueur.................................... 4

- Stipules de (9-)10-17(-25) mm de longueur ....3. *C. bakossii*

4. Limbe foliaire long de 24-34 cm, obové ou subspatulé avec un long acumen souvent spatulé (atteignant 3 cm de longueur) .... 4. *C. leonimontana*

- Limbe foliaire ne dépassant pas 24 cm de longueur ; s'il dépasse 24 cm de longueur, elliptique, ové ou obové, jamais subspatulé ou spatulé, jamais avec un acumen spatulé.. 5

5. Sommet du limbe foliaire apiculé ou obtus, acumen toujours inférieur à 4 mm de longueur ; domatie transversale sur la nervure secondaire ou à l'aisselle de celle-ci, avec une ouverture large, facilement visible à l'œil nu ; stipules obtuses ou tronquées, rarement acuminées............................... 5. *C. liberica*

-. Sommet du limbe foliaire acuminé, acumen plus long que 4 mm ; domatie jamais transversale sur la nervure secondaire, avec une ouverture petite, rarement visible à l'œil nu ; stipules acuminées 6

6. Une seule fleur par inflorescence (rarement plus) ; calicule incluant le gynécée et le calice ; calicule accrescent et toujours présent sur le fruit à maturité...6. *C. brevipes*

6'. Une ou plusieurs fleurs par inflorescence ; gynécée pouvant être inclus dans le calicule, mais jamais le calice ; calicule non accrescent sur le fruit à maturité.. 7

7. Domaties absentes ; limbe foliaire obové, rarement elliptique, 9-13 paires de nervures secondaires ; inflorescence à pédoncule n'atteignant pas 2 mm ; corolle de couleur rose ; fruit souvent à bec au sommet......7. *C. montekupensis*

-. Domaties présentes... 8

8. Domaties pubescentes... 9

-. Domaties glabres 12
9. Limbe foliaire elliptique...10
-. Limbe foliaire obové.. 8. *C. mayombensis*
10. Inflorescences sous-tendues par un calicule ; fruit sphérique ou subsphérique, avec un resserrement le long de la cloison 11
-. Inflorescences sous-tendues par un calicule ; fruit obové ou elliptique, jamais sphérique, sans resserrement le long de la cloison .... 9. *C. congensis*
11. Limbe foliaire de (12-)16-27 × (5-)7-10,5 cm, cunéé à la base (si arrondi, alors limbe plus large que 9 cm), (7-)10-16 paires de nervure secondaire, pétiole de 0,5-1,5(-2) cm de longueur ; domatie pubescente et du type crypte ; (1-)2-3(-4) inflorescences, avec (3-)4-9 fleurs par inflorescence, au total (4-)5-24 fleurs à la base de la feuille ; seulement un calicule pour chaque inflorescence (quelquefois un second calicule mais réduit) ; corolle à lobes (5-)8-20 mm de longueur ; anthère à filament long de 1-5 mm ; fruit presque sphérique avec un resserrement le long de la cloison .... 10. *C. canephora*
-. Limbe foliaire de 11-16 × 4,5-6 cm, presque arrondi à la base, 9-10 paires de nervure secondaire ; pétiole de 0,4-0,5 cm long ; domatie pubescente, du type fosse ; 1-2 inflorescences, chacune comptant environ 5 fleurs, et au total 3-5(-8) fleurs à la base du pétiole ; un calicule pour chaque inflorescence ; corolle à lobes (4-)10-16 mm de longueur ; anthère à filament de 5-7 mm longueur ; fruit presque sphérique avec un resserrement le long de la cloison... *C.* sp. « *Nkolbisson* »
12. Limbe foliaire large de 2-4(-5) cm, acumen long de 1-1,5 mm, 6-7 paires de nervures secondaires ; fruit solitaire porté par un pédicelle mince de moins de 3 mm, exocarpe non charnu, fruit 8-10 mm de longueur, sans disque distinctif au sommet.. *C.* sp. « *Dja Mékas* »
-. Limbe foliaire large de 4-6 cm, acumen 0,5-1 mm de longueur, (6)7-8(9) paires de nervure, un fruit (rarement plusieurs) par infrutescence, fruit charnu avec un pédicelle d'environ 5 mm ; fruit long de 13-15 mm, avec un disque au sommet simulant un cratère..11. *C. fotsoana*

4.7.2. Découverte à la description scientifique d'une nouvelle espèce en botanique

3.7.2.1. Pourquoi de nouvelles espèces ?

De nouvelles espèces biologiques sont régulièrement définies chaque année. L'apparition d'une nouvelle espèce dans la nomenclature peut se faire de trois manières principales :
- découverte dans la nature d'une espèce végétale totalement différente de ce qui est connu jusqu'alors,
- nouvelle interprétation d'une espèce connue qui s'avère en réalité être composée de plusieurs espèces proches mais cependant bien distinctes. Ce mode d'apparition d'espèce cryptique est en augmentation depuis qu'il est possible d'analyser très finement le génome par des méthodes d'étude et de comparaison des ADN, ces méthodes aboutissant par ailleurs à des remaniements de la classification par une meilleure compréhension de la parenté des taxons (phylogénie). Pour ce type de création de nouvelles espèces, deux circonstances sont possibles : soit une sous-espèce déjà définie est élevée au statut d'espèce, auquel cas le nom, l'auteur et la date sont conservés, soit il est nécessaire de donner un nouveau nom à une partie de la population de l'ancienne espèce,
- découverte d'une nouvelle espèce par l'étude plus approfondie des spécimens conservés dans les musées et les collections.

Ces trois circonstances ont en commun d'être soumises au problème du nombre de spécialistes mondiaux compétents capables de reconnaître le caractère nouveau d'un spécimen. C'est une des raisons pour lesquelles le nombre d'espèces nouvelles chaque année, dans une catégorie taxinomique donnée, est à peu près constant.

Pour bien préciser le nom complet d'une espèce, le (ou les) auteur(s) de la description doivent être indiqués à la suite du nom scientifique, ainsi que l'année de parution dans la publication scientifique. Le nom donné dans la description initiale d'une espèce est appelé le basionyme. Ce nom peut être amené à changer par la suite pour différentes raisons (Avenas & Walter, 2017).

Dans la mesure du possible, ce sont les noms actuellement valides qui sont indiqués, ainsi que les découvreurs, les pays d'origine et les publications dans lesquelles les descriptions ont été faites.

Outre ces trois principales circonstances d'apparition, l'activité anthropique (effets des pollutions, de la surexploitation des ressources naturelles, de la destruction des habitats ou de l'insularisationinduite par la fragmentation écologique croissante des paysages) contribue aussi bien à la spéciation qu'à l'extinction des espèces, les scientifiques devant décrire ces nouvelles espèces apparues.

4.7.2.2. De la découverte à la description scientifique

La découverte d'une nouvelle espèce est une première étape qui, souvent, ne se confond pas avec la description scientifique formelle de cette espèce. Il est très fréquent que des collecteurs (explorateurs, missionnaires, diplomates, voyageurs, récolteurs, collectionneurs) soient les premiers à mettre la main sur des spécimens biologiques, conscients ou non de la nouveauté de leurs trouvailles. Très souvent également, les espèces qui s'avèrent nouvelles pour la science ("occidentale", devenue universelle) sont bien connues par les habitants des pays où vit l'espèce, et figurent même souvent dans les nomenclatures autochtones (Couplan, 2012). En conséquence, un certain temps, parfois considérable, peut s'écouler entre la découverte, au sens de certitude qu'il s'agit d'une nouvelle espèce, et la description scientifique formalisée par une publication répondant à des règles bien codifiées, qui fera entrer l'espèce concernée dans la faune ou la flore mondiale en lui donnant un nom scientifique nouveau et unique.

4.7.2.3. Géographie des nouvelles espèces

Certaines régions du monde sont plus propices à la découverte d'espèces nouvelles, quelquefois en fonction des groupes biologiques considérés : on peut citer en particulier l'Amérique du Sud, Madagascar et plus généralement l'Indo-Malaisie et la Mélanésie (en particulier la Nouvelle-Guinée et la Nouvelle-Calédonie), la Chine, l'Afrique sub-saharienne, le sous-continent indien et la péninsule indo-chinoise (Couplan, 2012).

3.7.2.4. Que faut-il savoir pour d'écrire les nouvelles espèces ?

Le concept d'espèce nouvelle est relatif. Il est en effet fréquent, tout au moins pour les vertébrés terrestres, qu'une espèce nouvelle pour la science moderne s'avère déjà connue et nommée par les populations humaines habitant son aire naturelle (Couplan, 2012).

Les étapes sont entre-autres ;

- Avoir une parfaite connaissance du groupe taxonomique considéré
- Disposer d'une bibliographie appropriée
- Avoir du bon matériel d'herbier de préférence en fleurs et en fruits

4.7.2.5. Quand faut-il prendre la décision ? (Avenas & Walter, 2017).

- l'examen de la littérature est indispensable
- la comparaison avec les espèces déjà connues doit être faite
- l'espèce nouvelle est-elle effectivement nouvelle ?
- quelle est l'espèce connue qui lui est proche et en quoi elles sont différentes

4.7.2.6. Comment faut-il publier une espèce nouvelle ? (Avenas & Walter, 2017).

- choisir un journal spécialisé : Adansonia, Blumea, Kew Bulletin, Nordic Journal of Botanic, Novon, Systematics and Geography of Plants, etc.
- prendre connaissance des recommandations aux auteurs
- description effective

Elle comprend :

- un nom pour la nouvelle espèce
- une diagnose latine
- une typification
- une description morphologique de l'espèce
- une illustration originale de l'espèce Nouvelle

Exemple de la description de deux nouvelles espèces :

Au cours de la révision du genre Pauridiantha Hook.f. (Rubiaceae, Pauridiantheae, Ntore *et al.*, 2003), deux nouvelles espèces, *Pauridiantha coalescens* et *P. udzungwaensis*, en provenance des Montagnes de l'Arc Oriental (« Eastern Arc Mountains ») du sud de la Tanzanie, ont été découvertes. *P.*

coalescens, est originale par son inflorescence coalescente avec la tige, ses minuscules stipules et ses rameaux glabres. La deuxième espèce, *P. udzungwaensis*, se caractérise par l'anatomie de l'exotesta, le nombre de nervures secondaires atteignant seize paires et l'absence de domaties ou la présence de domaties en pochette. Les deux espèces qui ont des affinités Guinéo-Congolaises, sont des endémiques étroits de la partie sud-ouest des Montagnes de l'Arc Oriental (« *Eastern Arc Mountains* ») de la Tanzanie, notamment des Monts d'Udzungwa. Tandis que *P. coalescens* est à présent signalé seulement dans ce massif, *P. udzungwaensis* est aussi connu des Monts Rungwe voisins. Les deux espèces sont considérées comme des paléo-endémiques de type géographique, c'est-à-dire ayant une espèce sœur allopatrique.

Pauridiantha coalescens Ntore & Dessein, sp. nov.

Haec species propter inflorescentias unifloras inter eas et cum ramis coalescentibus primo aspectu a congeneris distincta quoad habitum et inflorescentias unifloras Pauridiantha sylvicolae similis, sed ab ea ramis glabris, stipulis multo brevioribus atque ovario 2-loculari differt.
Typus : - Bridson 648, Tanzanie, Udzungwa Mts., 08°20'S-35°58'E, 800-900 m, 8 sep. 1984 (holo-, K! ; iso-, BR!).

Arbrisseau de 0,8-2 m de hauteur, à entre nœuds subcylindriques, glabres, de 3-7,5 cm de long. Feuilles opposées décussées paraissant distiques en raison de la torsion de 90° des entre nœuds ; stipules interpétiolaires persistantes, glabres, ovées à triangulaires, très étroites, de 1,5-2 × 0,7-1 mm, à base d'insertion nettement plus étroite que le rameau ; pétiole de 5-10 mm de long, glabre ; limbe elliptique à obové, discolore, de 8,5-15 × 2,8-5 cm, entièrement glabre sur les deux faces, la base atténuée à cunée, le sommet acuminé avec acumen à extrémité subarrondie d'environ 10-15 mm de long ; nervures secondaires 5- à 9-juguées, brochidodromes, médiocrement ascendantes, saillantes dessous, imprimées dessus, glabres ; veinules intersecondaires finement dessinées, légèrement saillantes sur la face inférieure, glabres ; domaties en crypte, à petit orifice ovale, localisées à l'aisselle des nervures secondaires et des nervures tertiaires. Inflorescences axillaires, coalescentes avec la tige, de 3 à 11 fleurs, sériées, situées sur une longueur de 2-6 mm, parfois situées de part et d'autre d'une ramification ; pédoncule coalescent avec le rameau ; pédicelle grêle, vert à sec, long de 2,5-5,5 mm, portant des bractéoles glabres de 0,5-1 mm. Bouton floral oblong de 5-8 mm de haut, glabre, à sommet obtus ; fleurs pentamères ; calice cupuliforme denté, à dents de 1-1,4 × 0,5- 0,8 mm, quelquefois inégales, glabre, à tube de 1 mm de haut ; corolle à tube cylindrique de 3-5 mm de hauteur et c. 1,5 mm de diamètre, à lobes triangulaires de 2-3,5 × 1-2 mm, glabre extérieurement ; étamines à filet bref inséré sur le tube de la corolle ; les anthères de c. 1 × 0,5 mm, ovales, faiblement apiculées ; ovaire biloculaire, de c. 1 mm de haut, glabre, cloisonné en 4 par un faux septum dans sa partie supérieure ; disque en coussinet annulaire, souvent blanc à sec, glabre ; style de c. 2 mm de long dans la forme brévistyle, de 4,5-6,5 mm dans la forme longistyle, glabre ; stigmate de 0,7-1 mm de long, bifide dans la forme brévistyle, cordiforme ou bilobé dans la forme longistyle. Fruit non connu.

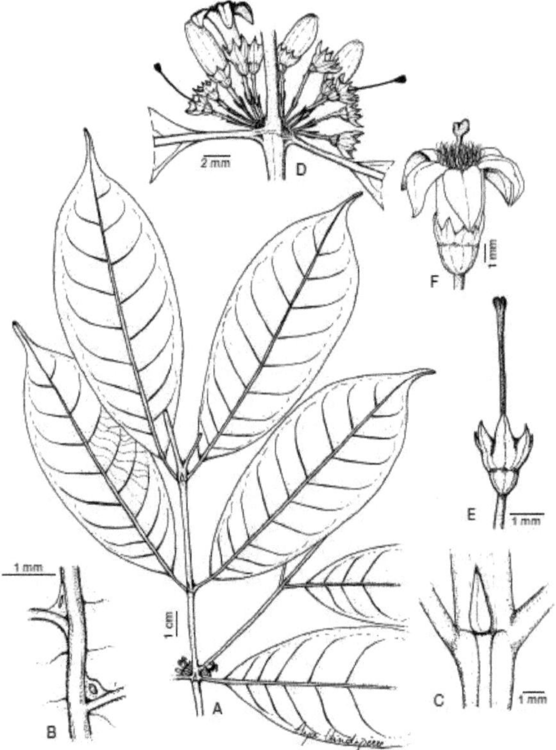

Figure 2 : - *Pauridiantha coalescens* Ntore & Dessein : **A**, rameau florifère ; **B**, domaties en crypte ; **C**, tipule ; **D**, inflorescence ; **E**, fleur sans corolle ; **F**, fleur longistyle. A-B, Bridson 648 (K); C-F, Thomas 3911 (K).

Distribution :- L'espèce est seulement connue du sud de la Tanzanie (Figure 2) où elle est endémique des Udzungwa, montagnes qui appartiennent au système Uluguru-Mlanje de la région Afromontagnarde (WHITE 1978).
Habitat : - Forêt équatoriale de montagne (800-1700 m).
Étymologie : - L'épithète spécifique rappelle la particularité de l'inflorescence.
Paratypes : - TANZANIE : Thomas 3778, 3826, 3911, Mwanihana Forest Reserve, 07°50'S-36°55'E, 1400-1700 m, 10 oct. 1984 (K !).

Pauridiantha udzungwaensis Ntore & Dessein, sp. nov.
Pauridiantha paucinervis (Hiern) Bremek. subsp. holstii auct. non (K. Schum.) Verdc. : Verdcourt, Fl. Trop. E. Afr., Rubiaceae 1 : 155 (1976), quoad Richards 6774.

Haec species ad Pauridiantham pyramidatam proxima, sed ab ea foliorum laminis majoribus cum nervis secundariis pluribus, stipulis triangularibus (non filiformibus), inflorescentiis distincte pedunculatis et corolla pubescente distinguitur.

Typus: - Thomas 3831, Tanzanie, région d'Iringa, district d'Iringa Rural, Udzungwa Mts., Reserve above Sanje Village, 07°50'S-36°55'E, 1400-1600 m, 10 oct. 1984 (holo-, MO ! ; iso-, K !).

Arbuste de 4-10 m de hauteur, à entre-nœuds subcylindriques, courtement et densément pubescents, de 3,5 cm de long. Feuilles opposées décussées paraissant distiques en raison de la torsion de 90° des entre-noeuds ; stipules interpétiolaires persistantes, pubescentes, ovées à triangulaires, de 3-5 × 1,2-3 mm, à base d'insertion aussi large ou légèrement moins large que le rameau ; pétiole de 5-10 mm de long, pubescent partout ; limbe étroitement ové à étroitement obové, discolore, de 7,5-17 × 2-4 cm, pubescent sur les deux faces ; base cunée à aiguë ; sommet aigu à faiblement acuminé avec un acumen très large, de c. 1 × 0,5 cm ; nervures secondaires 10 - à 16-juguées, eucamptodromes, très ascendantes, saillantes dessous, pubescentes ; veinules intersecondaires réticulées, saillantes et pubescentes sur les deux faces ; domaties absentes ou en pochettes bordées de trichomes, localisées à l'aisselle des nervures secondaires. Inflorescences axillaires, ombelliformes, solitaires ou sériées, apparaissant par 4, de 3 à 6 fleurs ; pédoncule de c. 3 mm de long, velu, portant 1-2 involucres de bractées, les supérieures se trouvant à la jonction des fleurs ; pédicelle grêle, velu, de 2-3 mm de long. Bouton floral oblong, de c. 6 mm de long, pubérulent, à sommet aigu ; fleurs pentamères ; calice lobé, à lobes de 2-3 × 1-1,1 mm, souvent pubescents sur les deux faces ; corolle blanche à tube cylindrique de 4-5 mm de hauteur et c. 1 mm de diamètre, à lobes triango- ovales, faiblement apiculées ; ovaire biloculaire, de c. 1 mm de haut, pubescent, cloisonné en 4 par un faux septum dans sa partie supérieure ; disque en coussinet annulaire, glabre ; style dec. 2 mm de long dans la forme brévistyle, de 6 mm dans la forme longistyle, pubérulent ; stigmate de c. 1 mm de haut, bifide et inclus dans la forme brévistyle, en massue, exsert dans la forme longistyle. Fruit subglobuleux, pubescent, de c. 3 mm de diamètre, à sommet subtronqué avec une couronne calycinale persistante ; graines orangebrunâtre, ovoïdes, de c. 0,7 mm de diamètre à tégument séminal réticulé caractérisé par des cellules exotestales à parois épaisses traversées par de minuscules perforations de c. 0,5 µm de diamètre.

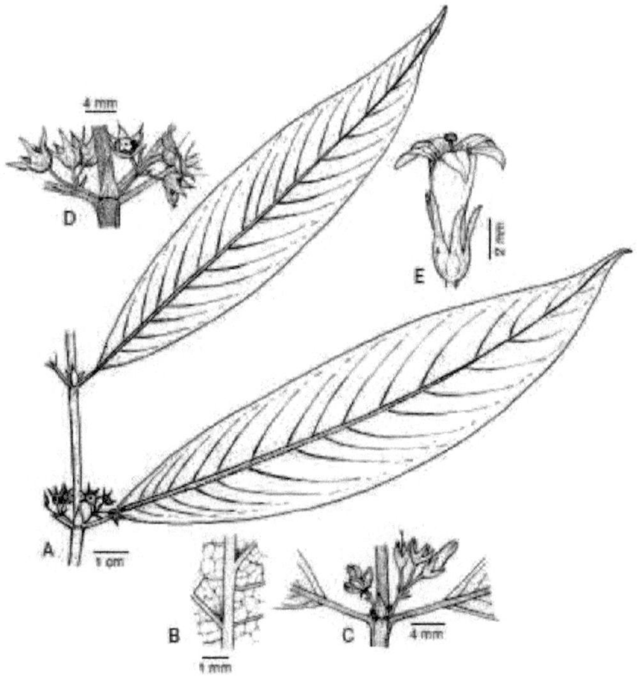

Figure 3 : - *Pauridiantha udzungwaensis* Ntore & Dessein : A, rameau fructifère ; B, domaties en pochette avec trichomes ; C, noeud florifère montrant une stipule à base légèrement moins étroite que la tige ; D, nœud fructifère avec fruits immatures, montrant une stipule à base aussi large que la tige ; E, fleur longistyle. A, D, Thomas 3831 (MO); C, Frimodt-Møller NG060 (K) ; E-F, Richards 6774 (K).

Distribution :- L'espèce est seulement connue du sud de la Tanzanie (Fig. 4B) où elle est endémique du système d'Uluguru-Mlanje de la région Afromontagnarde (WHITE 1978), notamment des montagnes d'Udzungwa et du massif voisin de Rungwe.

Habitat : - Forêt équatoriale de montagne (1400-2700 m).

Étymologie :-L'épithète spécifique a été empruntée au massif qui abrite probablement la population la plus importante et où l'holotype a été récolté.

Paratypes. : TANZANIE: Frimodt-Møller NG060, région d'Iringa, district d'Iringa Rural, Luhenga Forest Reserve, 08°21'S-35°58'E, 1500 m, 20 fév. 1996 (K !) ; Richards 6774, région de Mbeya, district de Rungwe, Rungwe Mt., 09°08'S-33°40'E, 2700 m, 24 oct. 1956 (K !).

Tableau 8 : Aperçu des principaux caractères permettant de distinguer les espèces de Pauridiantha des espèces

Caractères	*P. coalescens*	*P. sylvicola*	*P. udzungwaensis*	*P. pyramidata*
Hauteur (m)	0,8-2	1-3	4-10	1-6(-8)
Rameau	glabre	pubescent	pubescent	pubescent
Limbe (cm)	8,5-15 x 2,8-5	10(-14) x3-4 (-5)	7,5-17x 2-4	3,5-8 x1,5-2,8
Dimension (mm)	1,5-2 x 2,8-5	8x1	3-5x2-3	4-6 - 1
forme stipulée	ovée à triangulaire	subulée	ovée à triangulaire	subulée et élargie à la base
Domaties	en crypte avec trichomes	crypte ou cratère absente	absente ou en pochette touffe de trichomes	Touffe de trichomes
Nervures secondaires	5- à 9-juguées, glabres	6- à 7-juguées, glabres	10- à 16-juguées, pubescentes	6- à 9-juguées, pubescente
Nervation	brochidodrome	brochidodrome	eucamptodrome	eucamptodrome
Inflorescences	coalescentes, sériées	uniflores, solitaires ou fasciculées	Pédonculées, solitaires ou sériées	pédonculées, solitaires
Corolle	glabre	pubérulente	pubescente	velue au sommet
Disque	peu bombé	bombé	non bombé	très épais
Loges de l'ovaire	2	3	2	2
Tégument séminal	?	cristé, larges pores	réticulé, pores minuscules	cristé, pores minuscules
Altitude (m)	800-1700	50-450	1400-2700	320-500

Distribution	Udzungwa (Tanzanie)	Haut-Guinéen	Udzungwa et Rungwe (Tanzanie)	Congolais et Bas-Guinéen

Clés d'identification des espèces de Pauridiantha de Tanzanie

1. Inflorescences axillaires ; stipule moins large ou aussi large que la tige ; domaties en crypte, en dôme, en pochette ou absentes ; disque glabre ; calice souvent denté-lobé ; parfois cupuliforme denticulé ; style glabre ; nervures secondaires généralement moins que 16-juguées.................................... 2
-. Inflorescences terminales ; stipule plus large que la tige ; domaties en touffes de poils ; disque velu ; calice cupuliforme ; style pubescent ; nervures secondaires généralement plus que 16-juguées............................ *P. viridiflora*
2. Feuilles étroitement ovées à étroitement obovées ; nervures secondaires fortement ascendantes ou non, formant avec la médiane un angle $\geq$ 45° ; cicatrices foliaires non subérifiées ; inflorescences multiflores ; domaties absentes ou rarement en pochette.. 3
-. Feuilles étroitement elliptiques à sublinéaires ; nervures secondaires abruptement ascendantes, formant avec la médiane un angle $\leq$ 45° ; cicatrices foliaires subérifiées ; inflorescences 1- ou 3-flores ; domaties exclusivement en pochette... *P. symplocoides*
3. Inflorescences non coalescentes ; entre-noeuds souvent pubescents ; calice denté ; stipules larges ou lancéolées, pubescentes ; pétiole pubescent.......... 4
-. Inflorescences coalescentes ; entre-noeuds glabres ; calice cupuliforme-denté ; stipules étroites, glabres ; pétiole glabre ....*P. coalescens*
4. Feuille acuminée, étroitement ovée à obovée ; surface délimitée par les intertertiaires non bombée dessous ; inflorescences lâches ou contractées ; corolle glabre ou non.. 5
-. Feuille non acuminée, elliptique ; surface délimitée par les intertertiaires anastomosées bombée dessous ; inflorescences contractées ; corolle glabre ou légèrement pubescente .... *P. bridelioides*
5. Nervures secondaires 10- à 16-juguées, médiocrement arquées et abruptement ascendantes, saillantes et pubescentes sur les deux faces ; corolle pubescente ; domaties absentes, rarement en pochette garnies de trichomes ; stipules ovées à triangulaires ; inflorescences 3- à 6-flores ; anthères de c. 0,6 mm de long .... *P. udzungwaensis*
5'. Nervures secondaires 7- à 12-juguées, arquées et faiblement ascendantes, imprimées sur la face supérieure, glabres dessus sauf la médiane ; corolle glabre ; domaties en dôme, en crypte ou en cratère souvent glabres ; stipules

étoitement ovées ; inflorescences 5- à 10-flores ; anthères de plus d'1 mm de long .... *P. paucinervis*

4.8. Noms illégitimes

En nomenclature botanique, un nom botanique est un nom scientifique conforme au Code international de nomenclature botanique.

4.8.1. Homonyme postérieur

Un nom de famille, de genre ou d'espèce est illégitime s'il est un homonyme postérieur, c'est – à- dire, s'il répète exactement un nom, fondé sur un type différent, qui était publié antérieurement de façon valide pour un taxon de même rang (Piet *et al.*, 2013).

Exemple 1 : Le nom *Tapeinanthus* Boiss. Ex Benth. (1848), donné à un genre de la famille des *Lamiaceae,* est un homonyme postérieur de *Tapeinanthus* Boiss. Ex Benth. Est donc indisponible à l'utilisation. Il a été renommé *Thuspeinantha* par T.Durand (1888).

Exemple 2 : Le nom *Torreya* Arn. (1838), famille des *Taxaceae* est un nomen conservandum publié antérieurement pour un genre d'*Amaryllidaceae. Tapeinanthus* Boiss. Ex Benth. Est donc indisponible à l'utilisation en dépit de l'existence de l'homonyme antérieur *Torreya* Raf.Raf. (1818), famille de *Lamiaceae.*

Exemple.3 : *Astragalus rhizanthus* Boiss. (1843). Est un homonyme postérieur *d'Astragalus rhizathus* Royle (1835), nom validement publié ; il est de ce fait indisponible à l'utilisation. Boissier l'arenommé *A. cariensis* Boiss. (1849).

Note 1. Un homonyme ultérieur est indisponible pour l'emploi même si l'homonyme antérieur et illégitime ou est généralement traité comme un synonyme.

Exemple 4 : *Zingiber truncatum* S.Q.Tong (1987) est illégitime, était un homonyme ultérieur de *Z. truncatum* Stokes (1812), bien que ce dernier nom soit lui-même selon l'Art.52.1 parce que dans son protologue le nom *Amomum zedoaria* Christm. (1779) était cité en synonyme.

Exemple 5 : Le nom *Amblyanthera* Mull. Arg. (1860) est un homonyme postérieur d'*Amblynthera* Blume soit maintenant considéré comme synonyme de *Osbeckia* L. (1753).

4.8.2. Nomes superfluum

Un nom, à moins qu'il ne soit conservé, est à rejeter comme illégitime si, à sa publication, il était superflu du point de vue de la nomenclature, c'est -à -dire s'il était appliqué à un taxon qui, tel que délimité par son auteur, incluait explicitement le type du nom qui s'imposait ou dont l'épithète aurait dû être adoptée selon les règles (Piet *et al.*, 2013)

Exemple 1 : Le nom générique *Cainito* Adanson (1763) est illégitime car il s'agit d'un nom superflu pour *Chrysophyllum* L. (1753), qu'Adanson citait en synonyme.

Exemple 2 : *Chrysophyllum sericeum* Salisb. (1796) est illégitime, puisqu'il fait double emploi avec *C. cainito* L. (1753) que Salisbury citait en synonyme.

Exemple 3 : par contre, *Salix myrsinifolia* Salisb. (1796) est légitime, ayant été explicitement fondé sur *S. myrsinites* au sens de Hoffman (Hist. Salic. III. 71.1787), mauvaise application du nom *S. myrsinites* L. (1753)

Exemple 4 : *Picea excelsa* Link (1841) est illégitime car il est fondé sur pinus excelsa Lam.(1778), nom superflu pour *Pinus abies* L. (1753). Dans le genre *Picea*, le nom correct est *Picea abies* (L.) H.Karst. (1881).

Exemple 5 : en revanche, *Cucubalus latifolius* Mil . et *C. angustifolius* Mill. ne sont pas des noms illégitimes, bien que ces espèces soient maintenant réunies à l'espèce dotée d'un nom antérieur *C. behen* L. (1753) : *C. latifolius* et *C. angustififolius* tels que définis par Miller (1768) n'incluaient pas le type de *C. behen* L. nom qu'il adoptait pour une espèce distincte.

Exemple 6 : exclusion explicite du type : Dandy, en publiant le nom *Gulium tricornutum* Dandy (in Watsonia 4 :47. 1957) cita *G. tricorne* Stokes(1787) pro porte comme synonyme, mais exclut explicitement le type de ce dernier.

Nomen ambiguum

Si différent auteurs utilisent une autre définition d'un même taxon on a alors un nom ambigu.

Nomen dubium

Si le type qui a servi à la description d'un nom est douteux (on n'est pas sur de savoir exactement sur quel spécimen est basée la description.)

Namen confusun
C'est un nom dont le type est composé de différent éléments, et pour lequel on ne peut pas choisir un lectotype.

4.9. Les synonymes

En nomenclature botanique, un synonyme est un nom latin différent pour désigner un même taxon (c'est-à-dire que tous les noms scientifiques une même plante autre que le nom correct (= nom accepté) sont des synonymes. On distingue deux catégories de synonymes : synonymes nomenclaturaux et synonymes taxonomiques (Kalanda, 1983 et Piet *et al.*, 2013).

4.9.1. Synonymes nomenclaturaux

Synonymes nomenclaturaux (dits aussi « ***obligatoires*** » ou « ***homotypiques*** »), ont le même type. Cela signifie que le matériel de typification (le spécimen conservé en herbier ou tout autre élément de référence désigné) auxquels ces différents noms de taxon se réfèrent, est identique. On peut les noter par le symbole ¨=¨ (triple signe égal). La plupart des synonymes nomenclaturaux sont des combinaisons issues d'un même basionyme. L'épithète spécifique est alors identique (seul la terminaison latine peut varier (Piet *et al.*, 2013).
Exemple : *Albizia falcutaria* (L) Fosberg = *Paraserianthes falcataria* (L) I.C. Nielsen.

D'autres sont des noms nouveaux (nomina nova). Leur épithète peut donc être quelconque.

Exemple : *Leantodon taraxacum* L. (1753)= *Taraxacum officinale* F.H.Wigg. (1780). Le nom *Taraxacum officinale* est un synonyme nomenclatural de *Leantodon taraxacum*.
Ces deux noms, bien que rapportés à des genres différents, ont le même type et correspondant à un seul et même taxon. Une épithète ne peut répéter le nom du genre avec lequel elle est combinée ; les tauxonymes comme *Taraxacum taraxacum* ne sont pas acceptés. Dans ce cas on doit choisir une autre épithète.

4.9.2. Les synonymes taxonomiques

Les synonymes taxonomiques (dits aussi « facultatifs » ou « hétérotypique ») ont des types différents (Piet *et al.*, 2013).
Exemple, selon la systématique phylogénétique (classification APG IV (2016), le nom de famille *Capparaceae* est traité en synonyme taxonomique du nom de famille *Brassicaceae.*

De tels synonymes sont dus à une différence de sensibilité individuelle entre les différents taxonomistes quant à la circonscription de l'espèce, et selon l'importance accordée par l'auteur à certains caractères, ou encore due à la différence de méthode utilisée, comme dans l'exemple ci-dessus (Piet *et al.*, 2013). C'est pourquoi elle est dite « facultative », car elle peut toujours être remise en question. On peut les noter par le symbole ¨=¨ (signe égal).
Exemple 1: Capparaceae ¨=¨ Brassicaceae.
Exemple 2 :
Psychotria coeruleo-violacea K.Schum. (1903), type : Preuss 1123 (B)
=
Psychotria ciliata De Willd. (1923), type : Preuss 1123 (B)
=
Psychotria ebensis K.Schum. (1899), type= Dinblage 173 (B)

De Wildeman décrit le taxon *Psychotria ciliata* basé sur l'échantillon Preuss 1123 et n'était pas au courant du fait que c'est déjà le holotype de *Psychtoria coeruleo-violacea* décrit par Schumann. Les deux noms sont donc basées sur le même type, *Psychotria ciliata* et est un synonyme homotypique. Plus tard, d'autres auteurs ont estimé que les différences entre les types de *Psychotria ebensis* et *Psychotria coeruleo-violacea* est maintenir deux espèces différentes. C'est pourquoi *Psychotria coeruleo-violacea* est maintenant traité comme un synonyme hétérotypique de *Psychotria ebensis.*
Exemple 2 :
Alchemilla vulgaris L. (1753)
A. vulgaris L. var *alpestris* F .W.Schumidt) (1753)
A.alpestris (F.W.Schmidt) Baser (1893)
=
A.vulgaris subsp. *alpestris* (F.W.Schmidt) Murbebeck (1895)
=
A.glabra Neygenfind (1821) (correct)
A.glabra Dumortier (1865) (homonyme postérieur)

4.10. Changement des noms de plantes

Les noms scientifiques ne peuvent pas changer pour des raisons subjectives. Ils peuvent être changés afin de corriger des erreurs taxonomiques ou de nomenclature (Piet *et al.*, 2013).

4.10.1. Correction d'une erreur de nomenclature

Exemple :
Espèce de Maluku : *Spermacoce macrontha* Reinw. ex Korth. 1851
Espèce de Cote Ivoire : *Spermacoce macrantha* (Hepper) H.M.Burkill 1986
= *Spermacoce ivorensis* Govaert 1996

4.10.2. Changement taxonomique

a. Changement du rang du taxon : la règle de priorité est seulement applicable dans le même rang taxonomique.
Exemples :
Prunus cerasus var. *pumila* L. => *P. fruticosa* Pall.
Magnolia virginia var. *foetida* L. => *M. grandiflora* L.

b. Division d'un taxon
Exemple :
PAS *Juncus articulatus* L. => *J. lampocarpus* + *J. acutiflor*
MAIS *Juncus articulatus* L. =>*J. articulatus* + *J. acutiflorus*
Le groupe qui contient le holotype garde le nom, l'auteur groupe reçoit un nouveau nom (ajout d'une nouvelle épithète spécifique).

c. Fusion de plusieurs taxons
Lorsque plusieurs taxons fusionnent, on garde le nom le plus ancien du taxon.
Exemples :
Sloanea L. (1753), *Echinocarpus* Blume (1825) + *Phoenicosperma* Miquel (1865) Slonea L.
Sedum rupestre L. (1753) + *S. reflexum* L. (1755) *S. rupestre* L.
Triticum aestivum L. (Sp. Pl.85, 1753) + *T.hyberum* (Sp. Pl. 85, 1753) => même date, on peut choisir >*T. aestivum* L.

On peut aussi avoir chez les botanistes plusieurs opinions.

Exemple :

- Au départ, Linné a décrit des espèces du genre *Geranium* dont *Geranium zonale* L.
- Puis *Pelargonium* et *Geranium* furent ensuite considérés comme 2 genres différents, et *Pelargonium zonale* (L.) L'Hér. Etait le nom accepté pour le taxon tandis que *Geranium zonale* L. devint un synonyme.
- On a décidé enfin que le genre *Geranium* incluse les espèces du genre *Pelargonium*, donc *Geranium zonale* L. est le nom correct et *Pelargonium zonale* (L.) L'Herit. devient le synonyme.

d. Changement de position (comb.nov.)

- Conservation de l'épithète

Exemple : *Tormentilla erecta* L. => *Potentilla erecta* (L.) Rauschel

- Faites attention à ne pas créer des tautonymes ou des homonymes

Exemple : *Pyrus malus* L. transféré dans le genre *Malus*, devient *Malus pumila* Mill.

Deuxième Partie : Eléments de Taxonomie numérique et de la phylogénie

Comprendre la Taxonomie nécessite de vastes connaissances et de la pratique (Forey, 2002). Avec le souci de simplifier mais aussi de diminuer l'arbitraire, des biologistes, comme ***Alfred Sturtevant*** dès 1939, ont pensé faire reposer la classification sur le plus grand nombre de caractères possibles, qui auraient tous la même valeur (Benzecri, 1973). La taxinomie numérique contemporaine (voir ci-dessus), que l'on pourrait qualifier de ***néoadansonienne*** ((Tort, 1996), accorde autant d'importance à tous les caractères ; la taxonomie cladistique s'intéresse également à tous les caractères mais on accorde à ces derniers des valeurs différentes qui sont donc à la base de la taxonomie numérique[36]. Son but est de créer une taxonomie en utilisant des algorithmes et des méthodes numériques comme le partitionnement de données plutôt qu'une évaluation subjective des caractères phénotypiques (Benzecri, 1973 et Hennig, 1988).

C'est ainsi qu'elle offre aux chercheurs une méthode classificatoire exempte de toutes contraintes phylétiques. Grâce au développement de l'informatique, des logiciels ont été créés pour manipuler facilement le nombre grandissant de données. Cette méthode a répertorié et utilisé des caractères qui se sont révélés précieux (Hennig, 1988).

Bien que la Taxonomie numérique ait été conçue pour être une méthode objective, dans les faits, les choix des caractères et l'importance plus ou moins grande donnée à tel ou tel caractère, sont influencés par les informations disponibles et les centres d'intérêt scientifiques de l'expérimentateur (Hennig, 1953). Néanmoins, l'introduction d'étapes

[36] ***Michel Adanson*** a été le précurseur génial de la Taxonomie numérique. Incompris en son siècle, réfractaire aux axiomes linnéens, Adanson manifesta déjà le besoin d'évaluer quantitativement, de façon précise, reproductible, les différences ou les ressemblances, et de substituer à des évaluations demeurées floues et subjectives des nombres comparables et classables. «***Numerical Taxonomy (biology)***,
www.accessscience.com , McGraw Hill Ltd.

explicites pour la création de dendrogrammes et de cladogrammes, basées sur des méthodes numériques et non sur une synthèse subjective des données, a constitué un pas vers l'objectivité (Forey, 2002). Pour cela les systèmes phylogénétiques qui sont basés sur des relations phylogénétiques présumées, semble être plus concrète (Guignard & Dupont, 2004).

La phylogénie moléculaire est une discipline qui connaît un essor grandissant étant donné l'avancement spectaculaire des techniques de la biologie moléculaire et du génie génétique que l'on peut appeler maintenant biotechnologies moléculaires (Guignard & Dupont, 2004). Ces techniques ont permis un nombre incalculables de données biomoléculaires telles que les séquences des différents gènes et protéines[37].

Actuellement on peut recenser quelques 80 millions de séquences1 sur le portail NCBI par exemple ! La phylogénie permet d'étudier les espèces végétales, animales et microbiennes, sur les deux plans phénotypique et génotypique, afin de les classer en fonction de leurs ressemblances et en fonction de leurs structures géniques (liens de parenté). La phylogénie étudie, en fait, les relations de parenté entre les individus et représente sous forme d'arbre le résultat de ces relations (Gu & Bourne, 2009 et Mangambu *et al.*, 2016).

Donc face à ce tas de données, il y aura besoin d'outils adéquats pour pouvoir traiter toutes ces informations et tirer un meilleur profit. La manipulation correcte des données initiales va permettre d'aboutir à des interprétations et des concluions pertinentes : grâce aux résultats de la phylogénie (Mangambu *et al.*, 2016), le chercheur peut tirer des hypothèses sur les liens génétiques des espèces, les états ancestraux des caractères étudiés, la divergence ou la convergence des caractères (Forey, 2002).

[37] La classification phylogénétique contrairement à la classification classique, a pour but de classer le vivant à partir des liens de parenté entre les différents organismes vivants et donc de déterminer leur histoire évolutive. Le principe de base de cette classification mis en place sur la base de la théorie darwinienne par ***Willi Hennig*** (1913-1976) est de placer les êtres vivants à l'intérieur de groupes dits monophylétiques* qui comprennent tous les descendants d'un ancêtre commun et cet ancêtre.

Chapitre V :
Taxonomies numérique et informatique

5.1. Introduction

Il y a plus de trois siècles qu'***Adanson*** a formulé pour la première fois les principes de la taxonomie numérique. 200 ans plus tard exactement ***Sokal & Sneath*** (1963) publient leur travail fondamanental "*Principles of Numerical Taxonomy*", qui ouvre une ère nouvelle dans le domaine des classifications et étant « l'évaluation numérique de l'affinité ou similarité entre les ***unités taxonomiques*** (U.T) et l'ordination de ces unités en taxa sur la base de leurs affinités (Tort, 1996). En d'autres mots, c'est le groupement par des méthodes numériques des unités taxonomiques en taxa sur la base des états de caractères (Hennig, 1988).

Comme suite d'un accès de plus en plus large aux ordinateurs, on assiste aujourd'hui à une permanente diversification des modèles mathématiques de l'analyse des groupements (**cluster analysis**), ainsi que des applications des classifications automatiques, qui connaissent un développement tout-à-fait explosif dans les domaines les plus divers (Benzecri, 1973).

C'est ainsi qu'on est arrivé à définir ce qu'on appelle l'analyse des données « ***data analysis*** », constituée par la taxonomie numérique et par l'analyse factorielle « ***factor analysis*** » et dont l'utilité a été succinctement formulée par Benzecri (1973) : "*représenter les données avec un minimum de perte d'information ... et un maximum d'explication*".

Si l'on veut bien se reporter aux diagrammes de la biométrie, par lesquels on représente dans des axes de coordonnées la variation des caractères au sein d'un groupe polymorphe (*par exemple, longueur de la corolle, rapport entre longueur et largeur des feuilles*), on comprendra aisément le principe élémentaire de la taxinomie numérique :

- dans un diagramme à deux dimensions représentant deux caractères, les objets étudiés se répartissent selon divers nuages de points susceptibles d'étude statistique (définition d'un centre et des limites du nuage).

La «*différence*» entre chacun des nuages peut être estimée par la distance séparant leurs centres, distance géométriquement tangible et aisément calculée : où xa, ya, xb, yb sont les coordonnées des centres respectifs.

Si l'on admet que la même représentation est applicable à n caractères dans un espace à n dimensions, et que des caractères non mesurables (présence-absence) sont susceptibles d'être intégrés (sous réserve que les valeurs intermédiaires manquent), on imagine sans peine que les taxons puissent s'ordonner en nuages dans cet hyperespace (où le temps peut être adjoint comme n + 1-ième dimension) et qu'entre eux puissent se calculer des distances taxinomiques données par la relation

5.2. Taxonomies numériques et algorithmes cladistiques

Plus exactement, les méthodes de phénétiques systématiques, développées à l'origine sous le nom de « **taxonomies numériques** » (***Numerical taxonomy***), ont pour but d'évaluer les ressemblances d'un point de vue quantitatif et de les exploiter à l'aide de diverses méthodes numériques pour en obtenir des arbres.

Les algorithmes cladistiques ont été développés non plus pour évaluer les mesures quantitatives des ressemblances mais pour ne considérer que la présence ou l'absence des différentes formes que peuvent prendre les caractères. Seul le traitement de caractères individuels comme unité qui mesure la ressemblance est retenu en cladistique. Celle-ci est aussi appelée transformation cladistique, et fait référence aux transformations de la méthode de ***Hennig*** (1953) et la terminologie introduite par lui. Plus les êtres se ressemblent par leurs caractères, plus leur parenté est étroite. Toutefois, cela n'est fondé que si cette similitude résulte de caractères «homologues » et non de caractères homoplasiques. ***L'homologie*** étant une similitude héritée d'un ancêtre commun, tandis que ***l'homoplasie*** est une similitude qui n'est pas héritée d'un ancêtre commun.

La cladistique est principalement une méthodologie qui essaie d'analyser les données phylogénétiques de manières objective (et ainsi obtenir une classification phylogénétique objectives) dans une manière parallèle à celle dans laquelle la ***taxométrie*** cherche à introduire l'objectivité dans la phénétique ou la classification phénétique. Il y a suffisamment d'arguments entre **les *cladistes*** concernant les différents objectifs, les méthodes et les interprétations taxonomiques.

Les méthodes de ***Wagner, Hennig*** et beaucoup d'autres cladistes sont souvent générées la rubrique de méthode de ***parsomonie*** dans lesquelles il est dit d'utiliser le principe de ***parsimonie***, par lequel le chemin hypothétique le plus court de changements qui explique le modèle phénétique actuel est considéré comme étant l'itinéraire évolutionnaire le plus évident.

5.2.1. Les étapes de la taxonomie numérique

En suivant, avec certaines modifications, l'opinion ANDERBERG (1973), les étapes qui composent la démarche de la taxonomie numérique sont les suivantes :
1. Choix des objets d'étude,
2. Choix des prédicats (des caractères dans le cas de la zoologie) qui servent à la description des objets (espèces ou taxons de divers rangs).
3. Établissement des unités à classifier: objets (analyse Q) ou caractères (analyse R).
4. Choix des règles de codification pour chaque caractère et élaboration de la matrice objet x prédicat (taxon x caractères).
5. Choix de l'algorithme de classification
6. Calcul du graphe arborescent ayant comme terminaisons les objets ou les caractères (le dendrogramme).
7. Interprétation des résultats.

De toutes ses considérations, la taxonomie numérique utilise les techniques statistiques et informatiques pour établir les degrés de ressemblance entre les taxons :
- calcul des coefficients de similitude entre taxons ;
- matrice de similitude entre taxons ;
- dendrogramme ;
- analyse factorielle des correspondances entre caractères et taxons ;
- détermination des plantes assistée par ordinateur : il suffit de "***rentrer***" **les caractères observés sur la plante à identifier** ; des programmes

fournissent instantanément les familles ou autres taxons présentant ces caractères ; de plus le programme signale également les caractères à observer pour distinguer entre eux les différents taxons obtenus au premier tour.

5.2.2. Méthode de la biosystématique

Le terme **Biosystématique** a été introduit par CAMP et GILLY (1943) dans le but de :
-Délimiter l'unité biotique naturelle ;
-Appliquer à ces unités un système adéquat de nomenclature permettant de livrer des informations précises eu égard à leur limite définie, les relations entre elles, la variation et leur structure dynamique. Pour déterminer ces unités naturelles, il faut un programme d'étude cytogénétique au sein de populations. **Le but principal de la bio systématique** est **d'essayer d'éclairer l'évolution d'un groupe de taxa,** de déterminer les forces évolutionnaires en action et comment elles ont fonctionné dans chaque cas particulier.

Tableau 9 : Exemple détaillé de la méthodologie de la bio systématique

	Etat des caractères						
Espèce	a	b	c	d	e	f	g
1	1	0	0	0	0	1	0
2	1	0	0	0	0	1	0
3	0	1	0	1	0	1	0
4	1	0	0	0	0	1	0

1. Accumulation de données comparatives

Accumulation de données comparatives qui proviennent :
a. Des organismes : Structure et interaction environnement
b. Des interactions organismes-environnement : Distribution et Ecologie

2. Utilisation de données comparatives pour répondre aux questions spécifiques

a) ***Classification*** (système de classification le plus prophétique à tous les niveaux)

Ici nous allons considérer : la méthode de groupement des individus et le niveau dans la hiérarchie taxonomique auquel les groupes devraient être placés.

b) ***Processus d'évolution***
Nous considérons : la nature et origine de variation individuelle, l'organisation de variation au sein de la population, la différenciation des populations et la nature de l'isolation reproductive et modes de tous les groupes

C) ***Phylogénie*** (divergence et/ou développement de tous les groupes). Nous allons utiliser : Un mode, une période et un lieu

5.2.3. Processus de classification

Les processus de classification peut être vu comme une série d'opération et qui habituellement comprend deux opérations séparées ; regroupement et hiérarchisation.

Regroupement : (caractères)
Origine Sélection   Description   Comparaison
Individuels·········➔   caractères et mesures   Etats de·········➔ Taxa
Tous les   ·········➔   caractères
Aspects
Hiérarchisation : genre, famille etc.
Sélection   Evaluation
Taxa ·························➔ Etats de·························➔
Catégories
Tous le   caractères   (famille,
genre)
Caractères

5.3. Approches utilisées en taxonomie numérique

Nous avons les approches, l'approche naturelle et phylétique, l'approche phénétique et l'approche distique ou phylogénétique.

5.3.1. Approche naturelle et phylétique

a. Système naturel **:** Un système naturel de classification est celui sur les états de quelques caractères à plusieurs caractères pour leur valeur en corrélation positive avec les états des autres caractères pour former une structure hiérarchique de groupes en rangs renfermant des informations de valeur. Les classifications naturelles place ensemble, des organismes qui partagent un grand nombre de structures.

b. Classification phylétique (évolutionnaire) **:** la question qui vient constamment en tête dans la classification naturelle est celle de savoir pourquoi certains organismes tentent à ressembler à un groupe et pas à un autre. LAMACK et de nombreux autres biologistes au début des années 1800 pensaient fermement que l'évolution ou le processus de changement organique ordonné dans le temps, était le responsable de la diversité de modèles observés. Depuis DARWIN, la classification des groupes était homogène. Ils sont les descendants d'un ancêtre commun. Les classifications biologiques deviennent des illustrations de modèles de l'évolution (Mayr, 1989). La classification de plantes pourrait être maintenant appelée « ***phylétique, Phylogénétique ou évolutionnaire*** »

5.3.2. Approche phénétique

La relation phénétique est basée sur une comparaison de caractère physique (morphologique) est les phénotypes c'est-à-dire les caractères apparents. Les phénotypes est un lot de caractères des organismes vivant actuellement. La phénotyque peut être délimités avec des états correctement codifiés), de poids égal et leur comparaison par une méthode explicite de regroupement.

Un sens général est d'obtenir une ***mesure de similarité totale.*** Deux espèces qui se ressemblent physiquement davantage qu'elles ne ressemblent à aucune autre sont classées ensemble. La classification complète comporte une hiérarchie de niveaux, telle que les membres de différents groupes diffèrent de plus en plus les uns des autres au fur et à mesure que l'on monte dans cette hiérarchie. Pour y arriver, n'importe quelle propriété mesurable du phénotype pourrait servir de base à une classification.

5.3.2.1. Méthodologie

Les cinq différentes méthodes utilisées dans l'approche phénétique sont les suivantes :
- Sélection des taxa (ou individus) à étudier ;
- Sélection des caractères ;
- Description et/ou mesure des états de caractères ;
- Matrice de base de données ;
- Détermination de la structure phénétique

5.3.2.2. Mode d'usage

a. ***Sélection des taxa (ou individus) à étudier*** **:** Ils sont appelés « **unités taxonomiques opérationnelles** » UTO. Ces unités peuvent être des organismes individuels, des populations, des espèces, des genres, etc.

b. ***Sélection des caractères*** **:** Les classements phénétiques modernes sont numériques et multidimensionnelles. Elles ont été développées en réaction aux incertitudes et aux imprécisions de la classification évolutive. Pour une phylogénèse du groupe. Ce qui n'est pas évident. Mais la classification phylogénique est souvent instable à cause de l'accumulation continuelle des connaissances sur les groupes.

La taxonomie numérique s'est donné pour but d'éviter ces incertitudes en basant la classification sur des relations phénétiques et en estimant celles-ci par des techniques quantitatives. La classification phénétique la plus simple pourrait ne reposer que sur un ou deux caractères. Seulement une telle procédure risque d'être aussi arbitraire qu'un classement par ordre de découverte. Il est largement accepté de baser la systématique sur un grand nombre de caractères. Ce qui est rendu possible grâce aux méthodes statistiques permettant d'agréger un grand nombre de mesure phénétiques en un indice global de similarité phénétique (Nuel & Prum., 2007).

D'autre part, le développement des ordinateurs ont permis d'effectuer les calculs nécessaires. Il est normalement admis que 60 caractères puissent être pris en compte au minimum, et 80-100 (ou plus) seraient mieux. On les appelle des unités de caractères. Les meilleures unités de caractères valeurs codée. Les unités de caractères doivent être sélectionnées de n'importe quelle partie des UTO (morphologie externe, anatomie, chimie, ultra structure, nombre chromosomique, etc.).

***c. Description et/ou mesure des états de caractères* :** Il y a plusieurs types de caractères :

1) Caractère à deux états (ou binaire, présence –absence ou caractère plus (+) ou moins(-)).

Exemple : pétales blancs, pétales rose. Pour leur codification, il faut utiliser 0 ou 1 en vue de traitement informatique des similarités phénétiques (ou la distance de similarité).

2) Caractère à plusieurs états qu'on peut subdiviser en :

-qualitatifs à plusieurs états : cas fréquemment rencontrés. Ils posent souvent des problèmes.

Exemple : la couleur de pétale qui peut présenter 4 états : blanc, rouge, orange, jaune et violet. La codification peut être 0, 1, 2, 3, 4. Le problème qui se posera est la distance numérique entre les états. Pour le résoudre, il faut l'ajouter entre les codes en 0, 3, 4, 5,8.

-Quantitatifs à plusieurs états résultant souvent des mensurations des organes.

***d. Matrice de base de données* :** Après avoir sélectionné le caractère et leur codification terminée, les données numériques sont placées dans une matrice de base de données indispensable pour le traitement numérique de ressemblance phénétique.

Exemple : C'est à ce niveau que l'on peut se rendre compte d'être en présence de données comparatives.

e. *Détermination de la structure phénétique* : L'étape suivante dans l'approche phénétique à la classification est la détermination de la structure taxonomique parmi tous les UTO. Les UTO seront comparés entre elles en utilisant les valeurs déjà numériquement calculée et présentée graphiquement de sorte que l'on soit capable de prendre les décisions concernant la classification.

Deux approches de base sont utilisées : regroupement et ordination.
Les méthodes de regroupement les plus utilisées sur le matériel biologique sont **l'agglomération hiérarchique** par ordinateur. Le dendrogramme qu'on obtient par les méthodes phénétiques est appelé **phonogramme.** On peut également compléter la méthode en faisant l'analyse de la composante principale. **L'objectif est de mesurer un nombre** de caractères que les particularités de certains échantillons deviennent négligeables.

La classification ainsi obtenue serait basée sur la **globalité des phénotypes**. La règle du plus proche voisin ou celle du plus proche voisin moyen sont deux exemples qui permettent une analyse statistique par groupement et ce ne sont pas les seules procédures possibles (Nuel & Prum., 2007). Sans trahir le principe de la taxonomie phénétique, on peut aboutir à au moins deux classifications différentes résultat de la méthode de calcul de distance utilisée (**euclidienne ou distance moyenne de caractères** = ***mean character distance***).

5.3.3. Approche distique ou phylogénétique

5.3.3.1. Définition

La cladistique est un système de classification basé sur l'analyse des caractères primitifs « ***plésiomorphies*** (*plesio* en grec = voisin) et l'état évolué est dit ***apomorphe*** (» et évolués « ***apomorphies*** *apo* en grec = s'éloignant de) » visant à traduire les relations phylogéniques. Le **clade** est une lignée évolutive constituée par l'ancêtre commun et ses descendants. Un **cladogramme** correspond à plusieurs clades successivement emboîtés.

5.3.3.2. Origine, développement et utilisation de la cladistique

La diversité et la complexité du monde vivant conduisent à la notion de *ressemblance dissemblance* entre individus. Cette méthode vise à mettre en évidence la séquence évolutive des transformations des caractères, c'est-à-dire déterminer leur état plésiomorphe (primitif ou ancestral) et leur(s) état(s) apomorphe(s) (dérivés). L'odjectif « **cladistique** » s'applique donc à une classification dite phylogénétique et qui ne doit comporter que des taxons ou des clades.

Remontons donc à l'origine du mot : Clade vient du grec « ***clados*** » qui veut dire *branche,* d'où *cladogramme* qui est un "arbre" exprimant une hypothèse sur les parentés phylogénétiques entre plusieurs taxons, construit sur la base des résultats de l'analyse cladistique. Chacun des points de branchements, ou nœuds, est défini par une ou plusieurs ***synapomorphies*** (Chaque groupe monophylétique est associé à différents caractères dérivés).

Le cladogramme représente donc une répartition des caractères apomorphes (dérivés) dans les taxons. En cladistique, la classification doit être dictée par la phylogénie : ainsi le cladogramme est aussi une classification par emboîtement.
L'analyse cladistique, ou systématique phylogénétique de ***Hennig*** (1988), repose sur deux grands principes :
1. **principe d'homologie :** seul le partage d'états dérivés des caractères permet de préciser les relations de parenté ;
2. **principe de parcimonie** : parmi les cladogrammes possibles, celui qui supposera le moins de transformations évolutives, le plus parcimonieux, sera retenu.

La cladistique ne cherche pas à mesurer la ressemblance globale mais plutôt à analyser les caractères individuels de façon simultanée afin de faire ressortir la congruence des caractères. Chaque caractère définit un arbre donné et la congruence revient à faire émerger l'arbre résumant tous les arbres, celui qui semble être le moins contredit.

5.3.3.3. Méthodologie de la cladistique

Les quatre différentes méthodes utilisées dans l'approche phénétique sont les suivantes :
-Sélection des caractères
-Homologie
-Etats de caractères et polarité
-Construction de l'arbre

Mode d'usage

a) Sélection des caractères **: Les caractères sont habituellement** sélectionnés dans le but que les états primitifs et dérivés peuvent être reconnus avec certitude. Ceci est basé sur la distinction des états au sein du groupe étudié et les taxons le concernant. Une façon de commencer, consiste premièrement de prendre en compte tous les caractères qui ont été utilisés historiquement, **de prendre en compte tous les caractères qui ont été utilisés historiquement significatifs**. Ces ceux qui ont été considérés comme taxonomiquement significatifs. A ceux-ci on peut ajouter n'importe quelle particularité des organismes (morphologique, anatomique, chimique, etc.) qui ressortent d'une analyse minutieuse du groupe. La recherche d'un plus grand nombre possible de caractères peut commencer par une étude phénétique du groupe, puis passer à l'analyse cladistique.

Les caractères qui ont des états clairement définis dans les unités et qui également sont présents dans les groupes proches sont habituellement les meilleurs à choisir.

b) Homologie **:** Il est important dans la sélection de caractères à déterminer à un certain niveau que les mêmes caractères dans chaque UE sont homologues. **Une homologie est un caractère commun** à des espèces et à leur ancêtre**.**

c) Etats de caractères et polarité **:** Après que les caractères auront été sélectionnés et les homologies établies, ils doivent être divisés en états de caractères. Après affirmation des homologies des états dans les différents

UEs, l'étape suivante est d'ordonner les **états du groupe étudié en un réseau d'états de caractères.**

Ceci consiste en **l'établissement d'une connexion logique** parmi les états des caractères qui probablement représentent la séquence évolutive au sein du groupe étudié. Il ne signifie pas nécessairement que l'évolution des états dans une collection particulière des UE a suivi cette voie, mais s'il n'y a pas l'évidence du contraire, c'est un point de vue utile et une voie pour procéder à l'analyse. L'arrangement des structures dans une série de transformation dépend de notre jugement sur la façon dont les structures ont pu changer durant l'évolution. A propos de la polarité, la détermination des états de caractères primitifs pour peaufiner le réseau des états de caractères et les utiliser pour l'établissement des arbres des états de caractères est un autre problème (Mayr, 1989 et Mugnier, 2004).

Mais, le ***seul concept qui est vrai*** est que l'état le plus vieux de caractère est le plus primitif. Parmi les homologies, on appelle dérivées, ***celles qui sont particulières à tout un groupe d'espèces et à leur espèce ancestrale*** ; on appelle ancestrales celles que l'on trouve dans l'espèce ancestrales et dans certaines espèces qui en descendent, seules les homologues dérivées sont caractéristiques de groupes phylogénétiques.

La distinction entre ces différentes catégories nous permet de comprendre les relations entre taxonomies phénétiques et classiques. ***Dans une classification phénétique numérique***, on utilise autant de caractères que possible pour définir les groupes et ces caractères sont soumis à des traitements statistiques sans aucune référence à leur signification évolutive (Mugnier, 1998 ; Nuel & Prum., 2007).
En cladistique au contraire, on choisit parmi tous les caractères communs à un ensemble d'espèces, les seules homologies dérivées. *C'est sur cette base là seulement que les espèces de l'ensemble sont réparties en groupes, tous les autres types de caractères ne sont d'aucun usage dans une classification cladistique.* En pratique, il y a beaucoup de difficultés. Pour les résoudre, il y a quelques critères à considérer :
- **les caractères fossiles sont primitifs** mais ne sont pas toujours disponibles.

- les communalités des états de caractères au sein de groupes étudiés et au sein des relatifs proches (=*caractères primitifs*)
L'idée est que les états de caractères primitifs étaient présents chez l'ancêtre commun de deux groupes et seront rencontrés de façon prévalent dans le groupe de référence (out-group). Le raisonnement évolutionnaire guidant le critère est que les états primitifs tendent à se retrouver chez UEs (***Unités évolutifs***) particulières dans le groupe étudié et ceci peut être un guide pour sélectionner les UEs plus primitives (Nakhleh et *al.*, 2005).
Exemples : Chez Acacia, certaines espèces ont des ***Phyllodes*** lors que les jeunes plantes ont des feuilles bipennées. C'est un état de caractère primitif ou un ***Phyllodes.*** Organes vestigiaux comme les staminodes sont des caractères primitifs.

d) Construction de l'arbre : une fois que les polarités des réseaux des états de caractères sont déterminées, il faut assigner aux états un codage approprié pour permettre à les placer convenablement dans une matrice de base de données. Habituellement **0** est utilisé pour l'état primitif et **1** pour l'état dérivé.

5.4. Un arbre phylogénétique

Un arbre phylogénétique est une représentation graphique de la phylogenèse d'un groupe de taxa. Les nœuds externes représentent les unités taxonomiques et les branches définissent les relations entre les taxa en terme de descendance. Les nœuds internes représentent des ancêtres hypothétiques (Mugnier, 2002).

Un autre type d'arbre est possible, nommé « **arbre non enraciné** », qui se différencie de l'arbre hiérarchique précédent en ce sens qu'il ne comporte pas de point de départ obligé, pas de racine ou d'origine . Il lui manque donc l'indication du cours historique ; qui est donné, dans l'arbre phylogénétique, par la présence d'une racine. Arbre et phylogénie ne sont donc pas deux concepts totalement recouvrant ou synonymes : *un arbre n'est pas obligatoirement enraciné alors que la phylogénie est une histoire présentant forcément un point de départ.*

La construction phylogénétique se base sur le principe de la « **descendance avec modification** », et les caractères observés chez deux ou plusieurs espèces qui indiquent une proche parenté, ce sont ceux hérités de leur ancêtre commun. Les écoles de systématique – évolutionniste, phénétique et cladistique – se caractérisent en fonction de leur rapport au principe de ressemblance ou de similitude (Nakhleh et *al.*, 2005). **Cet arbre phylogénétique** explicite les relations entre les groupes de plantes d'une façon didactique ; il tend à rendre immédiatement sensible la perception évolutive de la classification proposée (Mugnier, 2002).

L'ensemble du monde végétal est conçu comme un arbre qui se ramifie et se diversifie au fur et à mesure qu'il s'éloigne de sa souche ; sur **le graphique tridimensionnel, la diversification des plantes s'inscrit dans les deux cordonnées horizontales ; la coordonnée verticale exprime le temps.**

Le cladogramme est un dendrogramme exprimant les relations phylogénétiques entre plusieurs taxa et construit à partir d'une analyse cladistique. Et l**e phylogramme** est un dendrogramme exprimant les relations phylogénétiques entre plusieurs taxa et dont la longueur des branches est proportionnelle aux distances séparant les séquences, exprimées en nombre de substitutions par site.

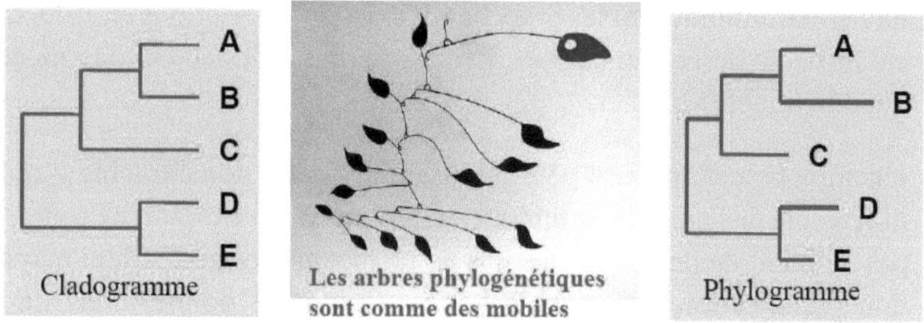

Figure 4 . Représentation graphique de la phylogenèse du groupe de taxa

5.5. Groupes phylétiques

Dans les méthodes de **parcimonie**, HENNIG (1988) a différencié entre les groupes monophylétiques. Les cladistiques contiennent tous les groupes monophylétiques, paraphylétiques et polyphylétiques (Felsens tein, 2003).

5.5.1. Groupe monophylétique

Les groupes constitués par la cladistique contiennent tous les descendants d'un ancêtre commun et seulement eux. ***C'est pourquoi ils sont dits monophylétiques***. Les cladisticiens récusent les groupes paraphylétiques et polyphylétiques.

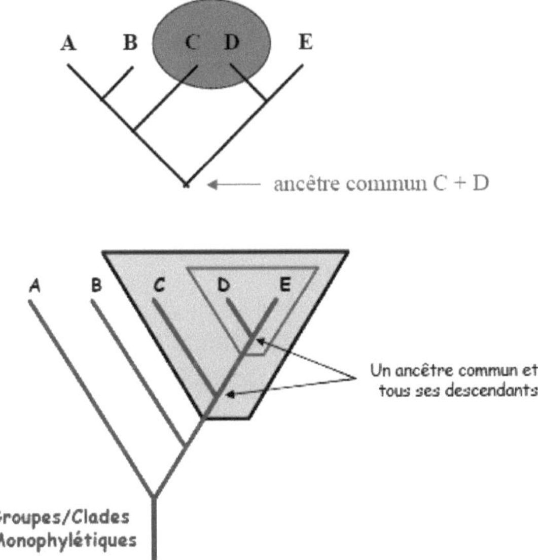

Figure 5 : Représentations des groupes monophylétiques (toutes les espèces qui y figurent dérivent d'une espèce ancestrale et tous les descendants y figurent).

Un groupe **monophylétique** comprend un taxon ancestral et tous ses descendants. Seuls les **groupes monophylétiques** présentent l'arrangement hiérarchique univoque d'un **arbre phylogénétique**, c'est ce qui permet à la cladistique de convertir directement un tel arbre en une classification.

5.5.2. Groupe polyphylétique

Un groupe **polyphylétique** comprend un certain nombre d'espèces, mais pas leur ancêtre commun. Donc, un groupe polyphylétique inclus de lignées indépendantes qui ont développé des caractères semblables par une évolution convergente (Nakhleh *et al.*, 2005)..

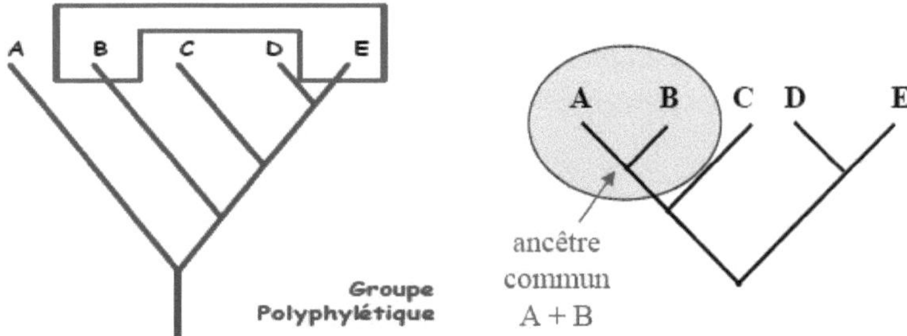

Figure 6 : Représentations des groupes polyphylétiques

4.5.3. Groupe paraphylétique

Un groupe **paraphylétique** comprend un taxon ancestral et une partie seulement de ses descendants Un groupe paraphylétique inclut **une partie des descendants d'un ancêtre commun**, mais pas la totalité.

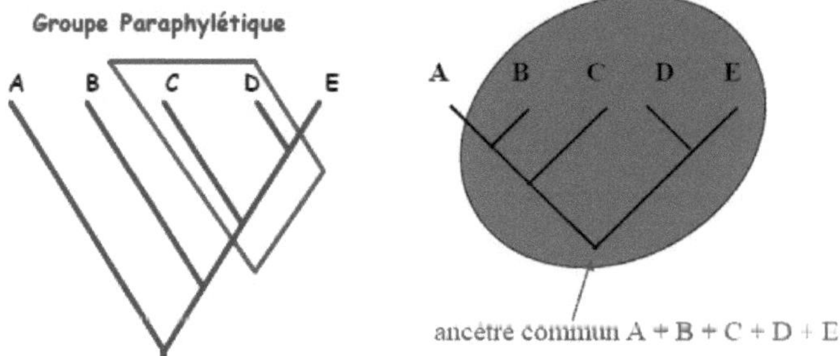

Figure 7 : Représentation des groupes paraphylétiques (contenant l'espèce ancestrale et une partie seulement de ses descendants. Groupe caractérisé par au moins une symplésiomorphie*)*.

Les membres inclus sont ceux qui ont peu chargé par rapport à l'état ancestral, les espèces exclues sont celles qui ont accumulé plus de modification. Donc c'est un groupe contenant un ancêtre et une partie de ses descendants des **Angiospermes**.

Remarque : *c*haque groupe monophylétique est associé à différents caractères dérivés (***synapomorphies)*** partagés par tous les individus de chaque groupe.

Exemple : le carpelle qui est la structure qui protège les ovules chez les plantes à fleurs est une synapomorphie associée au groupe monophylétique

Un groupe polyphylétique inclut des lignées indépendantes qui ont développé des caractères semblables par une évolution convergente. La différence cruciale entre groupes ***poly-*** et ***paraphylétiques*** est que les premiers incluent l'espèce ancestrale (donc unique) de toutes les autres, alors que les groupes polyphylétiques ne comprennent une telle espèce ancestrale unique (Nakhleh *et al.*, 2005).

Exemple : Soit A, B et C trois descendants de l'ancêtre X. Le groupe B, C, Y (cercle rouge plein) est monophylétique. Le groupe A, B, Y, X (cercle bleu en pointillé) est paraphylétique. A est le groupe frère du groupe monophylétique B, C, Y.

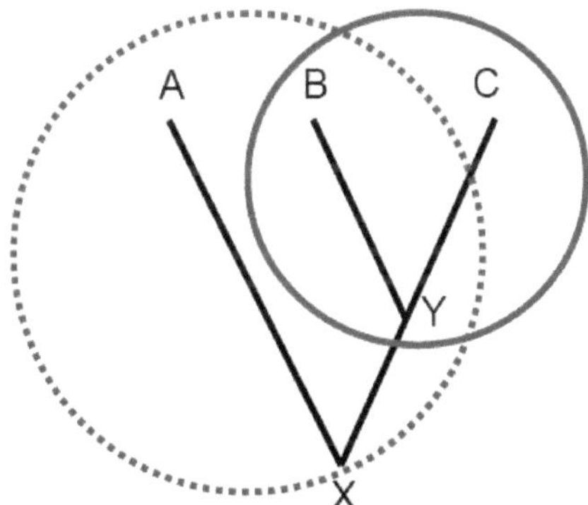

Figure 8: Cladogramme montrant un état de caractère primitif (plésiomorphe) et un dérivé (apomorphe) peuvent être reconnus.

Selon Hennig (1988), dont le système est le plus utilisé, a avancé que les taxa dans un vrai système phylogénétique devraient être seulement monophylétique. Pour identifier les taxa monophylétiques, les cladogrammes comme ci-dessus sont construits en considérant les caractères dans lesquels un état de caractère primitif (***plésiomorphe***) et un dérivé (***apomorphe***) peuvent être reconnus (Forey, 2002).

5.6. Déduction des états des caractères plésio-et apomorphes

5.6.1. Les caractères communs

Les caractères communs sont primitifs et ceux qui sont rares sont dérivés : On détermine généralement l'enracinement des arbres généalogiques en utilisant un parent du **groupe étudié ou référence** « ***out group*** ».

Lors du choix d'un groupe de référence, il faut uniquement admettre que les ressemblances entre les membres du groupe étudié sont plus grandes entre eux-mêmes qu'avec le groupe de référence ; en d'autres termes, il faut que le groupe de référence se soit séparé de la lignée sur groupe étudiée avant la diversification de ce dernier.

On utilise souvent plusieurs groupes de référence. Si l'on ajoute un groupe de référence au réseau, l'endroit où il se trouve est considéré comme la racine de l'arbre.

Exemple : Comparaison avec le groupe de référence : Pour déterminer la polarité du caractère a dans les taxa A, B, C, un groupe de référence (**out group**) D est pris en compte. Dans A, B, C, le caractère a présenté deux états a et a'. Le caractère a, qui est aussi dans D est primitif (plésiomorphie) alors que a' est un dérivé (apomorphie). La transition de **a** à **a'** est pensé avoir intervenu entre y (l'ancêtre commun de A, B, C,) et x (l'ancêtre commun de B et C)

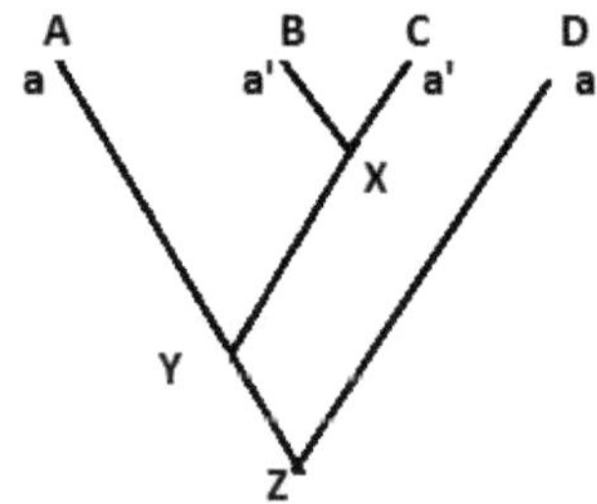

5.6.2. Les caractères ancestraux

Les critères paléontologiques** ou **stratigraphiques **:** Les caractères ancestral ayant, par définition, précédé l'état dérivé, il doit se trouver dans le fossile le plus ancien et les dérivés dans les fossiles les plus récentes. Mais en pratique ceci n'est applicable qu'à un nombre infime de groupes, les fossiles étant souvent incomplets (Wagner, 2000)..

5.6.3. Critère de récapitulation ontogénétique de la phylogénie de groupes

a) matrice de base de données et construction des arbres **:** Une fois que les données relatives aux états de caractères plésiomorphes et apomorphes sont rassemblés pour tous les UEs, on peut établir la matrice de base de donnés. Il inclut normalement l'ancêtre hypothétique (groupe de référence) qui possède les caractères en états plésiomorphes.

Cette matrice est utilisée pour cladogramme. Si le nombre d'UEs est faible, l'opération peut être réalisée manuellement mais normalement il faut utiliser le programme informatique.
Matrice de données

Tableau 10 : Exemple d'une matrice de données

Caractères				
Espèce	1	2	3	4
A	1	1	0	0
B	0	0	1	0
C	1	1	0	0
D	0	0	1	1
E	0	1	0	0

b) dendrogrammes (cladogrammes) : obtenus sont normalement basés sur le chemin le plus court par lequel les UEs peuvent être reliés (Forey, 2002).

Lorsque le nombre d'UEs augmente ainsi que les caractères, la méthode manuelle sera difficile à appliquer. A partir de ce moment, l'usage de programme informatique devient nécessaire.

Une matrice de données avec de nombreux UEs et caractères donne des arbres phylogénétiques de nombreux natures qu'il faudrait interpréter en utilisant les différentes théories de clastique.

Arbre phylogénétique (arbre enraciné)

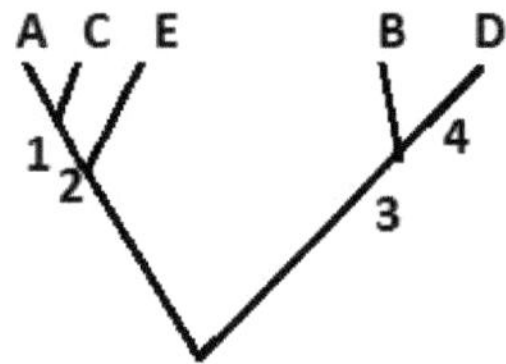

- Le caractère 1 définit (AC), le caractère 2 définit (ACE), le caractère 3 définit (BD) et le caractère 4 définit (D)

Chapitre VI :
Introduction à la phylogénie moléculaire

6.1. Introduction

La phylogénie moléculaire est une discipline qui connaît un essor grandissant étant donné l'avancement spectaculaire des techniques de la biologie moléculaire et du génie génétique que l'on peut appeler maintenant biotechnologies moléculaires. Ces techniques ont permis un nombre incalculable de données biomoléculaires telles que les séquences de différents gènes et protéines. Actuellement on peut recenser quelques 80 millions de séquences1 sur le portail NCBI (***National Center for Biotechnology Information***) par exemple ! (Nei & Kumar, 2000).

La phylogénie permet d'étudier les espèces végétales, animales et microbiennes, sur les deux plans phénotypique et génotypique, afin de les classer en fonction de leurs ressemblances et en fonction de leurs structures géniques (liens de parenté). La phylogénie étudie, en fait, les relations de parenté entre les individus et représente sous forme d'arbre le résultat de ces relations.

Donc face à ce tas de données, il y aura besoin d'outils adéquats pour pouvoir traiter toutes ces informations et tirer un meilleur profit. La manipulation correcte des données initiales va permettre d'aboutir à des interprétations et des conclusions pertinentes : Grâce aux résultats de la phylogénie, le chercheur peut tirer des hypothèses sur les liens génétiques des espèces, les états ancestraux des caractères étudiés, la divergence ou la convergence des caractères (Salemi & Vandamme, 2003).

6.2. Systématique moléculaire et son importance

6.2.1. Les données moléculaires

Les données moléculaires ont révolutionné notre conception des relations phylogénétiques, bien que ce ne soit pas pour les raisons proposées initialement (Nakhleh *et al.*, 2005). Les premiers partisans de la Systématique moléculaire prétendaient que les données moléculaires avaient plus de chance que les données morphologiques de représenter la phylogénie véritable, sans doute parce qu'elles étaient le reflet des modifications survenues au niveau des gènes, considérées comme moins soumises que les caractères morphologiques à la convergence et au parallélisme. Cette sécurité initiale semble aujourd'hui inexacte et les données moléculaires sont en fait soumises à la plupart des problèmes *que rencontrent les données morphologiques* (Nei & Kumar, 2000).

La grande différence repose tout simplement sur le nombre beaucoup élevé de caractères moléculaires et sur leur interprétation généralement plus aisée. *Une adénine est une adénine, alors que l'apparition des feuilles composées*, par exemple, peut être très diverse chez des plantes différentes. C'est pourquoi les *hypothèses phylogénétiques* sont actuellement largement basées sur des données moléculaires.

Très souvent, les données moléculaires ont confirmé le *monophylétisme des groupes* reconnus sur des bases morphologiques (par exemple *les Poaceae*, les *Fabaceae, les Rosaceae*). Autre point plus important : *les données moléculaires* ont souvent permis aux systématiciens de faire un choix entre plusieurs hypothèses concurrentes concernant des relations de parenté (par exemple, pour décider quel est le groupe frère des *Asteraceae*). Dans d'autres cas, les données moléculaires ont permis de classer des taxons dont on savait les relations problématiques. Les *Hydrangeaceae,* par exemple, étaient traditionnellement placées parmi le *Saxifragaceae* ou leur voisinage, alors qu'il était évident que les deux familles ne sont pas apparentées. Seules les données moléculaires ont cependant permis d'adopter une hypothèse alternative sérieuse et de lacer les *Hydrangeaceae* dans l'ordre *Cornales.*

Les données moléculaires ont rarement proposé un mode d'évolution entièrement nouveau, en dépit de quelques spéculaires, comme le monophylétisme du clade *Glucosinolate* et l'inclusion des *Limnanthaceae* dans ce clade, le classement des *Vochysiaceae* dans les *Myrtales* , *Moraceae* chez les *Urticaceae* et des indices d'intro régression entre espèces apparemment inter stériles.

6.2.2. L'essor de la biologie moléculaire

Les phylogénéticiens nomment et décrivent les organismes en essayant de déterminer les liens qui les unissent afin de retracer leur évolution. L'essor de la biologie moléculaire leur a permis d'améliorer les phylogénies en se servant des caractères génétiques ((Nakhleh *et al.*, 2005 et Gu & Bourne, 2009). Malheureusement, jusqu'à récemment, ils ne pouvaient étudier les organismes ancestraux ou disparus que par le biais d'analyses morphologiques (Nei & Kumar, 2000).

Dorénavant, les techniques d'extraction et de clonage d'ADN ancien (ADNa = Acide désoxyribonucléique ancien) permettent de pousser encore plus loin ces études en y incluant des séquences figées telles qu'elles étaient à différentes époques du passé.

6.2.3. Le premier succès fut l'extraction

Le premier succès fut l'extraction en 1984 de l'ADNa d'un Quagga, un équidé disparu en 1883, à partir de restes taxidermisés. La première séquence humaine ne tarda pas avec l'année suivante la publication du clonage d'une séquence de momie égyptienne. Mais pour dépasser l'anecdote, il fallut attendre l'arrivée de la PCR qui permit l'envolée spectaculaire de toute la biologie moléculaire et avec elle, de la technologie de l'ADN ancien (Templeton. 1998).

Les études se sont alors multipliées à partir d'échantillons de plus en plus vieux. En 1990, la barre des 17 millions d'années était revendiquée avec la publication d'une séquence provenant de *Magnolias* prélevés sur le site de Clarkia dans l'Idaho. Puis ce furent des insectes dans l'arbre, voir même des os de dinosaures de 80 millions d'années (Nuel & Prum., 2007).

Malheureusement, l'ADN ancien possède ses pièges et la plupart de ces séquences ont plus ou moins rapidement été démontrées comme étant des contaminations. Par exemple, le fragment de 174 pb amplifié à partir d'un os de dinosaure de 80 millions d'années, n'était autre qu'une contamination humaine. Si l'étude sur les magnolias n'a jamais été reproduite, il fut par contre montré que l'ADN de haut poids moléculaire extrait lors de l'étude était en fait d'origine bactérienne.

Depuis, la plus grande prudence est alors de mise lorsque le sujet épineux des séquences anciennes est abordé. L'ennemi à abattre : la contamination. De nombreuses études ont été réalisées sur les possibilités de conservation de l'ADN au cours du temps. En règle générale, les acides nucléiques ne sont extraits qu'en infimes quantités. L'ADN nucléaire semble difficilement exploitable, tandis que les génomes mitochondriaux ou chloroplastiques, présents en plus grand nombre de copies et mieux protégés, peuvent donner des amplifications (Nei & Kumar, 2000).

La PCR (***Polymease Chain Reaction***) est malgré tout une étape limitante. L'ADNa est généralement caractérisé par la présence de nombreux inhibiteurs de PCR. Il est aussi soumis à de multiples processus de dégradation. Les réactions d'autolyse causées par les enzymes de l'organisme dans les minutes qui suivent sa mort le fragmentent en morceaux faisant rarement plus de quelques centaines de paires de bases. S'y ajoutent les phénomènes de putréfaction causés par les micro-organismes saprophytes (Templeton. 1998).

L'ADN[38] est aussi altéré 2 chimiquement. Les pyrimidines sont préférentiellement dégradées ou transformées en nouvelles bases modifiées par oxydation. Les irradiations sont néfastes sur toutes les bases. Ces réactions chimiques modifient la séquence génétique

---

[38] L'ADN est la molécule qui est utilisée dans la nature comme support matériel de l'information génétique des êtres vivants, un peu comme un livre avec son texte serait un support matériel d'information sur les objets ou idées qui y seraient décrits. C'est dans l'ADN qu'est stocké le "programme de construction" des êtres vivants. C'est le même principe dans tout le monde biologique : on trouve de l'ADN chez tous les animaux, les plantes et chez les bactéries aussi. Ce programme est différent pour chaque espèce ; l'ADN vu dans ses détails est différent, mais le langage de programmation est le même. L'ADN est une molécule ayant la forme d'une chaîne dont les maillons sont des nucléotides. Le choix de nucléotides est limité à 4, symbolisés par les lettres A, C, G et T. Cet ADN est en réalité une double chaîne de nucléotides se faisant face, les deux chaînes étant complémentaires. C'est-à-dire que, pour des raisons chimiques, le nucléotide A est toujours apparié au nucléotide T et le nucléotide C fait toujours face au nucléotide G. Les affinités chimiques, qui sont à la base de cette complémentarité, ont une grande importance dans les méthodes d'analyse d'ADN. (Nakhleh *et al.*, 2005)

originale, elles provoquent des mutations artéfactuelles. Tout cela favorise une chose : « *les conséquences néfastes des contaminations. En effet, les enzymes utilisées pour la PCR préfèreront toujours un substrat moderne, en bon état, à son homologue ancien qui est dégradé* ». Il y a plusieurs moyens de se prémunir de ces contaminations (Salemi & Vandamme, 2003).

6.2.4. Usage d'amorces spécifiques

Selon les organismes étudiés, l'usage d'amorces spécifiques permet de s'affranchir des contaminations bactériennes ou venantes de l'expérimentateur. Mais le meilleur moyen est de se référer à des conditions de manipulation très strictes. Actuellement, une séquence d'ADNa n'est considérée comme authentique que lorsqu'un certain nombre de critères sont satisfaits. Le travail doit par exemple avoir été effectué dans une salle particulière et dédiée uniquement à ce type de manipulation (Nuel & Prum., 2007).

Cette salle '***blanche***', en sur pression pour éviter l'entrée d'éléments exogènes, doit être constamment irradiée aux UV en absence d'expérimentateurs. Les témoins positifs sont prescrits et il est fait constamment recours aux témoins négatifs d'extraction et d'amplification. De plus, les mêmes résultats doivent être retrouvés indépendamment dans plusieurs laboratoires. A l'heure actuelle, aucune séquence provenant d'organismes vieux de plus de 150 000 ans n'a été démontrée comme authentique. Certaines études montrent que ce serait la limite de conservation de l'ADN dans le temps (Nuel & Prum., 2007).

C'est dans ce contexte qu'en 1995 une équipe suisse a publié des séquences de plantes de plus de 8 millions d'années prélevées sur le gisement de St-Bauzile en Ardèche. Ils seraient parvenus à amplifier 11 fois sur 69 tentatives, un fragment de 523 pb du gène chloroplastique *rcbL*. De nombreux doutes planent sur l'authenticité de leurs résultats. Tout d'abord, il n'a pas encore été démontré que l'on pouvait réellement trouver de l'ADN dans un substrat si vieux. De plus, la taille du fragment avec plus de 500 pb est excessivement longue pour du substrat ancien.

Malgré tout il semble qu'ils aient respecté les conditions de manipulation drastiques de ce genre de travail. C'est pourquoi, il a paru intéressant de reproduire leur étude afin de pouvoir confirmer leur résultat et ainsi identifier un gisement potentiel où de l'ADN ancien serait exceptionnellement parvenu à se conserver jusqu'à nos jours, protégé par la diatomite.

Le gisement de St-Bauzile date du Miocène supérieur (8 à 8,5 Ma). Les restes fossiles y sont retrouvés dans un très bon état de conservation, préservés dans des dépôts de diatomites où les échantillons parfois conservés en volume peuvent encore renfermer de la matière organique (Wagner, 2000). Les dépôts sédimentaires de diatomites, constitués des squelettes siliceux d'algues microscopiques appelées diatomées, se sont formés dans des lacs de cratères volcaniques du massif du Coiron. La silice a la capacité d'absorber l'ADN, le protégeant ainsi des agressions extérieures (Salemi & Vandamme, 2003).

De plus, elle forme un milieu stérile, antiseptique et acide comparable à celui des tourbières : les couches de diatomites ont ainsi préservé des organismes fossiles, végétaux et animaux sous forme de momies naturelles. Il fut déjà rapporté que les tissus mous (peau, poils, viscères) et même la couleur des insectes y ont été conservés (Wagner, 2000).

Le but de ce travail était d'essayer d'extraire l'ADN de ces sédiments avec le protocole utilisé par l'équipe de Manen auquel nous avons apporté nos modifications. Dans un premier temps, n'ayant jamais manipulé d'ADNa auparavant, nous avons mis au point le protocole sur des feuilles de rosier provenant d'herbiers. L'étude dans laquelle s'intègre mon travail vise à tester la faisabilité de l'extraction d'ADN à partir des échantillons prélevés sur ce site (Salemi & Vandamme, 2003).

6.3. Les données de la phylogénie

6.3.1. Les progrès des biotechnologies moléculaires

Les progrès des biotechnologies moléculaires ont conduit à une vaste accumulation de nouvelles données biologiques principalement sous forme de séquences nucléiques (gènes ou ORFs, marqueurs moléculaires, ...) et protéiques (enzymes du métabolisme énergétique, protéines de structures, etc...).

En parallèle, beaucoup de sites ont vu le jour sur la grande toile du web pour permettre le stockage et la manipulation de toutes ces informations. L'acquisition de ces données et leur traitement nécessitent des méthodes et des outils adéquats (Gu & Bourne, 2009).

La phylogénie se base sur le principe de la comparaison de caractères spécifiques pour un ensemble d'individus. Ces caractères sont en général homologues et appartiennent à des organismes contemporains. Sauf que leur comparaison, par le biais des méthodes phylogénétiques, va permettre de postuler des hypothèses quant à l'éventuelle histoire commune ou non entre ces individus du point de vue moléculaire et phénotypique (Salemi & Vandamme, 2003).

On peut diviser les données qui vont nous servir pour la construction d'arbres phylogénétiques en deux groupes distincts :
- Les données liées aux caractères phénotypiques.
- Les données moléculaires telles que les séquences d'ADN ou de protéines.

En fait ces données concernent les caractères morphologiques, physiologiques, génétiques et génomiques.
Le traitement de l'une ou de l'autre catégorie de données va aboutir à un dendrogramme donné et nécessite des approches et des traitements différents.
Les données phénotypiques : comprennent les caractères observables (aux différents états : morphologiques, biochimiques et physiologiques) et les *patterns binaires* (de type présence d'un caractère donné / absence de ce même caractère). Dans le cas des bactéries, par exemple, les caractères peuvent être :
- biochimiques et enzymatiques,
- antigéniques
- sensibilité vis-à-vis des antibiotiques
- sensibilités aux phages,
- profils électophorétiques de systèmes enzymatiques, ...

Les données moléculaires : Dans ce cas, ce sont des séquences biologiques de type acides nucléiques telles que les séquences de gènes particuliers, d'ARNm, RFLPs, Microsatellites, SNPs, IGS (ARNr et mitochondries),

ITS(ARNr et mitochondries), séquences des cytochromes C, séquences des facteurs d'élongation alpha, ou encore des séquences de protéines enzymatiques ou de structure.

Les données les plus employées pour les constructions phylogénétiques sont les marqueurs suivants :

- ADNr 16S : Bactéries
- ADNr 18S, actine, EF1, RPB1 : Eucaryotes
- ADNr 18S, RBCL : Végétaux
- Animaux :
- niveau phylum, classe, ordre : ADNr 18S, génome mt
- niveau famille : RAG2, 12S, 16S mt
- niveau genre : ITS, protéines mt
- niveau intra spécifique : D-LOOP, Introns

6.3.3. Les génomes végétaux

La cellule végétale contient trois génomes différents : ceux du chloroplaste, de la mitochondrie et du noyau (Judd *et al.*, 2002).

Tableau 11 : Comparaison de 3 génomes d'une cellule végétale

Les génomes végétaux	Taille du génome	Hérédité
Chloroplaste	135- 160	Généralement maternelle
Mitochondrie	200 – 2500	Généralement maternelle
Noyau	1,1 160 – 110 109	Biparentale

Les systématiciens se sont servis de trois. L'hérédité de deux organites est normalement uni parentale (généralement maternelle chez les Angiospermes) ; le noyau est biparental. La taille de trois génomes diffère énormément, le nucléaire étant de loin le plus grand, il se mesure en *mégabases* (Mayr, 1989).

Le génome mitochondrial contient plusieurs centaines de milliers de pair de base d'ADN (200 – 2500 kb) ; c'est beaucoup en comparaison des génomes mitochondriaux animaux (l'ordre de 15 kb).

Le génome chloroplastique est le plus petit de trois génomes végétaux : chez la plupart des plantes, il est compris entre 135 et 160 kb.

6.3.4. Implication de ces trois gènes dans la classification

5.3.4.1. Les mitochondries

Le génome mitochondrial se réorganise fréquemment de façon spontanée, de sorte qu'une même cellule peut contenir de nombreuses formes modifiées. Cela signifie que les réarrangements de ce génome sont tellement fréquents au sein des plantes individuelles qu'ils ne peuvent servir à caractériser ou différencier des espèces ou des groupes d'espèces. Ils ne sont pas particulièrement utiles pour élucider les relations phylogénétiques (Judd *et al.*, 2002).

6.3.4.2. Les chloroplastes

Le génome du chloroplaste est stable, dans les individus comme au sein des espèces. La caractéristique la plus fréquente du génome chloroplastique est la présence de deux régions qui codent les mêmes produits, mais dans des sens opposés ; ce sont les répétitions inversées (Nei & Kumar, 2000). Les réarrangements du chloroplastique sont suffisamment rares à l'échelle de l'évolution pour qu'il puisse servir à distinguer des groupes importants (Lecointre & Le Guyader, 2010). L'addition et la perte de gènes ou leurs introns sont en outre suffisamment fréquentes pour justifier leur recherche, mais suffisamment rares pour constituer un marquer stable de l'évolution ((Judd *et al.*, 2002 et Nakhleh *et al.*, 2005).

5.3.4.1. Le génome nucléaire

On considère aussi que *l'ordre des gènes du génome nucléaire est stable*, au moins au sein des espèces, et qu'il peut être stable dans des groupes d'espèces (Judd *et al.*, 2002..

6.4. Analyse des données moléculaires

6.4.1. Outils de la Phylogénie

Pour réaliser une phylogénie, un bon nombre de programmes informatiques sont disponible sur la grande toile. On peut citer par exemple le portail Mobyle de l'Institut Pasteur, le programme MEGA, Phylowin, Philip,.... (Gu & Bourne, 2009)

Les meilleurs sites que vous pouvez consulter pour réaliser vos phylogénies :
http://evolution.genetics.washington.edu/phylip/software.html
http://bioweb.pasteur.fr/seqanal/phylogeny/
http://pbil.univ-lyon1.fr/ird/IRD.html
http://bioweb2.pasteur.fr/
http://www.ncbi.nlm.nih.gov/Taxonomy/CommonTree/wwwcmt.cgi

Une liste des programmes les plus utilisés :

- PHYLIP
- PAUP*
- MEGA
- Phylo_win
- ARB
- DAMBE
- PAL
- Bionumerics
- Mesquite
- PaupUp
- BIRCH
- Bosque
- EMBOSS
- phangorn
- Bio++
- ETE
- DendroPy
- SeaView
- Crux

6.4.2. Quelles abréviations les plus utilisés en phylogénie

ADNa = Acide désoxyribonucléique ancien
BET = Bromure d'ethidium
BLAST = De 'basic local alignment search tool', algorithme de recherche de similarité de séquence
CI = Chloroforme/alcool isoamylique (24:1)
CTAB = Cetyltrimethylammonium bromide
DTAB - Dodecyltrimethylammonium bromide eau UP - eau ultra pure
ITS = De 'internal transcript spacer', séquences nucléaires transcriptes séparant les sous unités ribosomique 18S, 5,8S et 26S
LB = Milieu de culture complet de Luria-Bertani
Ma =Million d'années
pb = Paire de bases
PCI - Phénol/chloroforme/alcool isoamylique (25:24:1)
PCR = de 'polymease chain reaction', permet d'amplifier un fragment d'ADN compris entre deux amorces PVP - Poly (n-vinyl-2 pyrolidone)
rcbL = gène chloroplastique de la petite sous unité de la Rubisco
TE 1x = Tris 10mM, EDTA 1mM pH 8,5
UV = Ultra-violet

6.4.3. Classification phylogénétique

En principe, seuls les groupes monophylétiques sont reconnus dans la classification phylogénétique (Wagner, 2000).

Quelques exemples :
Phylogénie de bactéries (16S rDNA)
Phylogénie d'eucaryotes (18S rDNA, actine, EF1, RPB1)
Phylogénie de plantes (rbcL, 18S rDNA)
Phylogénie d'animaux
Niveau phylum, classe, ordre
(18S rDNA, génome mt)
Niveau famille
(RAG2, 12S, 16S mt)
Niveau genre (ITS, protéines mt)
Niveau intra-spécifique
(D-Loop, introns)

Si possible, faites votre choix en fonction des séquences présentes dans les bases de données. *http://www.ncbi.nlm.nih.gov:80/entrez/*

6.4.4. Critères du choix du marqueur

Critères du choix d'un marqueur sont (Gu & Bourne, 2009):
- universalité
- structure conservée
- absence de transfert génétique
- taux d'évolution approprié
- absence de biais sélectif

6.5. Analyse phylogénétique au laboratoire

Le profil génétique est le résultat d'une série d'étapes consécutives (Taylor & Swann, 1993 et Swofford 2002) :
- extraction de l'ADN contenu dans l'échantillon
- amplification de l'ADN par PCR
- séparation et la détection de l'ADN amplifié par électrophorèse (Réaction de séquençage ou séparer et détecter des fragments d'ADN)
- nomenclature des locus
- nomenclature des allèles

Dans cet ouvrage, nous allons plus développer de deux premières étapes.

6.5.1. Extraction de l'ADN

Cette étape consiste à libérer l'ADN contenu dans la feuille collectée lors du prélèvement (Wagner, 2000). Il existe plusieurs méthodes, elles varient en fonction du matériel (Swofford, 2002): bactéries (guanidine), protistes (guanidine, CTAB) et plantes (CTAB kits)

6.5.1.1. Les grandes étapes d'extraction d'ADN de plante d'herbier

Le protocole s'inspire d'une méthode couramment employée chez les plantes (Doyle & Doyle, 1985) et d'une autre plus spécifique aux plantes d'herbier (Steven & Janssen, 2009) utilisant le détergent CTAB qui

permet de dissoudre efficacement les sucres. Il permettra aussi de faire précipiter l'ADN (en présence des bonnes concentrations de sels).
- coupez une pièce de feuille (1-2 cm^2) dans un tube eppendorf (2x pour chaque espèce de plante).
- broyez les feuilles fortement pendant 15 secondes.
- ajoutez 500 µL de tampons d'extraction
- vortex 5 secondes.
- centrifugez l'extrait pendant 5 minute à 13'000 rpm (4°C)
- prélevez 350 µl du surnageant dans un nouveau tube eppendorf
- ajoutez 350 µl d'isopropanol
- inversez le tube une dizaine de fois et laissez précipiter l'ADN pendant 2 min
- centrifugez pendant 15 min à 13'000 rpm (4°C)
- jetez le surnageant, ajoutez 400 µl d'ethanol 80%.
- centrifugez pendant 5 min à 13'000 rpm
- enlevez le surnageant et laissez sécher le culot (10min environ)
- ajoutez 50 µl d' H2O distillé
- vortex

Exemple 1 d'extraction d'ADN : 20 mg de feuilles sont réduits en poudre dans l'azote liquide. Puis sont ajoutés 700 µl de tampon d'extraction (CTAB 2%, NaCl 1M, Tris 70mM, EDTA 30mM pH8) à 65°C. Après une incubation de 30 minutes à 65°C, l'ADN subit un premier rinçage au PCI puis est ajouté 1/10 de volume de CTAB 10%, NaCl 0,5M. S'en suit un 2ème rinçage au PCI et une précipitation à l'isopropanol. Après rinçage à l'éthanol 70%, l'ADN est repris dans 200 µl de TE 1x, NaCl 1M puis re-précipité et lavé respectivement à l'éthanol 100% et 70%. Enfin, l'ADN est repris dans 200µl d'eau UP et stocké à 4°C.

Exemple 2 d'extraction d'ADN : L'ADN est extrait des échantillons de feuilles séchées au silicagel. Pour chaque échantillon on pèse 30 microgrammes des feuilles. Le broyage a été réalisé à -80°C (Azote liquide) à l'aide d'un appareil broyeur à bille dans un tube soumis à une vibration de 25Hz pendant 1 min 40 secondes. L'ADN a été isolé suivant le protocole 2 x CTAB en additionnant 0,2% (V:V) de mercaptoethanol, ce qui consiste à placer le culot contenant l'ADN dans H2O chaude (casser la cellule qui se trouve dans la feuille), mixer puis agiter pour homogénéiser la solution et chauffer le culot. L'ADN est isolé et placé dans le dessiccateur pendant 24 heures pour créer un vide sous pression de H2O entre le culot et le tube qui le contient. Les tubes ont été déposés dans le bain-marie à 60 °C pendant 30 minutes, incubés de temps en temps en additionnant un volume de 600 microlitres de Chloroforme : Isoamyl d'alcool (24 :1), et centrifugé pendant 5 minutes à une rotation de 1200 tours/minute, à température ambiante.

6.5.2. Amplification de l'ADN par PCR

L'amplification est une réaction de polymérisation en chaîne (PCR) : une enzyme, la Taq polymérase, va copier un fragment cible de l'ADN un certain nombre de fois. Cette réaction est spécifique grâce à des courts brins d'ADN synthétiques, appelés amorces (ou primers), (Gu & Bourne, 2009). Ce qui se passe durant cette étape est très semblable à ce que réalise une cellule en division (Steven & Janssen, 2009): l'information génétique est minutieusement copiée à chaque division, ce qui fait que toutes les cellules d'un individu sont génétiquement identiques (Salemi & Vandamme, 2003).

La PCR (Polymerase Chain Reaction) permet de multiplier le nombre de fragments d'ADN à l'aide de l'enzyme TAQ Polymerase. Elle est composée d'une succession de cycles qui se déroulent chacun en trois étapes et à des températures différentes :

1. une dénaturation : Les liaisons hydrogènes qui relient les 2 brins d'ADN sont rompues sous l'effet de la chaleur (30'' à 94°C), (Steven & Janssen, 2009).

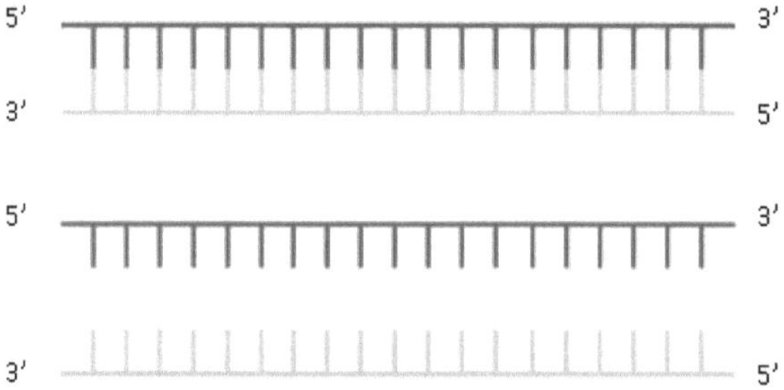

Figure 9 : Exemple d'amplification par PCR – dénaturation

2. L'hybridation : Une température de 45-55°C permet l'hybridation complémentaire des amorces sur le brin d'ADN matrice. Ces amorces délimitent le début et la fin de la zone à amplifier c'est-à-dire un attachement des amorces (30'' à 45-55°C), (Steven & Janssen, 2009)

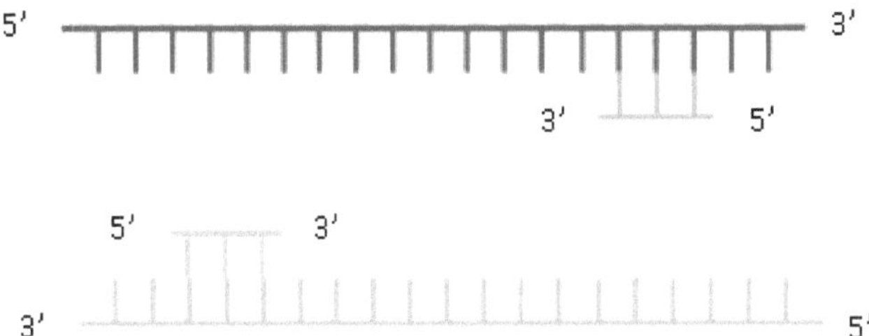

Figure 10 : Amplification par PCR – hybridation

***3. une élongation* (2' à 72°C)** : A une température de 70-72°C, la Taq polymérase va lire le brin matrice et former le brin complémentaire en accrochant les nucléotides les uns aux autres en partant de l'amorce.
- Les trois étapes sont répétées 35-40 fois et suivies par une élongation finale (5' à 72°C), (Steven & Janssen, 2009)

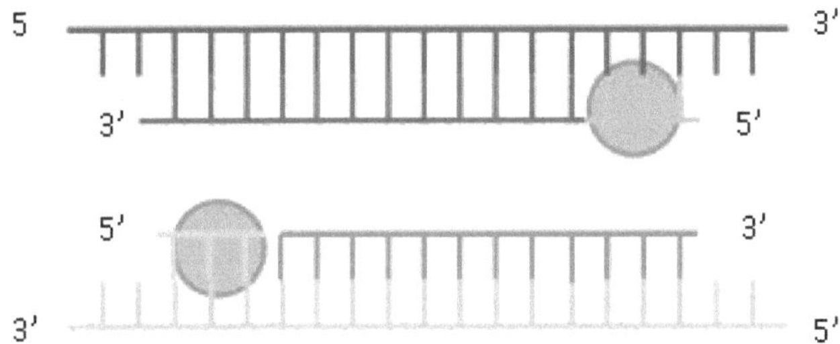

Figure 11 : Amplification par PCR - élongation

Exemple d'amplification par PCR

Avant l'amplification, on réalise trois dilutions (1/20, 1/200, 1/2000) de l'ADN. On a dilué 90 microlitres d'H2O distillée dans d'autres tubes numérotés et on avait additionné 10 microlitres d'ADN après mixage. Six fragments d'ADN ont été amplifiés à l'aide d'amorces universelles dans un Thermocycleur. Une paire d'amorces a été utilisée pour la réaction d'amplification. La réaction de PCR se déroule en trois étapes :

(i) 940°C pendant 3 min,

(ii) 39 cycles de dénaturalisation à 94°C pendant 30°C, suivi de l'hybridation des amorces sur les matrices d'ADN à 50°C pendant 30°C et se termine par la phase d'élongation des brins d'ADN amorcée à 72°C pendant 1 minute 20 secondes et
(iii) la phase finale d'élongation des fragments amorcés à 72°C pendant 10 minutes.

6.7.3. La séparation et la détection de l'ADN

La séparation et la détection de l'ADN amplifié se fait par électrophorèse capillaire. Cette étape requiert l'utilisation d'un appareil d'électrophorèse capillaire. Un tel appareil est conçu pour séparer et détecter des fragments d'ADN. Un mélange composé de formamide et d'un standard interne de taille est ajouté au produit de la PCR. Le premier sert à dénaturer les amplicons afin de standardiser les résultats tandis que le second permet de calculer le nombre de paires de bases des fragments d'ADN détectés (Steven & Janssen, 2009).

Les fragments d'ADN vont par la suite migrer dans des capillaires remplis de polymère sous l'action d'un courant électrique, de la cathode vers l'anode. Cette solution de polymère se présente comme un tamis moléculaire : les fragments de petite taille sont moins retenus par le polymère et migrent plus vite que les fragments de taille supérieure.

La présence d'une molécule fluorescente sur une des deux amorces utilisées pour amplifier chaque STR permet la détection des amplicons. Les capillaires passent devant une fenêtre de détection pourvue d'un laser et d'une caméra CCD (charge-coupled device).

Lorsqu'un fragment d'ADN marqué passe devant la fenêtre de détection, le laser va exciter les électrons du fluorophore. En revenant à leur niveau énergétique initial, les électrons vont émettre un photon. La longueur d'onde émise par le photon, caractéristique du fluorophore utilisé, est détectée par la caméra CCD.

Les données enregistrées par la caméra sont ensuite analysées par un logiciel qui permet de déterminer la taille des fragments détectés par comparaison avec celle des fragments du standard interne de taille. Une fois que le nombre de paires de bases de chaque fragment est défini, le logiciel les nomme en se basant sur l'échelle allélique (Swofford, 2002).

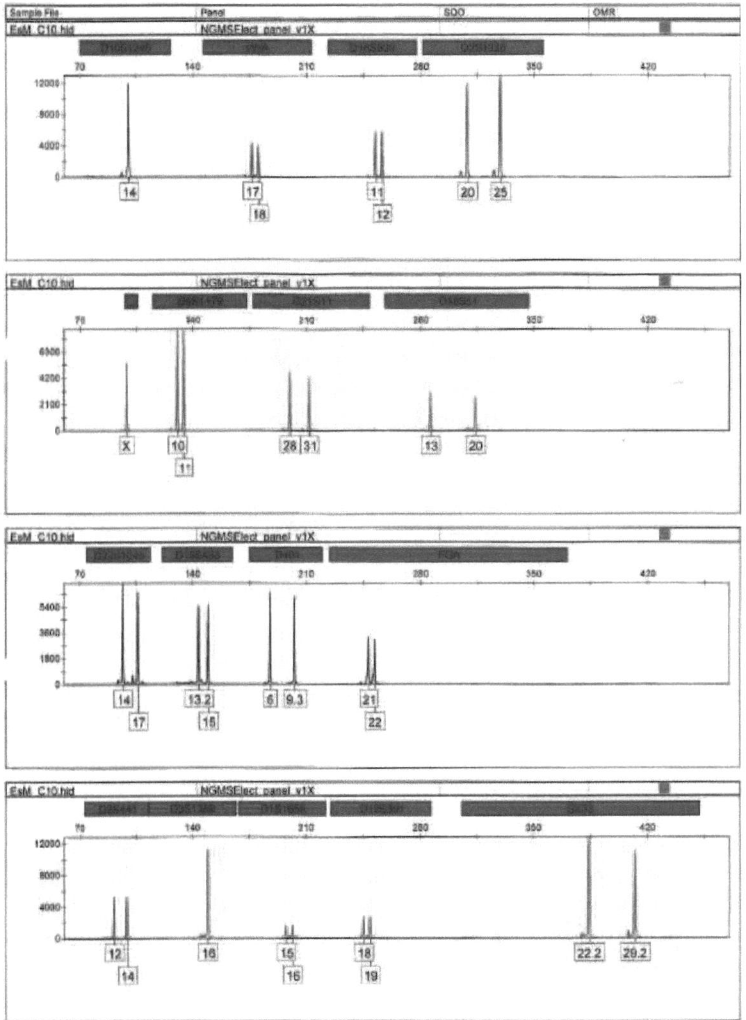

Figure 12: Profil génétique NGM SElect

NB : Les seize marqueurs qui le composent contiennent chacun un ou deux allèles selon que l'individu soit homozygote ou hétérozygote.

Exemple de réaction de séquençage : Les conditions de réaction utilisées sont les suivantes : 94°C pendant 4 minutes puis 40 cycles de 45secondes de dénaturation, 1 minute pour l'hybridation des amorces à la température optimale du couple et 1 minute d'élongation à 72°C. Enfin, les élongations sont terminées en maintenant 72°C pendant 10 minutes. Les PCR montrant des amplifications sont alors purifiées à l'aide du kit Qiagen 'QIAquick PCR Purification Kit' en suivant le protocole du fabricant.
Résultats obtenus avec Ampli1™ QC kit

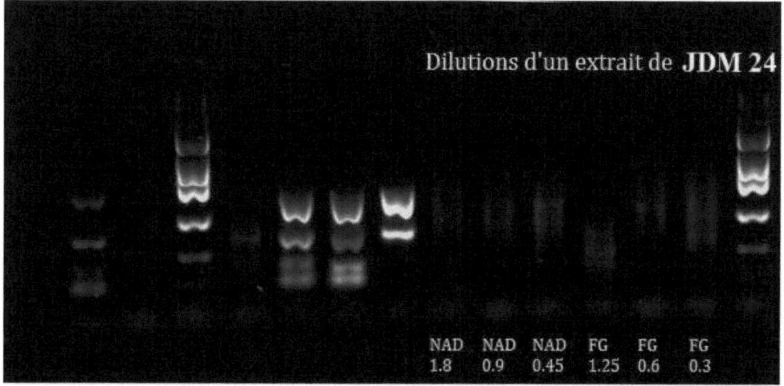

Figure 13 : Résultats Ampli1™ QC kit pour les dilutions effectuées à partir d'un extrait JDM24

6.6. La structure d'un arbre phylogénétique

Définition : Un arbre est un graphe non cyclique constitué de plusieurs nœuds qui sont les unités taxonomiques évolutives (OTUs : *Operational Taxonomic Unit*) c'est-à-dire les individus à partir desquels nous avons récolté les données sous forme phénotypiques tels que les caractères biochimiques bactériens ou génotypiques comme les séquences d'un gène particulier. Ces nœuds sont reliés entre eux par des branches dont la signification est relative aux types de données utilisées pour tracer la phylogénie (Swofford, 2002).

Dans le cas de données moléculaires par exemple (séquences), la longueur est proportionnelle aux distances qui séparent ces individus. Les nœuds internes sont des unités inexistantes en fait, mais des ancêtres hypothétiques qui permettent l'interprétation de l'arbre (Salemi & Vandamme, 2003).

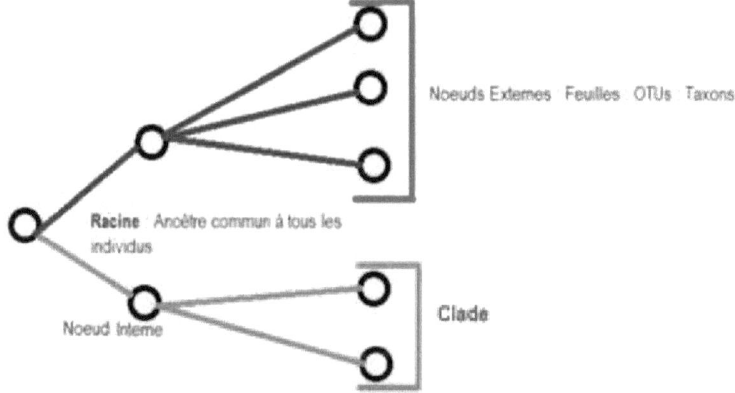

Figure 14 : Exemple d'un arbre avec racine, nœuds et unité taxonomique opérationnel

Dans cet arbre, il y a :
- une racine : supposée l'ancêtre de tous les individus ou OTUs
- deux noeuds internes qui représentent les ancêtres théoriques des OTUs
- cinq OTUs qui sont les individus réels sur lesquels ont été collectées les données.

Les méthodes de construction d'arbres donnent des arbres sans racine. Mais il est toujours utile d'enraciner l'arbre.

6.6.1. La racine d'un arbre phylogénétique

La racine d'un arbre phylogénétique indique la position de l'ancêtre commun de tous les taxa présents dans l'arbre. Les méthodes d'analyse phylogénétique reconstruisent toujours des arbres non-enracinés. La position de la racine est arbitrairement déterminée sur la base de données fossile ou autre (Wagner, 2000).

Remarque

Il faut savoir que la racine fait partie des OTUs avec lesquelles nous construisons l'arbre. Ce n'est pas un ancêtre de quelques centaines de millions d'années. Sauf que cet individu est un peu "***spécial***" par rapport au reste des OTUs. En effet, l'individu qui représentera la racine de l'arbre est choisi de sorte qu'il soit *intermédiaire* : ni très différents ni très identique à l'ensemble des OTUs.

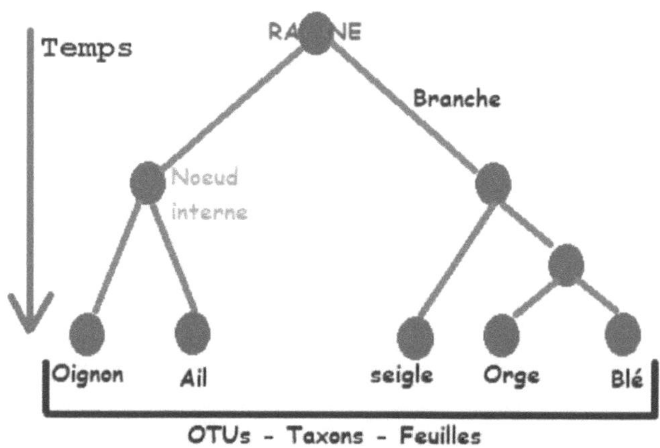

Figure 15 : Exemple d'une racine faisant partie des OTUs

Ainsi, toutes les OTUs seront comparées entre elles et avec la racine pour tracer l'arbre phylogénétique. Pour ces raisons, la racine est appelée le groupe externe ou out group. Dans un arbre non raciné, seule la comparaison entre les OTUs a lieu. En fait, il n'y a pas de dimension temporelle dans un arbre non raciné. La racine apporte à l'arbre une dimension temps au cours de laquelle les différents états des caractères auront apparus (Swofford, D.L., 2002).

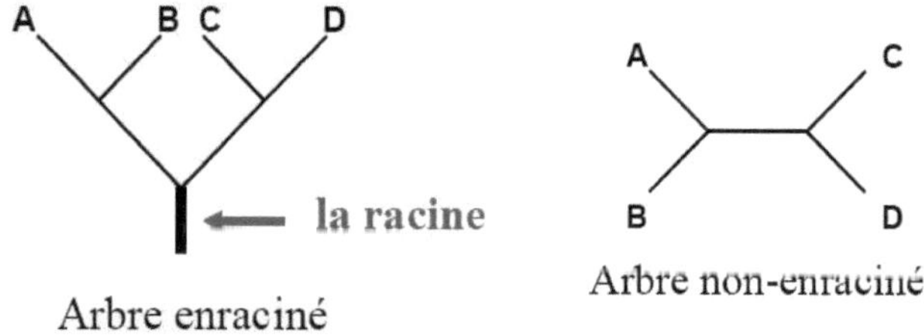

Figure 16 : Exemple d'un arbre enraciné et non-enracine

NB : Le nombre d'arbres augmente exponentiellement en fonction du nombre de taxa La position de l'ancêtre donne une direction à l'arbre et permet de définir Les groupes monophylétiques, polyphylétiques et paraphylétiques.

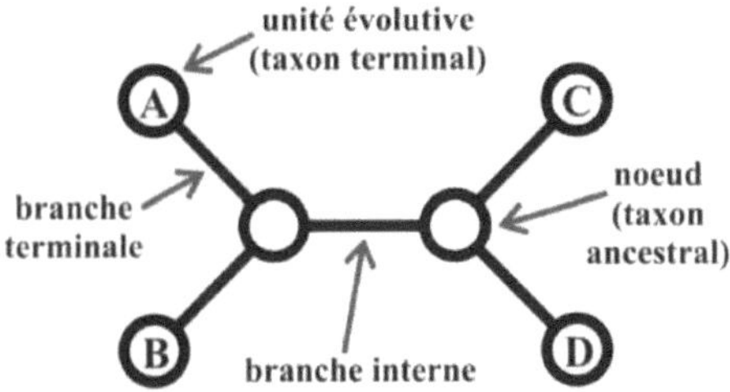

Figure 17 : Augmente exponentiellement d'un arbre phylogénétique

Lorsque chaque nœud d'un arbre est le point de jonction de trois branches, on dit que l'arbre est totalement résolu, c'est-à-dire que les relations évolutives entre tous les taxa sont connues. Un arbre dans lequel plus de trois branches partent d'un ou plusieurs noeud(s) est irrésolu, ce qui indique que certaines de relations entre les taxa restent inconnues (Salemi & Vandamme, 2003).

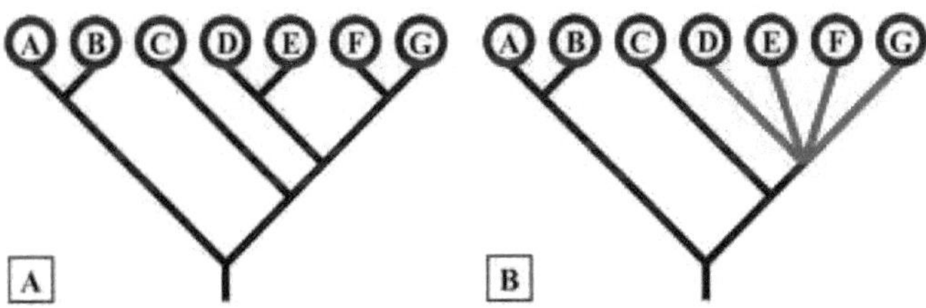

Un arbre totalement résolu Un arbre partiellement irrésolu

Figure 18: Arbres phylogénétiques totalement résolu et partiellement irrésolu

La classification phylogénétique permet donc par une approche sans a priori de mettre en évidence les liens de parenté entre les êtres vivants et donc de donner une base évolutive à la classification du vivant.

Exemple : les liens de parenté

Séquence d'ARN de l'espèce A	AGCTGTGCAATG
Séquence d'ARN de l'espèce B	AGCTGTGAAATG
Séquence d'ARN de l'espèce C	AGCTGTGAAATG

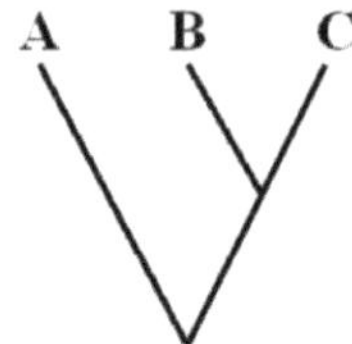

• Les séquences d'ARN des espèces B et C sont identiques contrairement à la séquence du même ARN chez l'espèce A.
• L'espèce B est donc plus proche de l'espèce C comparativement à l'espèce A

6.6.2. Nombre d'arbres

Le nombre théorique d'arbres phylogénétiques dépend du nombre d'OTUs qui entrent dans la construction phylogénétique.

$$N_{\text{arbres non-enracinés}} = \prod_{i=3}^{S} (2i - 5) \qquad N_{\text{arbres enracinés}} = \prod_{i=2}^{S} (2i - 3)$$

S : étant le nombre d'individus ou de taxons

Exemple pour S = 4 taxons

- N non raciné = (2x3 – 5) x (2x4 – 5) = (6-5) x (8-5) = 1x3 = 3 arbres possibles
- N raciné = (2x2 -3) x (2x3 – 3) x (2x4 – 3) = 1 x 3 x 5 = 15 arbres possibles

Exemple pour S = 5 taxons

- N non raciné = (2 x 3 – 5) x (2 x 4 – 5) x (2 x 5 – 5) = 1 x 3x 5 = 15 arbres possibles
- N raciné = (2 x 2 - 3) x (2 x 3 – 3) x (2 x 4 – 3) x (2 x 5 – 3) = 1 x 3 x 5 x 7 = 105 arbres possibles

6.6.3. Notions de distances

La distance évolutive (notée d) entre deux séquences est une fonction du temps et de la vitesse d'évolution λ de deux séquences (Nei & Kumar, 2000). L'unité de la distance évolutive est le nombre total de substitutions par site et rapportée à la longueur des deux séquences alignées. La distance évolutive mesure la dissimilarité (le non identité) entre les séquences. Elle prend toujours des valeurs supérieures ou égales à zéro : $d \in [0, \infty[$

Dans le cas des séquences nucléiques, l'information sur l'histoire des mutations de type substitutions, insertions ou délétions, n'est pas vraiment claire du fait que pour un site donné nous n'observons qu'une seule mutation alors que par rapport au temps d'évolution et sur ce même site, beaucoup de mutations auraient pu avoir lieu comme le montrent les schémas suivants :

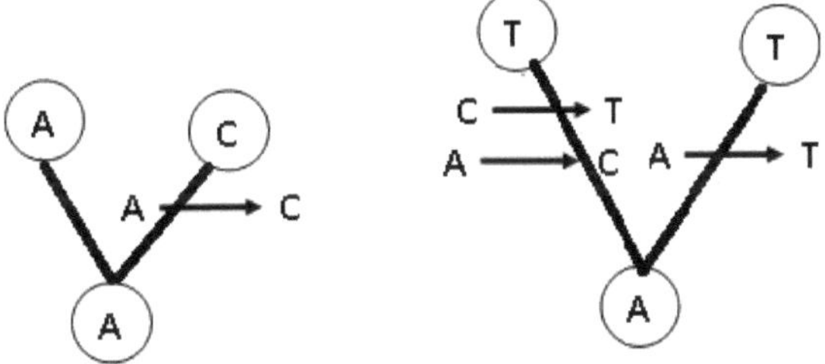

Figure 19 : Séquences nucléiques avec une aux plusieurs mutation.

Dans le premier cas, les individus diffèrent avec moins de changements évolutifs comparés au deuxième cas dans lequel nous observons trois changements mais aucune différence chez les taxons ! Les deux individus possèdent un T dans le même site, mais leur histoire évolutive n'est pas la même. Il faut donc manipuler avec soin les données que nous manipulons pour tirer des interprétations adéquates (Swofford *et al.*, 1997 et Swofford ,2002).

La comparaison entre le nombre de substitutions réelles et celles observées est résumée sur cet exemple.

Tableau 12 : La comparaison entre le nombre de substitutions réelles et celles observées

	Séq 1	Séq 2	Substitutions observées	Substitutions réelles
Substitution unique	T	T → A	1	1
Substitutions multiples	A	A → G → T	1	2
Substitution par allèle	A → C	A → G	1	2
Substitution coïncidant au même site	T → A	A → T	0	2
Substitution convergentes	A → C → T	A → T	0	3
Substitutions inverses	T → A → T	T	0	2

Il existe plusieurs types de distances. Elles peuvent signifier un état de réarrangements génomiques tels que les substitutions ou les inversions. Les distances entre les séquences sont estimées de plusieurs façons :
- matrice de substitution Pam 250
- matrice de substitution Blosum 62
- distance de Hamming

La distance consiste à compter le nombre de nucléotides différents entre deux séquences, mais cela ne renseigne pas sur la vraie estimation des mutations en un site donné au cours du temps comme cela est indiqué dans l'exemple précédant. Il faut donc apporter des "modifications" aux valeurs de ces mesures : on parle alors de distance corrigée.

Les méthodes de corrections basées sur l'hypothèse de régularité du processus évolutif5 sont nombreuses mais présentent quelques traits de différences :
-variation de la fréquence des nucléotides,
- type de substitution,
- probabilité de substitution, …

La matrice des taux de substitution entre les quatre nucléotides est déduite de l'hypothèse que les sites de l'alignement sont équivalents et les mutations sont équiprobables

6.6.4. L'alignement et construction d'arbre phylogénétique

6.6.4.1. L'alignement

L'alignement multiple des séquences permet d'obtenir une matrice de distances qui va servir à la construction de l'arbre phylogénétique : Nous allons choisir un segment, juste à titre d'exemple qui va servir pour le calcul de la matrice des distances :

Exemple 1 :

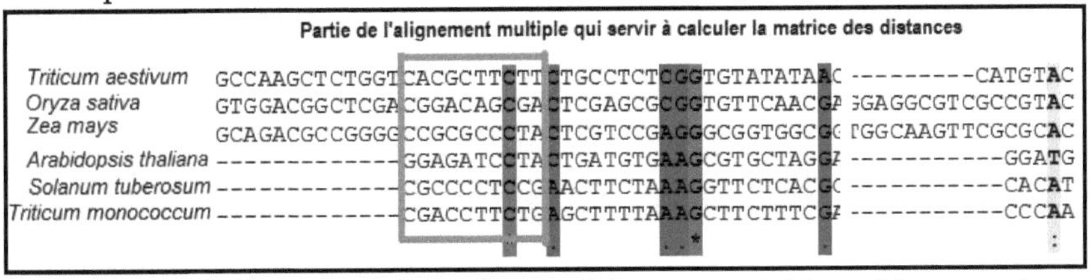

Partie de l'alignement multiple qui servir à calculer la matrice des distances

```
Triticum aestivum      GCCAAGCTCTGGTCACGCTTCTTCTGCCTCTCGGTGTATATAAC ---------CATGTAC
Oryza sativa           GTGGACGGCTCGACGGACAGCGACTCGAGCGCGGTGTTCAACGA GGAGGCGTCGCCGTAC
Zea mays               GCAGACGCCGGGGCCGCGCCCTACTCGTCCGAGGGCGGTGGCGC TGGCAAGTTCGCGCAC
Arabidopsis thaliana   -------------GGAGATCCTACTGATGTGAAGCGTGCTAGGA -----------GGATG
Solanum tuberosum      -------------CGCCCCTCCGAACTTCTAAAGGTTCTCACGC -----------CACAT
Triticum monococcum    -------------CGACCTTCTGAGCTTTTAAAGCTTCTTTCGA -----------CCCAA
```

Le segment d'alignement choisi (rectangle) comprend 10 positions et six espèces. Nous pouvons le reprendre comme suit :

Tableau 13 : Le segment d'alignement

	1	2	3	4	5	6	7	8	9	10
T.aestivum	C	A	C	G	C	T	T	C	T	T
O. sativa	C	G	G	A	C	A	G	C	G	A
Z. mays	C	C	G	C	G	C	C	C	T	A
A. thaliana	G	G	A	G	A	T	C	C	T	A
S. tuberosum	C	G	C	C	C	C	T	C	C	G
T. monococcum	C	G	A	C	C	T	T	C	T	G

6.6.4.2. Les méthodes de construction d'arbres phylogénétiques

La construction d'arbres se base sur deux méthodes différentes. Ces différences sont, en fait, dues à la nature des données dont on dispose et à la manière de les utiliser. Ainsi on peut distinguer les méthodes (Felsens tein *et al.*, 1998):

- phénétiques
- cladistiques
- maximum de parcimonie

***a. Les méthodes phénétiques* :** qui se basent sur les ressemblances globales en comparant un maximum de caractères qui peuvent être de natures morphologiques codés en 1 et 0, des fréquences alléliques, des séquences de protéines ou de gènes, …

Le degré de parenté entre les taxons est apprécié par l'importance de la ressemblance globale entre ces individus pris deux à deux. A partir de cette similitude globale est apparu le concept fort important qui est la notion de distance. Si les données sont des séquences alignées, on s'intéresse au nombre de mutations (substitutions) comme on peut s'intéresser à la dissimilarité pour le cas des caractères phénotypiques binaires par exemple.

Les concepts fondamentaux des méthodes phénétiques ont été établis par Sneath et Sokal dans Numerical taxonomy éditée en 1973 :
- les relations entre les taxons sont phénétiques et non phylogénétiques,
- la qualité de la classification des taxons est fonction du nombre de caractères étudiés
- les caractères étudiés ont tous la même pondération
- la construction de l'arbre se fait par un phénogramme
- les inférences phylogénétiques se font sur la base d'un ensemble d'hypothèses sur les mécanismes évolutifs.

***b. Les méthodes cladistiques* (William Hennig dans les années 1960)** : se basent sur l'analyse des caractères en identifiant leurs états plésiomorphe et apomorphe ; c'est-à-dire les caractères primitifs de ceux dérivés. Le principe de cette méthode vise à mesurer le degré de parenté entre deux individus sur la présence de caractères apomorphes qui soient communs à ces individus. Ces caractères communs issus d'un ancêtre commun sont donc homologues.

Dans la méthode cladistique, les caractères homologues sont déterminés en fonction de plusieurs critères (Templeton *et al.*, 1995):
- la similarité entre les paires de taxons
- les caractères homologues ne peuvent coexister chez le même taxon
- l'homologie des caractères aboutit à des arbres superposables ou congruents.

En termes de séquences moléculaires (ADN ou protéines), l'homologie prend un autre sens. *Faut-il parler de similitude ou d'homologie en cas de ressemblance entre les séquences ?*
La réponse est donnée par l'analyse bio-informatique des séquences en passant par un alignement multiple, un Blast, recherche de motifs et de domaines communs, …

L'homologie est plutôt une propriété non mesurable contrairement à la similarité. Elle a une connotation génétique. Si le taux de similarité est important (significatif), les séquences peuvent alors être considérées comme homologues, donc supposées descendre d'un même ancêtre. Cependant, si ce même taux est faible, cela n'implique en rien une non-homologie ; car des séquences homologues peuvent bien être non similaires (Templeton *et al.*, 1995).

Le minimum à retenir pour une homologie serait de 20 – 25%8 de similarité calculée après alignement. La difficulté majeure avec les données moléculaires réside dans l'obtention d'alignements équivalents conduisant à des arbres différents. Pour cela, il faut savoir interpréter ces alignements en se basant sur les notions de délétion/Insertion et mutations (Salemi & Vandamme, 2003).

c. Les méthodes du maximum de parcimonie : Le principe fondamental des méthodes de parcimonie consiste à diminuer au maximum le nombre d'évènements génétiques (mutations, substitutions) pour comparer deux séquences ou deux individus. L'arbre qui en découle compte le moins de pas évolutifs, c'est-à-dire le moins de mutations possibles ; c'est l'arbre optimal (Felsenstein, 2003).

Exemple : Analyse phylogénétique et interprétation et relation entre les espèces au sein de l'arbre phylogénétique (Mangambu *et al.*, 2016)

L'analyse phylogénique ne montrant aucune disparité entre les gènes séparés et le test d'homogénéité de la partition (P > 0,05) ne montrant pas de conflit entre les différents ensembles de données des chloroplastes. Nous avons combiné tous les ensembles des données pour une analyse phylogénétique plus approfondie.

L'ensemble des données combinées est composé de 84 espèces et 3143 caractères analysés (rps4-trnS : 1056 pb ; trnL-F : 1 057 pb ; trnG : 1 030 pb). ML analyse (Maximum Likelihood Méthode : analyse de ressemblances) a fourni un support phylogénétique faible en comparaison avec les analyses Bayésiennes lesquelles ont généré des supports modérés à élevés des Asplenium (Figure 2.1). Aucun conflit n'a cependant été trouvé entre les deux méthodes de reconstruction de l'arbre phylogénétique (Figure ci-dessous).

Les deux analyses (ML et BI) indiquent que le clade contenant *A. polyodon* et *A. affine* (ML : 100, BI : 0,99) est sœur au clade contenant *A. friesiorum, A. protensum, A. aethiopicum et A. praemorsum* (ML : 100, BI : 0,99). En outre, A. friesiorum est la sœur d'un clade qui comprend *A. aethiopicum, A. protensum* et *A. praemorsum* (ML : 100, BI : 0,99). Cette dernière est la sœur du reste de ce groupe. Dans le clade contenant *A. aethiopicum* et *A. praemorsum* (ML : 100, BI : 0,96), quatre autres non inclus peuvent être délimités (figure 2.1) : (i) A. praemorsum (spécimen unique), (ii) *A. aethiopicum subsp. aethiopicum* (ML : 86, BI : 0,99), (iii) un seul échantillon de *A. aethiopicum* en provenance du Kenya (Gen Bank) et (iv) *A. aethiopicum subsp. tripinnatum* (ML : 97, BI : 0,97). En plus, la lignée contenant des spécimens de A. friesiorum (ML : 98, BI : 0,99) se compose également de deux clades clairement délimités : (i) *A. friesiorum* (ML : 78, BI : 0,99) et (ii) *A. friesiorum kivuensis* (ML : 60, BI : 0,99).

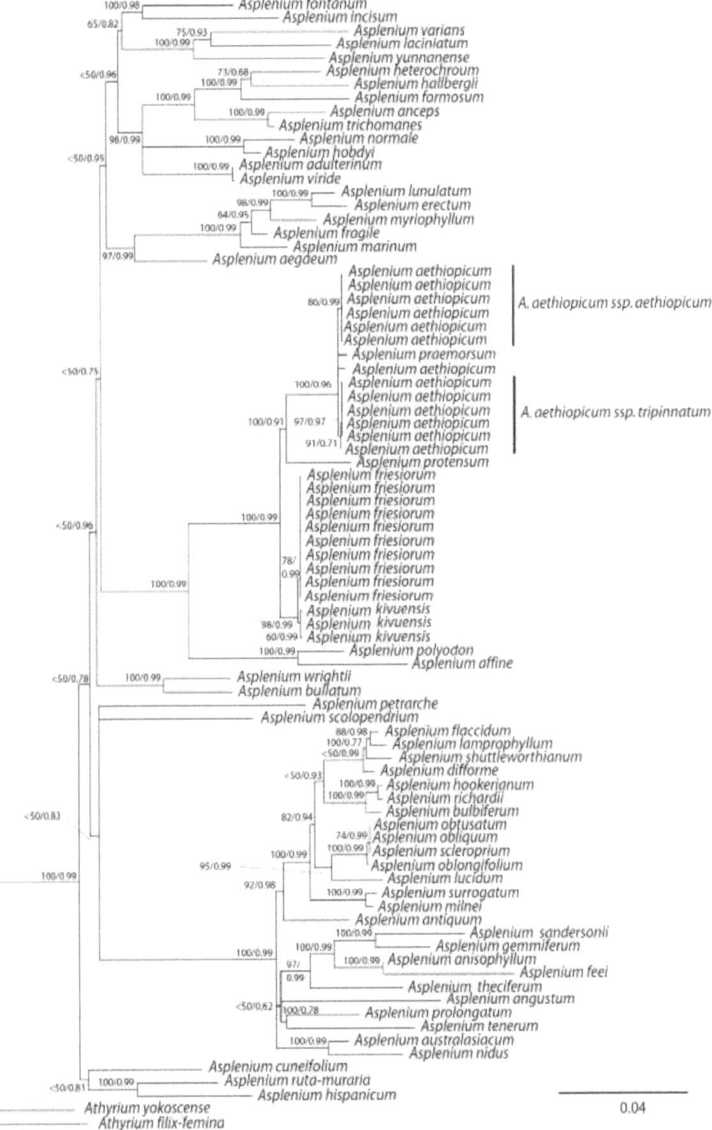

Figure 20 : Arbre phylogénique provenant du consensus de deux méthodes (analyse de ressemblance et analyse Bayésienne).

Troisième partie : Taxonomie en herbier

Le code international de nomenclature impose lors de la description d'une nouvelle espèce botanique de lui adjoindre un spécimen « ***type*** », c'est-à-dire une part d'herbier qui sera la référence pour cette nouvelle espèce. Donc, les herbiers[39] constituent une ressource scientifique indispensable à la connaissance, au suivi et à la préservation de la biodiversité végétale. C'est le Socle de la systématique, car ils constituent une collection de référence de spécimens originaux à la base de l'identification des espèces et permettent de faire évoluer les connaissances sur la taxonomie et la phylogénie des plantes (De Vogel, 1987).

Dans ce titre, les informations attachées à chacun des spécimens, sous forme d'étiquettes référençant chaque part d'herbier, sont une source de données sur la distribution et l'écologie des espèces. Notons que l'herbier auparavant appelé « *herbarium, mon d'origine latin* » joue un rôle conservatoire des échantillons de plantes et surtout un lieu important pour l'éducation environnementale des enfants et des adultes (Williams & Cato, 1995).

Dans cette troisième partie nous allons premièrement faire un Rappel sur la constitution, étiquetage et collections de l'herbier, en second lieu nous allons examiner l'importance, l'utilisation et la gestion de l'herbier car la création d'un équilibre entre l'utilisation, la gestion et la conservation des collections est un défi important Les herbiers constituent une source précieuse d'information sur les plantes. Au départ, les spécimens étaient récoltés pour constituer des collections taxonomiques et systématiques, pour l'étude des différentes espèces. Mais actuellement, les herbiers sont

---

[39] Les herbiers ont une ou fonctions multiples pour conservatoire du matériel séché (sec) de la plante, qui sont une référence archive pour la flore d'une région source d'une information botanique et diversité et aussi une référence pour les noms des plantes dans un endroit pour un service en communauté : identification des plantes, information, éducation, service de collection ; pour la biodiversité ou autres projets spécialisé (Janini *et al.,* 2004). (La création d'un équilibre entre l'utilisation, la gestion et la conservation des collections est un défi important", Williams et Cato, 1995)

utilisés dans beaucoup d'autres domaines scientifiques. Un herbier est composé en grande partie de collections d'échantillons de plantes[40]. Pour une bonne conservation et gestion des spécimens d'herbier, il y a des normes à suivre. Ce point fera l'objet de dernier chapitre.

La gestion de l'herbier comprend la préparation des spécimens, leur conservation, leur manipulation ainsi que le stockage. Les méthodes pour entreposer les spécimens sur des conventions mais ont été adaptées par les différents herbiers à travers le monde. De nombreuses méthodes sont ainsi mises en pratique. Celles abordées dans ce chapitre mettent en évidence ce que nous considérons comme étant les systèmes les plus pratiques et les plus efficaces en matière de gestion de collections pour inviter les dégâts causés par les insectes sur les spécimens comptent parmi les plus sérieux problèmes auxquels le personnel de l'herbier est confronté, particulièrement dans les régions tropicales.

En principe, il faut créer dans l'herbier un environnement qui soit désagréable pour les nuisibles. Les insectes et les moisissures préfèrent les bâtiments mal entretenus, et une atmosphère chaude et humide. Un bâtiment d'herbier net et bien entretenu est très important : il faut nettoyer très régulièrement et enlever la poussière. Il est aussi important de créer autour du bâtiment une zone qui soit également propre. On doit prendre toutes les mesures nécessaires afin d'éviter les sources d'humidité. Une bonne circulation de l'air dans le bâtiment et dans les armoires est essentielle afin d'éviter que l'humidité ne s'y installe. Il est nécessaire de faciliter la circulation naturelle de l'air.

[40] En botanique et en mycologie, un herbier est une collection de plantes1 séchées et pressées entre des feuilles de papier qui sert de support physique à différentes études sur les plantes, et principalement à la taxinomie et à la systématique. Le terme herbier (herbarium) désigne aussi l'établissement ou l'institution qui assure la conservation d'une telle collection. Constitués au fil du temps, les nombreux herbiers, publics et privés, existant dans le monde constituent un matériel indispensable à la typification et aux études botaniques.

Chapitre VII :
Rappel sur la constitution, étiquetage et collections de l'herbier

7.1. Introduction

Donner un nom à une plante, c'est-à-dire l'identifier scientifiquement sans ambiguïté et pouvoir ainsi la reconnaître par la suite est une des tâches principales du botaniste, forestier ou de toute personne ayant à connaître le monde végétal. Or, près de 20.000.000 espèces de plantes ont déjà été recensées dans le monde entier. Nul ne peut connaître toutes ces plantes. De plus, les explorations continuent, surtout dans les zones tropicales, et apportent chaque année une moisson d'espèces nouvelles ; plantes inédites pour cette région ou plantes encore inconnues pour la science.

Des Flores[41] sont périodiquement écrites ou mises à jour, elles rassemblent la totalité des connaissances botaniques sur une région ou un pays à un moment donné. Les clés de détermination associées à des descriptions et des dessins permettent alors d'identifier les plantes. Mais les Flores n'arrivent pas à suivre assez rapidement l'accroissement des connaissances. Pour pouvoir identifier, faire identifier une plante ou en contrôler la détermination, il est nécessaire d'avoir un échantillon d'herbier, c'est-à-dire, la totalité de l'individu ou une petite partie s'il s'agit d'un arbre ou d'un arbuste. Celui-ci sera mis à plat, séché et collé sur un carton avec une étiquette portant diverses informations.

[41] La Flore (f majuscule) est l'ensemble des espèces végétales présentes dans un espace géographique ou un écosystème déterminé (par opposition à la faune) ou bien c'est l'ensemble des végétaux d'une région donnée. On ne doit pas confondre le terme de flore avec celui de végétation : la flore d'une zone géographique est la liste des plantes de cette zone (flore de Bukavu, flore du Bassin du Congo, flore des Virunga, etc.), la végétation est le regroupement de certaines plantes en formations végétales déterminées par une flore spécifique et la dominance d'un type biologique. Ainsi, on peut reconnaître des forêts, des prairies, savanes, des cultures, des landes, des tourbières, etc. (voir phytosociologie). Une flore (f majuscule) est un livre, contenant généralement des planches botaniques et/ou des photographies de plantes. Elle flore est souvent dotée d'une clé de détermination qui permet l'identification des espèces. (Danièle, 2014).

Cet échantillon va permettre, à partir des descriptions de la bibliographie, des dessins et d'une collection de référence, de déterminer la plante en question. En cas de doute, le spécimen sera envoyé à un spécialiste qui confirmera ou infirmera cette détermination. De plus, tout travail scientifique doit être contrôlable pour être fiable. Seul un spécimen déposé dans un Herbier international constitue la preuve de la présence d'une espèce en un lieu donné. Or, pour qu'une plante puisse facilement être conservée et identifiée, il faut suivre quelques règles pour préparer les échantillons d'herbier.

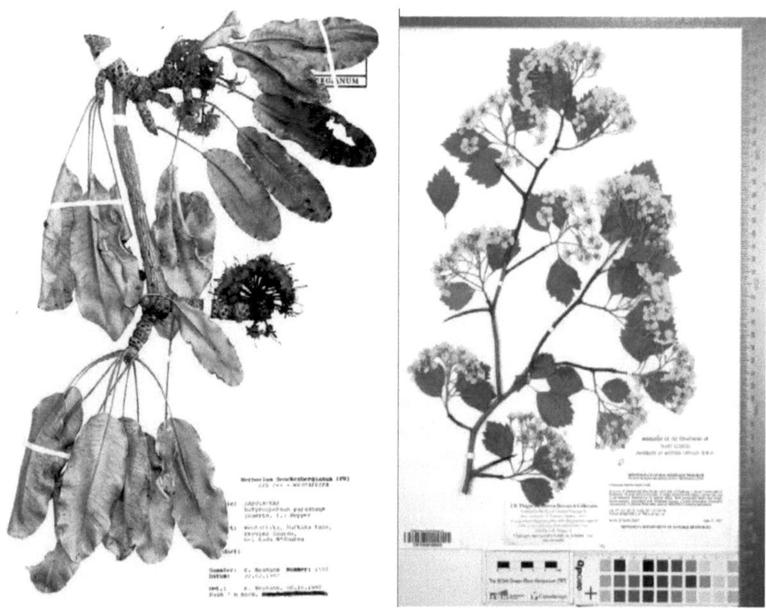

Figure 21 : Exemple des spécimens d’herbier

Dans les grandes collections regroupant des espèces du monde entier, plusieurs dizaines d'échantillons de chaque plante peuvent être rassemblés. Les herbiers sont souvent accompagnés des documents annexes (notes de terrain, correspondances, iconographie, publications), enrichis de flores, atlas et autres documents. Ce corpus de données fournit une ressource précieuse pour l’ethnobotanique et l’histoire des sciences.

Il est un outil d'enseignement et de recherche de toute première importance pour plusieurs disciplines allant de la botanique, à la taxonomie, la phylogénie, l'écologie, la biogéographie. L'herbier permet l'identification des espèces

Au cours du temps, chaque herbier institutionnel a ainsi rassemblé les échantillons récoltés par plusieurs botanistes-collecteurs, dans les régions du monde les plus diverses. Chaque échantillon porte une étiquette mentionnant précisément le nom du collecteur, la date et le lieu de collecte, le nom latin que l'échantillon a reçu initialement (ainsi que les éventuelles corrections effectuées par les chercheurs successifs), et des indications de couleur, de taille, de port, et de volume de la plante en milieu naturel.

Ces spécimens constituent des « preuves » matérielles, montant que telle espèce fut, à un moment particulier, récolée à un endroit bien précis. Les étiquettes des spécimens d'herbier fournissent de nombreuses informations, notamment sur l'environnement, sur l'habitat, sur les connaissances éventuelles des hommes sur cette plante (est-ce qu'elle se mange, est-ce qu'elle a un nom vernaculaire,...) et certaines de ces informations peuvent être utilisées par d'autres sciences (environnement, zoologie,...).

Un spécimen d'herbier sans étiquette est inutilisable, tant par les taxonomistes que par d'autres scientifiques. La présence d'autres documents (archives : dessins botaniques, livres, carnets de récolte, ...) accroît fortement l'utilité d'un herbier. Nous allons voir, dans ce chapitre, que l'herbier sert aussi dans des domaines inattendus.

Remarque : Les herbiers constituent une source précieuse d'information sur les plantes. Au départ, les spécimens étaient récoltés pour constituer des collections taxonomiques et systématiques, pour l'étude des différentes espèces. **Mais actuellement, les herbiers sont utilisés dans beaucoup d'autres domaines scientifiques** (Hyland, 2002). Les échantillons d'herbier permettent ainsi de réaliser des analyses sur l'évolution des aires de répartition des espèces et des milieux qu'elles caractérisent, et contribuent ainsi à l'évaluation des impacts des changements globaux sur la biodiversité (Mayr, 1989).

7.2. Pourquoi créer un herbier ?

A l'origine, un herbier a une vocation scientifique, naturaliste : il a pour but de rassembler une collection de plantes, aussi systématique que possible, classées selon des critères bien précis, et identifiées de manière rigoureuse.

Comment rappel un herbier est une collection de plantes séchées, quelquefois de fruits, de graines ou de formations pathologiques du végétal (galles par exemple). Ces échantillons séchés sont le plus souvent posés, fixés ou non, sur un support qui peut être du papier chiffon pour les plus anciens, ou toute autre sorte de papier ou carton. Il peut y avoir un ou plusieurs échantillons sur le support ; pour les botanistes un échantillon s'appelle une part et le support sur lequel on peut trouver ce ou ces échantillons une planche. L'échantillon est en général accompagné d'indications qui peuvent être portées sur une étiquette ou directement sur le support. Elles concernent le nom de la plante, nom latin et/ou vernaculaire, le lieu et le milieu où a été récoltée la plante, la date de la récolte et quelquefois le nom du collecteur s'il n'est pas l'auteur de l'herbier. Les planches peuvent ensuite être reliées ou posées les unes sur les autres pour former une liasse.

C'est souvent le travail d'une vie, et l'herbier peut se conserver, dans de bonnes conditions, plusieurs dizaines, voire centaines d'années, il se transmet de génération en génération... Mais pas besoin d'arriver jusque-là pour se faire plaisir : on peut aussi créer un herbier esthétique et ludique, en choisissant simplement ses plantes préférées ou en privilégiant une thématique (les plantes de mon jardin, la flore de ma région, ma collection de graminées, les arbres...), et en les mettant joliment en valeur dans un cahier. Chacun "vit" son herbier selon sa sensibilité[42] !

---

[42] Amoureux des plantes, botaniste chevronné, étudiant, collectionneur, esthète, créatif : on a tous une bonne raison de créer un herbier. Et comme la confection d'un herbier peut aussi se

7.2.1. Matériel nécessaire à la création d'un herbier

7.2.1.1. Les matériels

- Pour commencer la création de votre herbier, il vous faudra des plantes fraîchement récoltées ;
- Pour le prélèvement : un petit sécateur, une paire de ciseaux, une petite pelle, un carnet, un crayon ;
- Pour le séchage : du papier journal ou du papier buvard, une presse (que l'on peut remplacer par de gros livres) ;
- Pour le collage : du papier gommé, à défaut, de la colle blanche ou du papier autocollant (éviter le scotch), un petite pince pour faciliter les manipulations ;
- Support de l'herbier : de grandes feuilles de papier assez épais (160g/m^2 ; le format A3 est idéal, soit 29,7x 42 cm) à classer et à ranger dans des chemises, ou encore un grand cahier à spirales (au moins 24 x 32 cm), mais alors le classement ne pourra être que chronologique ;
- Une boîte hermétique pour ranger votre herbier à l'abri de l'humidité, de la lumière... et des insectes trop gourmands !

7.2.1.2. Prise de données

Les informations à noter sur le terrain se répartissent en 6 sections. L'information notée dépend du but et de la précision recherchée. Vous devez néanmoins vous assurer que les informations inscrites soient justes afin de ne pas introduire de faussetés sur les étiquettes, car elles suivront vos spécimens pour longtemps. Voici les informations essentielles à recueillir :

- lieu de récolte
- description de l'habitat
- nom des récolteurs et numéro de récolte
- date de récolte (jour, mois, année ; de préférence utiliser la date internationale, i.e., aaaa/mm/jj)
- notes sur la plante ou la population

concevoir selon une approche pédagogique et ludique, on peut en faire un véritable loisir créatif, accessible à tous, y compris aux enfants !

7.2.1.3. Lieu de récolte

Le lieu de récolte doit être décrit avec la plus grande précision possible en faisant référence à l'entité géographique permanente la plus proche et visible sur des cartes (exemple : intersection de routes, colline, lac, distance au village le plus près). Cette information inclut :
- pays, province et territoire, municipalité (ville, village, canton, etc.), collectivité ou chefferie, Secteur...
- lieu précis de récolte : nom du lieu, précision sur l'endroit de récolte par rapport au lieu géographique nommé le plus proche. La précision recherchée dans cette description est de l'ordre de 100 mètres.
- coordonnées (UTM, longitude-latitude) ; ces informations peuvent être trouvées sur une carte topographique ou à l'aide d'un appareil de géopositionnement (GPS) (précision 100 m ou moins).
- altitude (courbes de niveau des cartes topographiques ; altimètre ou GPS)

7.2.1.4. Description de l'habitat

Il n'y a pas de façon standard de rapporter la description de l'habitat. Les informations varient en fonction de l'expérience et des besoins du récolteur. L'habitat peut être décrit par ses composantes biotiques (biologiques) et abiotiques (physiques) :
- composantes biotiques, -type d'habitat - associations végétales, -espèces dominantes, - densité de la végétation, - composantes abiotiques, - topographie, - roche-mère, - type de sol, - exposition, - pente, -drainage, étage du littoral (sur le bord de l'eau)

7.2.1.5. Comment obtenir du matériel permettant un travail rigoureux ?

II n'y a qu'un moyen : la récolte d'échantillons selon une méthode classique et éprouvée, réunissant le maximum de caractères possibles de la plante. Ces échantillons constitueront l'herbier qui, lui seul, permet l' 'étudc complète des plantes. II pourra alors être conservé pendant des siècles. Les techniques appropriées pair la constitution d'un herbier seront exposées, en réservant une place important, aux méthodes qui permettent de se "débrouiller" dans des conditions du terrain, difficiles et particulières. Le lecteur intéressé pourra ainsi envisager de faire une collection d'herbiers convenables avec toutes les garanties de qualité.

7.3. Méthode

Un échantillon d'herbier comprend une plante, ou une partie de plante, séchée et mise aplat, collé sur une feuille de carton fort avec une étiquette sur laquelle sont consignés les renseignements et les références de cette plante. Nous allons exposer comment arriver de la plante observée sur le terrain à l'échantillon d'herbier.

7.3.1. Prélèvement des plantes

En pratique, quelle partie de la plante prélever et présenter dans un herbier ? Les puristes récolteront, chaque fois que c'est possible, la plante entière, c'est-à-dire avec le système racinaire (d'où l'utilité d'une petite pelle pour pouvoir arracher la plante sans trop briser les racines), les fleurs et/ou les fruits (ou cônes, sporanges, etc.).
Si la vocation de l'herbier est simplement décorative ou ludique, vous pouvez choisir de privilégier une partie de la plante, celle qui vous paraît la plus esthétique ou la plus représentative : feuille avec son pétiole, fleur, tige feuillée...
Il est important de récolter la plante par temps sec, et de préférence l'après-midi, lorsque toute trace de rosée a disparu : moins il y a d'humidité au moment du prélèvement, meilleures sont les chances de bien réussir le séchage !
Enfin, au moment de la récolte, notez dans un petit carnet toutes les informations dont vous aurez besoin lors de la rédaction de l'étiquette (voir plus bas), en pensant à bien numéroter vos échantillons, et à les placer provisoirement dans des sacs en plastique individuels.

Des branches cueillies presqu'à l'aveuglette, des bouts d'herbes recroquevillées ou à divers stades de flétrissement, des descriptions orales le plus souvent trop vagues vous assurent un échec de l'identification dans la plupart des cas. De tels "échantillons" ou de tels "renseignements" sont sans valeur, non seulement sur le plan scientifique mais également sur le plan pratique. Les noms locaux, ou noms vernaculaires, ne suffisent pas non plus à obtenir un résultat précis, car il n'est pas assuré d'avoir la correspondance entre ce nom et un nom scientifique, De plus, les noms locaux concernent souvent un groupe d'espèces. Réciproquement, une même espèce peut avoir plusieurs noms locaux différents (Oldeman, 1968a).

7.3.1.1. Notes sur la plante ou la population

Plusieurs caractéristiques concernant la plante récoltée risquent de disparaître ou d'être difficiles à observer lorsqu'elle sera sèche. Il est avantageux de noter ces informations sur le terrain.
- Abondance relative, densité, étendue de la population ;
- Port de la plante (arbre, arbuste, liane) ;
-Taille de la plante (hauteur, diamètre du tronc, etc., en m),
- Écorce (couleur et texture) ;
- Type d'appareil souterrain ;
-Couleur des fleurs et des fruits ;
- État phénologique ;
- Autres (sécrétions, odeurs, etc.)
- Nom des récolteurs et numéro de récolte

7.3.1.2. Pourquoi associer un numéro de récolte à chaque spécimen ?

Accompagné par le nom du récolteur, ce numéro sert d'identificateur unique de la récolte lorsqu'elle est citée dans un article scientifique, un rapport ou lorsque les données sont incorporées dans une base de données informatique.
Liste des récolteurs : Elle inclut toutes les personnes qui participent activement à la récolte. Noter les prénoms au complet car plusieurs récolteurs peuvent avoir les mêmes initiales. Exemple : Mangambu, Ntahobavuka 1012

7.3.2. Récolte de la plante sur le terrain

3.3.2.1. Généralités

Deux principaux types de récoltes sont couramment pratiqués. D'une part la prospection exhaustive qui vise à connaître la totalité de la flore d'une région et d'autre part la récolte sélective en fonction d'un but précis (Plantes ornementales, espèces à alcaloïdes, arbres d'intérêt forestier, mauvaises herbes des cultures, etc.). Dans le premier cas surtout, il est indispensable de visiter les localités en toutes saisons pour récolter le maximum de plantes différentes.

Lorsqu'on se trouve en présence d'une plante intéressante, il s'agit d'abord de l'observer avec attention pour découvrir les parties méritant d'être récoltées et conservées[43]. Au premier abord il y a la plante entière avec les racines et, s'ils sont présents au moment de la récolte :
- les fleurs si possibles épanouies ;
- les fruits mûrs et les graines ;
- les feuilles adultes.

D'autres caractères bien reconnaissables peuvent exister : pour certaines lianes, des vrilles ou des crochets ; pour des arbres : des épines sur l'écorce ou des fleurs sur le tronc ; pour des herbes : des racines, des bulbes, des pseudobulbes ou des tiges souterraines, etc.

Dans le Règne Végétal, beaucoup de traits originaux peuvent servir à l'identification rapide d'une plante. Les rameaux jeunes de certains ligneux peuvent avoir des caractéristiques qui disparaissent à l'âge adulte (stipules caduques, pilosité, etc.). Leur récolte est donc souhaitable. Enfin, des fragments d'écorce, voire une tranche des petits troncs apportent des renseignements souvent négligés.

---

[43] Que récolter ? : Récolter la plante entière, incluant le système racinaire, des feuilles basales et caulinaires, et les parties reproductrices (fleurs et/ou fruits, cônes, ou sporanges). On peut couper en deux ou sécher à part certaines parties trop volumineuses (fruits, fleurs, cônes, bulbes). Il faut s'assurer qu'elles soient bien étiquetées avec le même numéro de récolte. Récoltez quelques fleurs ou fruits supplémentaires pour faciliter l'identification.
Disséquez quelques fleurs avant de les presser afin de faciliter l'observation des pièces cachées.

Les difficultés de détermination augmentent en fonction de l'absence de parties caractéristiques, un échantillon dit "stérile", ne présentant que des branches et des feuilles procure généralement le nom de la famille, souvent celui du genre, mais rarement celui de L'espèce. Pourtant, dans certains cas, un tel échantillon est indispensable. Ces normes tiennent au fait que la systématique moderne des plantes s'appuie, depuis la fin des 18 nièmes siècles, sur les caractères sexuels et de reproduction des plantes. De ce fait, les fleurs et les fruits sont le plus souvent nécessaires pour arriver à des déterminations rigoureuses. Les feuilles peuvent cependant donner des renseignements complémentaires.

Après avoir localise et observé les parties caractéristiques de votre plante, il vous faudra les prélever à l'aide d'un sécateur ou de tout instrument coupant.

Souvent l'accès aux parties caractéristiques n'est pas facile : le forestier qui s'intéresse aux grands arbres devra attendre leur abattage avant d'en récolter le bois et de mettre la fleur et le fruit en herbier. II faut alors se servir de moyens de fortune pour décrocher et faire descendre des lianes ou des épiphytes (Orchidaceae, Bromeliaceae, Ptéridophytes) haut perchés.

Plusieurs systèmes permettant de grimper aux arbres ont également été mis au point mais ils sont parfois lourds et onéreux et leur pratique n'est pas toujours à la portée de tous. Aussi plusieurs parts d'une même plante sont récoltées (au moins quatre), c'est-à-dire que pour un même arbre, il est important de préparer plusieurs rameaux fleuris et fructifiés ou pour une espèce herbacée de ramasser plusieurs plantes entières. Ces différentes parts auront cependant toutes le même numéro de récolte.

7.3.2.2. Taille maximale des spécimens (et de la presse)

Vous devez toujours garder à l'esprit que vos spécimens seront éventuellement montés sur des cartons de 29.2 X 41.7 cm (16 1/2 x 11 1/2 po.). Les spécimens ne doivent donc pas dépasser cette taille. Une page de papier-journal pliée en deux ou une page de tabloïde correspondent à peu près à ces dimensions.

7.3.3. Cas particuliers

7.3.3.1. Macro-algues

On prépare les spécimens de macro-algues quasiment de la même manière que les plantes vasculaires (Pyke & Ehrlich, 2010). On utilise une presse à plantes, du papier épais (feuilles cartonnées) de bonne qualité (non acide), et un séchoir à plante. Au départ, on place les macro-algues dans un bac large et peu profond rempli d'eau (de mer). On inscrit au crayon le numéro du spécimen sur la feuille cartonnée, puis on glisse la feuille en dessous de l'algue (Fish, 2004). L'algue posée sur la feuille cartonnée est ensuite retirée du bac avec précaution, puis le tout est placé dans une presse à plante. Si l'algue est fragile, on peut utiliser un pinceau pour séparer les lanières du thalle (Piet *et al.*, 2013).

Mettre des plantes sous presse revient à fabriquer un « sandwich » : on met tout d'abord une plaque de carton fort dans la presse, puis une feuille de journal ouverte où l'on place l'algue sur sa feuille cartonnée (Piet *et al.*, 2013). On replie ensuite la feuille de papier journal, et pour finir, on place une plaque de carton ondulé. On répète le procédé pour chaque algue récoltée. Une fois sèche, les spécimens de macro-algues sont attachés sur la feuille cartonnée, puis rangés dans la collection principale de l'herbier (Piet *et al.*, 2013).

7.3.3.2. Micro-algues

Les micro-algues sont récoltées en filtrant l'eau, grâce à un filet en forme d'entonnoir, dont les mailles ne laissent pas passer les petites algues (Pyke & Ehrlich, 2010). Les micro-algues sont ensuite récupérées (elles restent au fond de l'entonnoir sous la forme d'un filtrat) et introduites dans des tubes en verre. Dans le cas des diatomées, on se servira de ce filtrat pour réaliser des préparations permanentes (Piet *et al.*, 2013).

Pour cela, on chauffe un tube à essai (éprouvette) contenant les diatomées et une petite quantité d'eau. Pendant le processus de chauffage, on rajoute de l'acide chlorhydrique (= solution aqueuse de chlorure d'hydrogène HCI). Ensuite, on rince le filtrat avec de l'eau distillée, puis on le place dans une centrifugeuse pour drainer l'excès d'eau (Fish, 2004).

On replace le filtrat dans un tube à essai, puis on rajoute de l'acide sulfurique concentré (H_2SO) avant de chauffer à nouveau. On continue de chauffer jusqu'à ce que des vapeurs de trioxyde de soufre (SO_3) se dégagent (odeur piquante). On rince abondamment le filtrat avec de l'eau distillée pour éliminer l'acidité, puis on le centrifuge à nouveau, avec précaution (Fish, 2004).

Le filtrat de diatomées peut être alors préparé. On prélève un échantillon de ce filtrat à l'aide d'une pipette, et on place cet échantillon sur une lame de verre, qu'on met sur une plaque chauffante (Piet *et al.*, 2013). Le filtrat doit alors sécher, sans être amené à l'ébullition. Après environ 24 heures, on va tremper la lame de verre dans plusieurs produits, dans l'ordre suivant : alcool, butanol, xylène. On rajoute alors sur la lame de verre un produit conservateur puis on appose une lamelle par-dessus. On obtient ainsi une préparation permanente pour l'examen au microscope, qui peut être stockée (Williams & Cato, 1995 et Piet *et al.*, 2013).

En général, les micro-algues constituent une collection à part, qui n'est pas gardée avec les spécimens de la collection principale. Pour un herbier de taille moyenne, elle peut constituer en une armoire avec des tiroirs appropriés, munis de supports pour y glisser de verre (voir le paragraphe sur les préparations microscopiques, dans les collections auxiliaires). Certaines algues peuvent aussi être conservées dans des fioles contenant du formol, et être rangées dans une section spéciale de la collection en alcool (Fish, 2004 et Piet *et al.*, 2013).

7.3.3.3. Les champignons et les lichens

Il est préférable de déposé les champignons récoltés dans un panier et de les séparer les uns des autres par du papier. Seuls les échantillons frais et en bon état devraient être récoltés. Aussi, si possible, il est bon de prendre plusieurs échantillons de la même espèce qui présentent différents stades de développement. D'ailleurs, regarde bien avant de cueillir un champignon afin de repérer la présence de parties souterraines (récolte-les aussi). Souviens-toi de prendre des notes sur l'habitat et dans le cas des champignons parasitaires, décris bien l'endroit où il pousse. D'autant plus que certaines caractéristiques pertinentes peuvent changer après la récolte, alors observe bien s'il y a des changements de couleur et note la présence de latex, la consistance, l'odeur et ainsi de suite.

L'empreinte des spores est un autre élément intéressant à ajouter à ta collection. Elle est obtenue en laissant l'hyménium de l'échantillon reposé pour toute une nuit sur une feuille de papier blanc. Par la suite, tu dois rapidement procéder au séchage en conservant l'échantillon à 40 C tout en évitant les températures plus basses et l'humidité. Les champignons de plus grande taille devraient être sectionnés en deux ou trois parties pour en assurer le séchage. Avant de mettre les champignons dans l'herbier il est préférable de les mettre dans le congélateur pour deux jours pour tuer les insectes et les œufs. Si les échantillons ne sont pas particulièrement fragiles, ils peuvent être conservés dans des enveloppes de papiers (18 x 12 cm ou moins) avec leur description collée aux feuilles de support de l'herbier. Quant aux espèces les plus délicates, comme c'est le cas de bien des champignons, elles seront placées dans de petites boîtes de carton (apprx. 7.5 x 4.5 x 1 cm) et ajoutées au ballot. Les lichens ne devraient pas être pressés et une fois secs ils doivent être placés dans le ballot sur des feuilles avec leurs descriptions.

7.3.3.4. Le cas des plantes aquatiques

Les plantes aquatiques possèdent souvent des feuilles de formes différentes selon qu'elles sont submergées, flottant à la surface de l'eau ou dressées hors de l'eau. Les organes fragiles sont conservés dans de l'alcool à 70°C additionné de 5 °C de formol et de 5 °C d'acide acétique. La récolte des algues microscopiques sort du cadre de cet ouvrage.

7.3.3.5...Aquatiques submergées

Ces plantes présentent une difficulté particulière : Une feuille de chaque type doit être récoltée, les tiges et feuilles sont molles et difficiles à démêler une fois hors de l'eau. Il est possible de les collecter directement sur un carton d'herbier. Plonger le carton sous l'eau, faire flotter les plantes au-dessus et retirer le carton délicatement afin que les plantes demeurent bien disposées sur celui-ci. Lors du séchage les plantes colleront au carton à cause du mucus qui les couvre. Il est aussi possible de les cueillir dans un petit sac de polythène avec un peu d'eau, ce qui les gardera humide jusqu'au retour. Lors du pressage, vous les plonger dans un bassin d'eau, pour les faire flotter au-dessus d'une feuille de papier ciré que vous retirez délicatement. Par la suite, déposer le papier ciré dans la feuille de papier journal pour le pressage (Raynal-Roques, 1980).

7.3.3.6. Bryophytes (mousses, sphaignes, hépatiques, anthocérotes)

Contrairement aux plantes vasculaires, les bryophytes sont faciles à récolter. Récolter des spécimens portant des capsules. Lorsque le spécimen n'est pas trop humide, on le place directement dans une enveloppe de papier sur laquelle sont inscrits le numéro de récolte et les informations relatives à la récolte. Lorsque le spécimen est trop humide, il faut d'abord le placer dans une papillote de papier journal (environ 10,5 X 13 cm), puis le transférer dans l'enveloppe (Andrea, 1996). Le séchage s'effectue directement dans l'enveloppe sans pressage. Prenez soin de décrire avec précision l'habitat où l'espèce a été récoltée ; les microhabitats des mousses sont souvent très spécifiques (face ombragée d'un roche, tronc d'arbre).

7.3.3.7. Fougères et Lycopodes

Récolter les fougères lorsqu'elles produisent leurs sporanges. Les fougères fanent rapidement ; il faut donc les garder au frais après la récolte et ne pas tarder à les presser. Il est préférable de récolter le rhizome (partie souterraine ou rampante de la plante) lorsque cela est possible, bien qu'il soit souvent volumineux ou encombrant, sauf si cela menace la population. Certaines Fougères et les Lycopodes ont deux types de fronde, l'une fertile et l'autre stérile. II faut récolter les deux, avec une partie du rhizome.

7.3.3.8. Le cas des palmiers

Le travail de révision des genres de palmiers est en général difficile du fait des collectes très souvent incomplètes, en raison du grand développement des feuilles et des inflorescences.
Voici quelques conseils pour échantillonner des palmiers :
Pour les espèces de 3 cm de diamètre et plus, il est préférable de prendre un fragment de tronc ou une coupe longitudinale. Pour les très gros palmiers, on notera la longueur du tronc et des entre-nœuds, les épines (taille, couleur, distribution), les caractères comme tronc simple, dressé, lianescent, etc., ne doivent pas être oubliés.

-Feuilles : Après avoir noté le nombre et la persistance des vieilles feuilles sous la couronne, on mettra en herbier (pour les grandes palmes) l'apex, un morceau de la partie médiane, la base du limbe, le pétiole (en totalité ou en partie). La description comportera pour la gaine, le pétiole et le rachis : les dimensions (longueur et largeur), les épines (couleur, longueur, distribution) ; pour le limbe : le nombre et la position des segments, la présence d'une pruine blanche à la face inférieure. II en est de même pour les grandes frondes des fougères (Cyathea).

- Les inflorescences et les infrutescences : Une inflorescence comprend non seulement la partie apicale composée de rachilles avec les fleurs, mais aussi la partie basale avec deux bractées. La bractée interne enferme généralement complètement la jeune inflorescence. Pour les inflorescences de grande taille, il est indispensable de collecter les rachis avec quelques rachilles et les spathes. La longueur du pédoncule, la position des spathes, la longueur, la couleur et le nombre de rachis et de rachilles, leur position, dressée ou pendante seront notés.
- Les fleurs et les fruits : même s'ils peuvent être séchés, il est préférable de conserver quelques parts en alcool. Noter leur position et leur couleur.

7.3.3.9. Le cas des plantes grasses et succulentes

Les Cactacées et autres plantes grasses sont souvent sous-représentées dans les Herbiers car difficiles à préparer. En l'absence de récolte fertile, un morceau stérile accompagné d'une photo est suffisant. Les troncs seront découpés en tranche et d'abord séchés au soleil (Leuenberger, 1987). Puis ces tranches seront conservées en alcool (50° à 70°C). Les fleurs et fruits seront mis en alcool dès la cueillette.

7.3.3.10. Nettoyage et préparation

Lorsque de la terre est présente sur les racines, il faut nettoyer le spécimen. Il peut être nettoyé en le secouant délicatement ou le trempant dans l'eau. Il est important d'enlever toute la terre car :
-une fois séchée la terre se désagrège et peut affecter le montage ;
-lorsqu'un spécimen est prêté ou échangé à l'étranger, il doit être exempt de terre car celle-ci peut permettre la propagation de pathogènes.
Il est important que votre spécimen ne comporte pas trop d'épaisseurs de feuilles. Dans certains cas, il est préférable d'enlever des feuilles afin de faciliter le séchage.

7.4. Pressage et séchage des spécimens d'herbier

7.4.1. Pressage des échantillons

Il est essentiel de retirer l'humidité des spécimens afin de les conserver. L'eau est essentielle au développement de pourritures ou de moisissures et favorise la présence d'insectes. En asséchant complètement les spécimens, on élimine de telles possibilités.

7.4.1.1. Disposition des spécimens lors du pressage

Vous devez disposer votre spécimen avec soin à l'intérieur de la feuille de papier journal afin d'en assurer la qualité scientifique, technique (spécimen parfait pour le montage) et esthétique. Un beau spécimen est un bon spécimen.
Critères à respecter :
-au moins une feuille ou une portion de feuille (partiellement repliée) doit montrer la face inférieure.
- lorsqu'une plante herbacée est trop grande pour être séchée entière. Il est possible de la couper en plusieurs morceaux et de la sécher dans plusieurs feuilles de papier; toujours récolter la base de la plante, une

section de la partie médiane et une de la partie supérieure; il est possible de plier les grandes herbacées en V, N ou W; utiliser un morceau de papier avec une fente pour faire tenir le pli ou écraser la tige lorsqu'elle est charnue; ne jamais utiliser de papier adhésif ou d'agrafe.

-lorsque certaines parties sont volumineuses mais charnues (rhizomes, tiges ou fruits charnus), vous pouvez les couper en deux, les ouvrir, et presser les deux moitiés avec le spécimen. Si elles sont dures (fruits ligneux, cônes), il est possible de les sécher à part en prenant soin de les numéroter avec le numéro de récolte du spécimen. Ils seront associés au spécimen après le séchage. Lorsque le spécimen comporte des objets volumineux incompressibles comme des branches, il est possible d'utiliser un coussin de mousse afin de répartir la pression également et de permettre aux parties minces de bien s'aplatir.

-lorsque la plante possède de petits fruits charnus (bleuets, framboises, fraises, etc.), il faut les presser sans les détacher de la plante. Ces fruits risquent parfois de coller au papier journal : il est recommandé de couvrir les fruits d'un côté avec un morceau de papier ciré.

-lors du séchage, des fragments peuvent se détacher du spécimen. Dans ce cas, il faut les garder en les plaçant dans une petite enveloppe qui sera conservée avec le spécimen.

Figure 22 : Préparation des échantillons pour le séchage au fur

-ne jamais fixer le spécimen à la feuille de papier-journal car cela le briserait. Le papier collant est particulièrement dommageable et ne devrait jamais être utilisé.

7.4.2. Séchage des échantillons

Il est essentiel de retirer l'humidité des spécimens afin de les conserver. L'eau est essentielle au développement de pourritures ou de moisissures et favorise la présence d'insectes. En asséchant complètement les spécimens, on élimine de telles possibilités.

Notons que le séchage des échantillons, sous les climats chauds et humides, ne peut se faire, comme dans les régions tempérées, en mettant la presse dans un local aéré jusqu'à ce que les plantes soient sèches. Un paquet oublié 24 heures sous les tropiques commence à fermenter. Apres 36 heures des feuilles et des fleurs se détachent des échantillons, et après 48 heures l'état de la collection est généralement sans espoir.
-Il faut donc, pour obtenir un herbier sec, exposer la récolte a une source de chaleur. Cette chaleur, qu'elle soit naturelle ou artificielle, doit passer tout près de chaque échantillon de façon à faire évaporer l'humidité.
Dans la Figure 8 les flèches indiquent par où passe l'air chaud qui évacue l'humidité.

Nous passerons en revue quelques méthodes utilisées jadis et aujourd'hui.

7.4.2.1. Séchage au soleil

Pour sécher des échantillons au soleil il faut au préalable les faire passer une nuit dans une presse pour les aplatir. Le lendemain ils resteront ainsi plus ou moins plats au cours de séchage. Les échantillons seront alors sortis de la presse et étalés au soleil isolément. Pendant longtemps les collectionneurs ont appliqué cette méthode. Son inconvénient est que les collections sont à la merci du temps qu'il fait. Durant la saison des pluies il ne sera pas facile de faire de belles et abondantes collectes.

7.4.2.2. Séchage sur une source de chaleur

Les sources de chaleur peuvent être très différentes :
- le feu de bois : ce système est d'un usage difficile, car il faut maintenir un niveau constant de chaleur, même pendant la nuit : un tel "réglage" est bien peu commode ;
- les réchauds à pétrole : il y a de nombreux modèles qui peuvent servir s'ils ont un réservoir de carburant suffisant pour au moins à indiqués, car pendant la nuit la pression tombe à mesure que le carburant est consommé ;
- les réchauds à gaz : ils sont idéaux, mais chers. Une bouteille de butane suffit pour une ou deux semaines de séchage continu, selon la quantité d'échantillons à traiter. Les petits réchauds de camping fonctionnent pendant huit heures avec une recharge ;
- les ampoules chauffantes : plus particulièrement les lampes à infra-rouge, le séchage sera amélioré en posant un ventilateur ;
- les étuves : Le séchage est rapide mais le coût d'une étuve rend cette technique onéreuse pour un amateur.

7.5. Préparation des échantillons pour l'herbier

L'échantillon séché et aplati peut être conservé dans une chemise de papier. II vaut mieux cependant le fixer sur une feuille de carton fin (bristol). Le spécimen est attaché sur une feuille blanche ou jaune soit avec des petites languettes de papier (70 x 5 mm en moyenne) fixées soit avec une colle papier, soit avec du fil. L'étiquette sera placée en bas à droite. Parfois des fleurs ou des fruits tombent du spécimen.

Ils seront mis dans une enveloppe collée également sur la feuille de carton et portant le nom du collecteur et le numéro de collecte. Le tout sera mis dans une chemise en carton avec le nom du collecteur et le numéro de collecte en haut à droite et le nom de la famille et de l'espèce en bas au milieu. La plante pourra ainsi être manipulée sans trop de risque de brisure ou de perte de fragments.

Chaque échantillon est pourvu d'une étiquette. Les annotations portées sur le carnet de terrain y sont recopiées : nom du collectionneur, numéro de référence, lieu de récolte, type biologique de la plante et autres renseignements. C'est sur cette étiquette que sera inscrit le nom scientifique après détermination.

7.5.1. Conservation des échantillons secs

L'échantillon est mis dans un lieu de dépôt appelé "Herbier". Sous les tropiques humides, un herbier doit être placé dans un endroit aussi sec que possible, par exemple sur un rayon d'une armoire chauffante, en salle climatisée, où, à défaut de telles disponibilités, dans un endroit bien aéré et à l'abri de la pluie.

7.5.2. Conservation des spécimens dans l'alcool

II est parfois nécessaire et urgent de prélever et de conserver des échantillons de certaines plantes, sans pouvoir les faire sécher. Un moyen existe : c'est la conservation dans l'alcool à 50 °C.

- Le paquet contenant les échantillons pressés est mis dans un grand sac en plastique. II est aspergé par deux verres d'alcool auxquels on peut ajouter un peu de formol et d'acide acétique (ou du vinaigre). Le sac est ensuite hermétiquement fermé. Les spécimens peuvent ainsi être gardés plusieurs semaines.
- Pour préserver la structure des fruits et des fleurs, il est parfois utile d'emporter sur le terrain des récipients a large ouverture (pots de confiture, boites à médicaments en plastique, verres de conserves, etc.). Ce récipient doit fermer hermétiquement car l'alcool s'évapore très facilement et très rapidement même par des trous ou des fentes minuscules.
- Pour les échantillons de ce genre, il est également indispensable de les numéroter et de noter les renseignements concernant chaque numéro comme pour les spécimens séchés.
- Une petite étiquette en carton, sur laquelle le numéro a été écrit au crayon noir sera enfermée dans l'alcool avec l'échantillon. En effet, aucune encre ne tient dans ces conditions : ni celle des crayons à bille, ni celle des marqueurs, ni bien sûr celle des stylos a encre. Un numéro écrit l'extérieur du bocal à l'aide d'un marqueur s'en ira dès que quelques gouttes d'alcool s'échapperont de la bouteille.

- A côté d'avantages certaine (suppression du séchage sur le terrain), ce type de collections a cependant quelques désavantages :
- II est très difficile d'empêcher alcool de s'évaporer.
Même les récipients bien fermés montrent des pertes de liquide ;
- L'alcool agissant sur les tissus végétaux, rend l'échantillon cassant et, pour certaines espèces, le matériel conservé s'effrite à la longue ;
- Une collection d'échantillons en alcool prend plus de place qu'un herbier ;
- Les collections en alcool sont difficiles à expédier ;
- L'annotation est difficile : l'encre ne tient pas.
L'étiquette doit être repêchée dans le liquide pour la lire.
On peut, transformer un échantillon en alcool en herbier en le faisant sécher entre papiers, mais toute couleur disparait et l'échantillon noircit entièrement.

7.5.3. Duplicata

II est important de prélever plusieurs échantillons d'une même plante pour plusieurs raisons :
- Les doubles permettent de mettre en évidence les variations individuelles ;
- Un double peut être envoyé au spécialiste de la famille pour détermination (un spécimen en don sera toujours mieux accepté qu'un spécimen en prêt pour détermination).

7.6. Etiquetage des spécimens

Une étiquette d'herbier est une petite feuille de papier de haute qualité placée dans le coin inférieur droit du carton sur lequel le spécimen est fixé (Piet *et al.*, 2013).. Il n'y a pas de grandeur standard d'étiquette. Cependant, les dimensions de l'étiquette devraient être d'environ 9x11 cm afin de laisser le plus de place possible au spécimen sur le carton.
Aujourd'hui, les étiquettes sont rédigées à partir de la base de données constituée après saisie des données de terrain. Cela évite d'avoir à répéter l'entrée des données. Il est préférable de ne pas rédiger les étiquettes à la main.

7.6.1. Types d'étiquettes

Les différents types d'étiquettes utilisées sont (Piet *et al.*, 2013).:
- ***L'étiquette de l'institution*** : elle est obligatoire parce que cette étiquette indique qui est propriétaire de l'échantillon, ceci est important quand on envoie les échantillons en prêt à une autre institution. L'étiquette est placée dans le coin inférieur droit de la planche,
- ***L'étiquette avec l'information de récolte originale*** : elle est obligatoire, et habituellement placée dans le coin inférieur gauche de la planche. Toutes les marques et toutes les étiquettes utilisées par le récolteur sont montées avec le spécimen,
- ***Les étiquettes relatives à la nomenclature*** : placées aussi près possible de l'étiquette de récolte. Si aucun espace n'est disponible, l'étiquette peut n'être encollée que sur un bord et posée en partie sur la plante (de préférence en ne masquant pas les caractères taxonomiques importants, comme les fleurs ou la base de la plante).

Ces étiquettes incluent (Piet *et al.*, 2013):
- ***Les étiquettes Det. (determinavit = déterminé) ou Conf. (confirmé) qui*** portent comme informations : le nom scientifique de la plante, puis le nom de la personne qui l'identifit ou en a confirmé le nom scientifique (ainsi que l'acronyme de son institution), et enfin la date de l'identification ou de la confirmation (Piet *et al.*, 2013).

Il arrive que les étiquettes ***Det. et Conf. Portent la mention » ex num » (ex numéro = du numéro).*** Cette mention signifie qu'on a relevé une information dans la littérature botanique : un chercheur a identifié (ou confirmé) un spécimen portant le même numéro de récolte et le même récolteur. Par exemple, le chercheur a observé et identifié le spécimen X à Kew, a publié un article mentionnant ce spécimen, mais il n'a pas observé les doubles Y et Z présents dans les collections de Meise. On peut alors rajouter, sur ces spécimens Y et Z, une étiquette de **determinavit** qui portera la mention « ex num ».
- ***Les étiquettes Cited ou Quoted (=cité en anglais)*** indiquent que le spécimen a été cité dans une publication. ***Ces étiquettes Fide (= sur la fois, sur la base de)*** indiquent l'autorité pour la mise en synonymie des noms de taxon (référence en littérature ou nom d'autorité)

- ***Les étiquettes Fide (= sur la foi, sur la base de)*** indiquent l'autorité pour la mise en synonymie des noms de taxon (référence en littérature ou nom d'autorité).

Différentes petites étiquettes reprenant d'autres informations : sont habituellement placées à proximité de la partie inférieure de la planche. Voici quelques exemples de ces étiquettes (Metsger & Byers, 1999) :
- feuille I, II ou III lorsqu'un spécimen est constitué de plusieurs feuilles
- Spécimen-type (si le spécimen est un type : voir chapitre 7 sur la nomenclature)
- étiquette de prélèvement de matériel (pollen pour préparation au microscope, fleurs qui a été prélevée sur la plante (pollen, feuille, ...) le nom du chercheur, le nom de soin institution, la date du prélèvement. Si ce prélèvement a été fait dans un but autre que l'identification de la plante (par exemple pour contribuer à une étude scientifique du génome de la plante), ce but doit être obligatoirement mentionné, ainsi que la référence de cette étude (publication des résultats).
- références à des collections auxiliaires
- traitement contre les insectes (type et date)

Exemple : Origine du spécimen, par « Ex herb. National du Gabon » (ex herbario= de l'herbier). L'herbier National du Gabon a pour acronyme LBV.

- références de littératures concernent le spécimen, sur une petite étiquette (nom de la publication, page à laquelle ce spécimen est mentionné).

7.6.2. Production des étiquettes

Les consignes suivantes sont utiles lorsqu'on crée des étiquettes pour les spécimens (Piet *et al.*, 2013) :
- utilisez du papier à lettre non glacé, sans acide et de bonne qualité ;
- les ***étiquettes adhésives comme Det. ou Cité*** doivent être de qualité papier d'archivage. Les étiquettes adhésives ordinaires se détachent après quelques temps, peuvent devenir transparentes ou se décolorer. Comme alternative, il est possible d'utiliser des étiquettes en papier sans acide, collées avec de la colle permanente (colle à bois, méthylcellulose ou gomme arabique).

- éviter d'utiliser des fluides correcteurs sur les étiquettes car ils sont très acides at peuvent à la longue endommager le papier ;
- les étiquettes doivent être de préférence imprimées ou dactylographiées. Si elles sont manuscrites, utiliser de l'encre noire, permanente résistante à l'eau ;
- des photocopies des étiquettes suffiront pour les doubles de spécimens.

7.6.3. Numéros d'accession et code-barres

Il existe plusieurs définitions du terme « numéro d'accession ». Il réfère le plus souvent au numéro figurant dans un registre (habituellement un livre) de tous les spécimens acquis et incorporés dans l'herbier (Piet *et al.*, 2013). Il peut aussi, occasionnellement, référer au numéro attribué lors de l'informatisation de la collection. S'il n'y a ni registre ni numéro du récolteur (habituellement signalé par **s.n.** ; sine numéro = sans numéro), on peut attribuer un numéro d'accession au spécimen. Un code-barres peut servir comme numéro d'accession et comme indicateur unique dans une base de données. Il est conseillé que le code-barres commence par l'acronyme de l'herbier (exemple : un spécimen de l'herbier de Jardin Botanique Nationale de Belgique aura le code-barres suivant : BR000000123456).

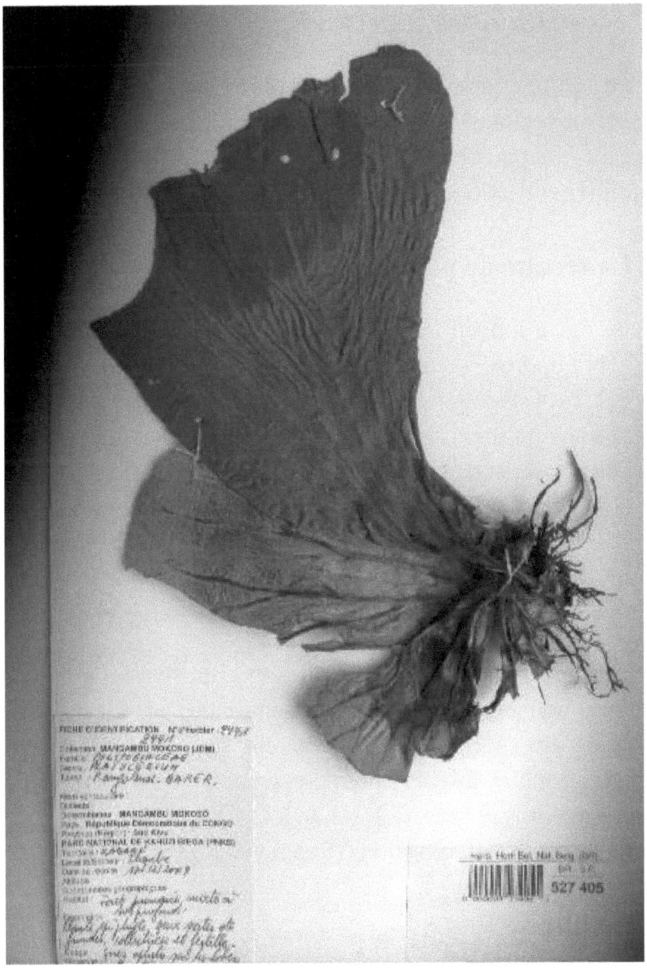

Figure 23 : Exemple d'un spécimen avec code-barres

Remarque : L'encre de certaines imprimantes Laser est permanente et possède la même qualité que les encres d'archivage. L'encre des imprimantes à jet d'encre n'est pas résistante à l'eau.

6.7. L'acquisition des collections

Un herbier ne peut que servir comme centre de référence pour la flore d'une certaine région s'il contient des échantillons d'herbier de la plupart des espèces qui poussent dans la région. Il existe plusieurs manières d'agrandir les collections.

7.7.1. La récolte de plantes

La récolte est le moyen le plus évident d'accroître les collections d'un herbier. N'importe quelle personne possédant les autorisations nécessaires peut récolter des plantes et en faire don à un herbier. Souvenez-vous qu'il existe des directives spécifiques sur la manière de récolter, de presser et de sécher des plantes, afin d'en faire des spécimens dont la qualité soit suffisante pour être destinés à l'archivage. (Stuessy & Sohmer, 1996). Lorsque des membres du personnel d'un herbier passent beaucoup de temps à récolter sur le terrain pour constituer des collections, celles-ci représentent l'essentielle du matériel de recherche.

Cependant, les missions sur le terrain sont gourmandes en argent et en temps, et les herbiers doivent souvent se rabattre sur d'autres méthodes pour obtenir des spécimens. Les récolteurs doivent être encouragés à produire des doubles. De cette manière, les échantillons supplémentaires pourront être utilisés pur des échanges, ce qui constitue une autre manière d'agrandir les collections (Stuessy & Sohmer, 1996).

7.7.2. Les dons

Les herbiers peuvent donner des doubles de leurs spécimens à d'autres herbiers. Les spécimens d'herbier peuvent soit être donnés gratuitement, soit être donnés en échange d'identifications. Ceci permet d'étendre l'accès aux informations sur les plantes, et les résultats de l'étude et de l'identification sont diffusés et disponibles en permanence. Les particuliers peuvent aussi donner aux herbiers des spécimens non identifiés et, en échange, l'herbier leur fournira les noms des plantes récoltées (Piet *et al.*, 2013).

Les dons sont incorporés dans l'herbier, à condition que les spécimens et des étiquettes soient de qualité suffisante. Lorsque l'employé d'herbier part en mission de récolte dans une région couverte par un autre herbier, l'usage veut que l'on récolte et que l'on donne des doubles spécimens à l'herbier de la région. Parfois, lors de l'obtention d'un permis, l'un des conditions requises est que l'herbier de la région reçoive des doubles de tous les spécimens récoltés dans cette région. Il est fréquent que des botanistes, ne dépendant d'aucun herbier, fassent don à des herbiers de séries de spécimens provenant d'explorations ou d'études qu'ils ont menées. Les botanistes seront enclins à donner des séries de spécimens à des herbiers réputés pour leur activité dans la recherche et pour leur intérêt à agrandir leurs collections, tout particulièrement lorsqu'une ligne de conduite est mise en place, assurant que le matériel sera accessible, gardé et conservé avec soin (Stuessy & Sohmer, 1996).

7.7.3. Les dépôts

La différence entre un don et un dépôt de matériel est que, lorsqu'un herbier accepte le matériel en dépôt, il est obligé de garder les spécimens dans sa collection. L'herbier ne peut pas s'en défaire, ni les envoyer lors d'un échange. Des spécimens de valeur, qui servent de référence pour des documents publiés sont souvent reçus à cette condition, par exemple, des spécimens qui ont servi pour des recherches sur les plantes à usage médicinal, pour des travaux d'ordre écologique, ou comme preuves judiciaires (Piet *et al.*, 2013). Les spécimens de référence sont élaborés avec beaucoup de soin, et ils procurent souvent des informations qui ne sont pas disponibles habituellement. Tous les efforts doivent tendre à encourager de tels dépôts, surtout parce qu'ils ont plus à même de stimuler un intérêt pour l'herbier auprès de botanistes autres que les taxonomiques, et auprès d'autres scientifiques.

7.7.4. Les échange

Les herbiers doivent des systèmes d'échanges entre eux : pour chaque spécimen donné par l'un, l'autre herbier donne un spécimen en retour. Le matériel envoyé pour l'échange doit être de très bonne qualité, de manière à ce que l'herbier qui le reçoit soit satisfait de l'incorporer dans sa collection. Les herbiers qui sont engagés dans des systèmes d'échange peuvent effectuer des requêtes sur certains taxons ou certaines régions. Si tel est le cas il faut les prendre en compte lors du classement des doubles. Les politiques d'échanges devraient suffisamment de flexibilité pour assurer que le matériel est envoyé à l'endroit où il aura le plus de valeur, se préoccuper du « crédit » accordé à la politique d'échange de l'institution. Les herbiers qui ont instauré une politique de gain de place doivent encourager l'envoi de leurs doubles dans d'autres lieux (Piet *et al.*, 2013).

7.7.5. Les achats

Parfois des propriétaires des collections proposent au directeur d'un herbier d'acheter leurs collections. Les achats sont très rares, parce que la conservation à long terme de spécimens d'herbier représente déjà un gros investissement pour un herbier. On décide d'acheter une collection pour des raisons très particulières. Le prix par échantillon ne présente que rarement tous les frais de récolte (Piet *et al.*, 2013).

7.8. Les collections de l'herbier

Un herbier est composé en grande partie de collections d'échantillons de plantes (Piet *et al.*, 2013). En plus de la collection principale de spécimens pressés et montés, un herbier peut renfermer des collections séchées de fruits et de graines, de spécimens volumineux, d'échantillons de bois, de bryophytes, d'algues, de fossiles, et matériels végétal conservé dans l'alcool, le formol ou le silicagel (Bridson & Forman, 1998).

Les illustrations, les photographies les descriptions macroscopiques et microscopiques, et les copies de spécimens, ainsi que les préparations pour le microscope font aussi partie des collections de l'herbier.

Exemple1 : " La création d'un équilibre entre l'utilisation, la gestion et la conservation des collections est un défi important", (Williams & Cato, 1995)

7.8.1. Les différents types de collection

Les plantes vasculaires sont habituellement pressées et montées sur des feuilles cartonnées (« planches »). Ces spécimens les uns sur les autres et stockés sur des étagères, dans des armoires (Fish, 2004 et Piet *et al.*, 2013). Cependant, certaines plantes ou certains organismes ne peuvent pas être montées et conservés de cette façon (collections auxiliaires contenant des fossiles, des champignons, des lichens et des bryophytes, Marchar, 1988).

En dehors de la collection principale, il y a donc plusieurs collections auxiliaires (graines, photographies, fruits, feuilles conservées dans du silicagel, collections en alcool etc.). Les graines, les fruits et le bois sont stockés pour des études morphologiques, chimiques, génétiques et taxonomiques (Marchar, 1988).. Parfois les spécimens sont conservés dans des bouteilles en verre, par immersion dans des produits chimiques (comme l'alcool).

Les collections auxiliaires sont généralement conservées séparément, ce qui exige une division spatiale des collections de l'herbier. Néanmoins il est fortement conseillé d'essayer d'intégrer au maximum les collections auxiliaires dans les collections principales, parce que les collections séparées sont souvent « oubliées ». Si on décide de séparer les collections, il est recommandé d'ajouter, dans les collections principales, des références vers les collections auxiliaires (Bowles *et al.*, 1993).

7.8.1.1. Les plantes vasculaires

La collection de plantes vasculaires est la plus connue. Les collections sont déposées dans l'herbier par le personnel de l'herbier, d'autres instituts locaux ou par des particuliers (Piet *et al.*, 2013). Ils peuvent aussi être acquis par échanges avec d'autres institutions. Parfois les chercheurs déposent les spécimens qui ont été utilisés dans un but scientifique pour s'y référer ultérieurement (Piet *et al.*, 2013).
Exemple : études en pharmacognosie, anatomie, phytosociologie ou écologie.

Ces spécimens sont très importants, car dans le cadre des recherches scientifiques les données doivent être vérifiables. Ces échantillons sont nommés spécimens de référence ou échantillons-témoins (Boura, 2008).

Normalement on essaie de rassembler le plus possible les différents types de collections (exemples : plantes cultivées, plantules etc.). Cependant, pour des raisons pratiques, on peut décider de séparer certaines collections (ainsi lorsqu'on étudie la force d'une région, on choisit souvent de placer à part les collections provenant de cette région). La gestion des collections de macro-algues est similaire à celles des plantes vasculaires (Marchar, 1988).

7.8.1.2. Les Champignons

Les champignons doit être stockés en entier ou occupés le sens de la longueur. Les sporées et les dessins des microstructures doivent être conservés avec les spécimens (Fish, 2004 et Piet *et al.*, 2013). Les champignons sont particulièrement sensibles aux attaques d'insectes nuisibles et doivent être complètement désinfectés avant le stockage. Comme les champignons s'abîment rapidement, il faut les sécher correctement avant leur conservation dans l'herbier. Les spécimens sont placés au-dessus d'une source de chaleur ou dans un séchoir. La durée du séchage ne doit pas dépasser 24 heures et la température doit rester en dessous de 60°C durant toute cette période. Après le séchage les champignons sont conservés dans des sacs étanches en polyéthylène, avec quelques cristaux de silicagel pour maintenir le spécimen au sec (Fish, 2004).

- Dans un séchoir, sur du chlorure de calcium.
- Dans des petites boîtes en carton, si les spécimens sont particulièrement fragiles.
- Dans des bouteilles en verre, dans l'alcool ou le formol.
- Les champignons pathogènes ou épiphytes sont montés sur des feuilles cartonnées (« planches »). Ces spécimens sont empilés les uns sur les autres et stockés sur des étagères, dans des armoires (Piet *et al.*, 2013).

7.8.1.3. Les Bryophytes et les Lichens

Contrairement aux autres plantes, les bryophytes et les lichens ne sont pas montés sur des feuilles cartonnées (Fish, 2004). Ils sont conservés dans des enveloppes pliées. Ces enveloppes sont montées sur des bristols classiques (A5) ou sur des fiches cartonnées classées verticalement. Les grands lichens épilithiques sont conservés dans des boîtes en carton (Marchar, 1988 et Piet *et al.*, 2013).

7.8.1.4. Les Algues

Il existe deux types de stockage pour les algues : les macro-algues sont conservées sur des planches d'herbier (comme les plantes vasculaires) et les micro-algues sont stockées dans des fioles contenant du formol ou sur des lames de verre (préparation de microscope, Marchar, 1988).

7.8.1.5. Les fossiles

Les fossiles sont généralement grands et volumineux, et sont conservés de préférence dans des armoires de rangement en métal (Piet *et al.*, 2013). L'idéal est de posséder des armoires spécialement destinées à cet effet, avec des tiroirs peu profonds à espacement réglable (Boura, 2008). Les tiroirs doivent être rembourrés avec une fine couche de caoutchouc mousse. Chaque fossile doit comporter une petite étiquette, avec un numéro de classement lui étant dédié (Fish, 2004).

Les informations de récolte peuvent être écrites dans un livre ou enregistrées dans un ordinateur. Si le fossile est très petit, il peut être monté, soit sur une feuille cartonnée, soit sur une plaque de roche provenant du même lieu. Les roches peuvent être classées par ordre stratigraphique, puis par ordre de lieu de récolte. Dans chaque lieu de récolte, les spécimens fossiles peuvent être classés par ordre taxonomique. Autre, ils peuvent l'être par type d'organe (feuille, tige).

7.8.1.6. Les collections auxiliaires

Ce sont des collections qui sont conservées à part pour des raisons pratiques. Les principaux sont (Fish, 2004 et Boura, 2008):

a. Les spécimens volumineux : des parties de plantes volumineuses, comme les feuilles de palmiers ou les fruits, peuvent être stockés dans des boîtes d'archives ou dans des boîtes en carton s'ouvrant sur la face avant, avec une étiquette collée à l'extérieur (Boura, 2008). La manière la plus facile d'archiver les spécimens volumineux est de les cataloguer par taille, mais dans ce cas il faut mettre en œuvre un système d'archivage avec un catalogue, afin de retrouver facilement les spécimens dans les collections (Fish, 2004).

b. La carpothèque : une collection carpologique est composée de fruits séchés ou de graines séchées, et elle est conservée séparément (Boura, 2008). Chaque élément est normalement relié à la planche d'herbier lui correspondant. Les spécimens exceptionnellement grands, par exemple les cônes de *Cycas* sont plutôt gardés dans les boîtes. Les boîtes les plus appropriées sont faites de carton couvert de tissu (Fish, 2004).
Elles devraient comporter un volet rabattable sur la face avant, en plus d'un couvercle sur la face supérieure. Des boîtes à couvercle transparent sont très pratiques. L'étiquette du récolteur doit être collée à l'extérieur ; la boîte peut aussi comporter un porte-étiquette. Dans les herbiers tropicaux, il est préférable de ranger les spécimens dans des boîtes en métal, plus résistantes aux insectes (Piet *et al.*, 2013).

Les graines et les fruits, conservés dans l'herbier à des fins taxonomiques, sont gardés dans des boîtes ou dans des bouteilles, dans des tiroirs peu profonds à l'intérieur de rangement en métal. Il est vital de garder les graines au sec pour éviter la germination. Les fruits charnus peuvent aussi être conservés dans l'alcool (voir « La collection en alcool »). Toutes les graines doivent provenir d'un spécimen de référence dans la collection de l'herbier, sinon elles sont inutiles pour les recherches scientifiques (Piet *et al.*, 2013).

Les graines peuvent être emmagasinées pour être cultivées ultérieurement, ou en prévision d'une réintroduction pour sauvegarder l'espèce. Dans ces deux cas, des conditions spécifiques sont nécessaires pour maintenir leur capacité de germination. Pour un stockage à court terme (jours, semaines ou mois), les graines doivent être conservées à 5°C (dans un réfrigérateur normal), dans un récipient étanche à l'air, contenant du silicagel pour aborder l'humidité. Le stockage à long terme (plus d'un an) nécessite que les graines soient conservées entre -20°C et -5°C. Les graines stockées ne devraient pas être exposées à la chaleur ou à l'humidité, sinon elles risquent de germer ou de perdre leur capacité de germination. Il est important de noter que les graines de nombreuses espèces tropicales supportent très mal le conservateur à long terme (graines récalcitrantes, Piet *et al.*, 2013).

c. La xylothèque : une collection uniquement composée d'échantillons de bois est appelée xylothèque (Boura, 2008). Le bois peut être conservé dans deux buts principaux : l'un est de fournir des échantillons, sur lesquels on pourra prélever des coupes pour des études anatomiques ; l'autre est de fournir des renseignements sur les arbres, à des fins de détermination ou de description (Piet *et al.*, 2013)

Les blocs de bois peuvent comporter un côté poli et un côté brut, et il est utile d'y laisser un peu d'écorce. Les blocs peuvent être rangés dans des armoires ou dans des tiroirs (Boura, 2008). La manière la plus facile d'archiver le bois est de cataloguer les blocs et de les classer par ordre numérique. Dans ce cas on a besoin d'un index pour faciliter la consultation des bois (Holmgren *et al.*, 1990).

Chaque échantillon de bois doit correspondre à un spécimen de référence dans la collection principale (de préférence un échantillon avec des fruits ou des fleurs), cela permet de vérifier les identifications. Chaque bloc doit comporter un numéro inscrit dessus et, et ce numéro doit aussi être écrit sur la planche d'herbier sur laquelle le spécimen de référence est monté. Sans cette correspondance entre spécimen d'herbier et bois, la xylothèque ne présente aucun intérêt. S'il n'existe pas de collection séparée, de petits morceaux de bois peuvent être montés sur les planches d'herbier (Fish, 2004).

d. La collection en alcool : les structures délicates ou très charnues, ou bien les fleurs complexes, celles des Asclepiadoideae et des Orchidaceae, sont stockées dans des liquides conservateurs (en anglais : « spirit collection »). L'avantage de cette méthode de stockage est que la forme tridimensionnelle du spécimen est maintenue (Piet *et al.*, 2013). Le matériel végétal conservé de cette manière peut être utilisé pour des recherches anatomiques et pour prendre les mesures de caractères qui rétrécissent lorsque le spécimen est séché (Pyke & Ehrlich, 2010). Les spécimens sont en général passés un fixateur pour éviter les déformations anatomiques, et immergés ensuite dans des récipients contenant un liquide conservateur, par exemple de l'alcool dénaturé (Fish, 2004).

e. Illustration, photographies et copies de spécimens : d'autres collections auxiliaires peuvent être constituées d'illustration et de photographies. Elles sont utiles pour fournir des informations permanentes sur l'habitat, le port de la plante et ses couleurs. Des épreuves, des diapositives ou des photographies digitales peuvent être utilisées pour les publications et les conférences (Holmgren *et al.*, 1990).

Les photographies, les photocopies ou les images scannées peuvent aussi concerner des spécimens d'autres herbiers, comme des spécimens-types, des spécimens historiques, de nouveaux taxons ou des taxons qui ne sont pas représentés dans les collections (Piet *et al.*, 2013).

f. Les illustrations et les photographies sont montées sur des plantes d'herbier standard. Chaque épreuve ou diapositive doit comporter une étiquette avec les informations de récolte : nom, lieu de récolte, nom et numéro du récolteur, date, etc... Piet *et al.*, 2013). Pour les photographies digitales, on peut ajouter ces informations dans la description du fichier (clic droit sur le fichier, sélectionner « propriétés » puis « résumé,»).

Les travaux photographiques provenant de recherches telles que des études anatomiques, cytologiques ou ceux obtenus à partir d'un microscope électronique à balayage (MEB) doivent être conservés avec le spécimen de référence. Ils peuvent être gardés ensemble, dans un sac en plastique muni d'une fermeture de type minigrip (sacs « Zip-lock »).

Les négatifs doivent être conservés séparément, et doivent être reliés au spécimen concerné. Les photographies peuvent être rangées dans la collection principale ; cependant, si l'on utilise certains produits chimiques pour la lutte contre les insectes, il est préférable de les garder à un autre endroit (Piet *et al.*, 2013).

Les diapositives et les négatives peuvent être posées sur des supports spéciaux, et rangés dans une armoire d'archivage, en lien avec les spécimens d'herbier auxquels ils peuvent se rapporter. Le rangement des photos digitales est aussi très important et serait se faire dans une banque de données qui contient aussi les données des échantillons (Stuessy & Sohmer, 1996 et Piet *et al.*, 2013).

g. Les préparations microscopiques : dans les lames microscopiques pour l'examen au microscope sont gardées dans une armoire avec des tiroirs munis de supports ou des boîtes spéciales. Elles peuvent être rangées par ordre numérique, et dans ce cas le numéro est réécrit sur la planche d'herbier qui leur correspond. Autrement, on peut utiliser les numéros du récolteur (Piet *et al.*, 2013).

h. Les archives et la bibliothèque : les données, les informations concernant des collections d'herbier sont d'une importance capitale. D'un côté, nous avons certaines archives apportant des informations précieuses sur les collections : les carnets de récolte, les itinéraires des récolteurs, les cartes géographiques, et les Gazetteers botaniques (index répertoriant les lieux de récolte et leur situation géographique, Bamps, 1982).

Ces archives sont très utiles pour vérifier les informations, et pour interpréter correctement certaines étiquettes de récolter ou des spécimens sans étiquettes. D'un autre côté, il y a les publications sur les collections et les publications taxonomiques (révision taxonomiques, flores etc.). Il est capital de bien conserver ces archives et de faciliter l'accès à ces informations afin d'interpréter correctement les étiquettes d'herbier (Piet *et al.*, 2013).

i. Les collections en silicagel pour les études moléculaires : se référer au chapitre VI pour la préparation des collections. Les collections sont rangées ensuite à titre permanent dans des tubes en plastiques.

Chapitre VIII :
Herbier et son rôle dans la taxonomie

8.1. Introduction

Depuis la période de ***Linné***, les noms scientifiques des plantes et animaux sont basés sur les spécimens généralement conservés dans des collections scientifiques et dans quelques rares cas sur des illustrations graphiques. Ces spécimens sont appelés ***spécimens types*** et constituent avec la description qui les accompagne, l'essentiel du concept de l'espèce et l'attribution du nom. Le travail taxonomique repose principalement sur ces spécimens types et ils constituent de ce fait, des outils très importants[44].

Les spécimens d'herbier[45] est défini comme étant la collection des plantes qui doivent toujours être séchées, pressées, conservées (gardées) en morceau et arrangées conformément à un système de classification pour une future référence et étude (White Et Edwards, 2001).

Le terme herbier «*herbarium*» désigne aussi l'établissement ou l'institution qui assure la conservation d'une telle collection (Hyland, 2002). Constitués au fil du temps, les nombreux herbiers, publics et privés, existant dans le monde constituent un matériel indispensable à la typification et aux études botaniques. Le terme a désigné jusqu'au XVe siècle des ouvrages traitant de plantes (Lull & Moore, 1999).

Le sens actuel désignant la collection de plantes séchées apparaît au XVIIIe siècle. On dit ainsi que ***Sextus Apulieus Barbarus*** est l'auteur d'un

---

[44] Un nombre important de spécimens types ont été digitalisés par le programme African Plants Initiative et sont disponibles avec les flores digitalisées et d'autres informations dans Jstor Plant Science (http://plants.jstor.org)

[45] En botanique et en mycologie, un herbier est une collection de plantes séchées et pressées entre des feuilles de papier qui sert de support physique à différentes études sur les plantes, et principalement à la taxinomie et à la systématique. Le terme herbier (herbarium) désigne aussi l'établissement ou l'institution qui assure la conservation d'une telle collection. Constitués au fil du temps, les nombreux herbiers, publics et privés, existant dans le monde constituent un matériel indispensable à la typification et aux études botaniques.

herbier en employant la première signification. Par analogie, toute collection de spécimens biologiques séchés et aplatis est appelée herbier, tels un « herbier d'oiseaux » ou un « herbier de poissons».
Un herbier, à l'origine, a pour vocation de recenser toutes les plantes afin de créer une sorte de collection ou de base de données botaniques. Nous pouvons dire que le but premier d'un herbier est de rassembler des spécimens (séchés et conservés), afin de mieux connaître et de classifier les taxons

8.2. La « classification » des herbiers

On peut classifier les différents herbiers selon plusieurs critères, par exemple les groupes taxonomiques, l'usage, la région géographique, le propriétaire, etc... Très souvent, les herbiers combinent différents critères de spécialisation. Notons que le premier herbarium du monde a été créé en 1845 à l'Université de « *Padua* » en Italie. Cette spécialisation a des conséquences sur l'organisation et la gestion des collections (Metsger *et al.*, 1999) .

a. Groupes taxonomiques : Certains herbiers (surtout les grands herbiers historiques) ont pour but d'avoir tous les taxons existants présents dans leurs collections. Les herbiers les plus récents se spécialisent plutôt dans des groupes taxonomiques spécifiques (par exemple les plantes vasculaires ou les champigons).

b. Propriétaire : On peut classer les herbiers sur la base de leur propriétaire. Il existe des herbiers privés, des herbiers universitaires, des herbiers faisant partie de musées d'Histoire Naturelle, des herbiers présents dans certaines écoles, etc....Chaque herbier est structuré différemment (organisation, financement, etc.)

c. Région géographique : Les herbiers peuvent contenir des collections provenant du monde entier, d'un seul continent, d'un pays, d'une région, ou des collections (Parc National, réserve, etc.)

d. Utilisation : Les herbiers peuvent aussi être classés selon les utilisations qui en sont faites. On peut distinguer des collections de référence pour l'identification, pour des études morphologiques, anatomiques ou moléculaires, mais également des collections de spécimens de référence, etc. D'une manière générale, il y a l'utilisation conventionnelle et non conventionnelle (Piet *et al.*, 2013).

8.3. Utilisations conventionnelles ou traditionnelles d'un herbier

8.3.1. Réalisation de monographies

L'utilisation principale est sûrement l'étude taxonomique des groupes de plantes (par exemple un genre). Une monographie est le résultat d'une révision taxonomique d'un groupe de plantes. Elle donne des informations détaillées sur le groupe de plantes étudiées. Pour la monographie, on fait des études morphologiques de « tout » le matériel disponible. Les sources principales de ce matériel pour cette étude sont les échantillons d'herbier et les collections auxiliaires. Les herbiers constituent en effet une collection de référence permanente qui fournit du matériel pour des morphologiques, anatomiques et phylogénétiques.

Cette collection, qui rassemble tous les spécimens dans un seul lieu et au même moment, permet l'étude des différents stades phénologiques sans devoir aller sur le terrain. L'herbier fournit fleurs, pollen, feuilles, fruits et graines pour des études morphologiques et même pour des études anatomiques. Les étiquettes des spécimens d'herbiers comportent des informations sur la distribution, l'écologie, les usages et les noms vernaculaires. De plus, l'herbier peut aussi fournir du matériel pour les études de l'ADN.

8.3.2. Identification de nouvelles espèces

La découverte de nouvelles espèces peut seulement être confirmée par comparaison avec d'autres spécimens d'herbiers disponibles. La description des nouvelles espèces est normalement faite dans la carte d'une étude monographique ou en collaboration avec un spécialiste du groupe.

La publication légitime d'une nouvelle espèce nécessite le dépôt d'un spécimen de référence (holotype) dans un herbier. Cette collection doit être accessible par des scientifiques « étrangers » à l'institution. Les doubles de ce type (isotypes) peuvent être déposés dans d'autres herbiers.

8.3.3. Compilation de check-lists des flores

Les check-lists donnent un premier aperçu de la diversité de certains groupes pour des régions délimitées. Ces listes d'espèces sont faites grâce à la consultation des collections des herbiers (observation et au recensement des spécimens d'herbier pour une zone déterminée, une région, un pays,…). Une check-list est souvent un précurseur pour une flore. Les flores sont principalement des outils pour l'identification des plantes de certaines régions. Néanmoins les flores souvent des informations sur la morphologie, l'habitat, l'aire de distribution, les usages et les noms vernaculaires des espèces (Stuessy & Sohmer, 1996).
Exemple : Check-list des Ptéridophytes de l'écosystème forestier des montagnes du Parc National de Kahuzi-Biega à l'Est de la R.D. Congo. (Mangambu *et al.,* 2012).

8.3.4. Morphologie et anatomie

8.3.4.1. Etudes morphologiques et anatomiques

Elles peuvent se faire directement à partir des spécimens. Lorsque plusieurs spécimens sont utilisés, cela permet de mesurer les variations morphologiques et anatomiques d'un taxon (par exemple, si la longueur des feuilles varie, si la morphologie du calice est la même pour tous les spécimens, etc.).

Les herbiers constituent en effet une collection de référence permanente qui fournit du matériel pour des études morphologiques et anatomiques. Ceci permet d'étudier les différents stades phénologiques en même temps et sur un seul lieu, sans devoir aller sur le terrain. Le séchage et la mise en presse déforme les plantes (surtout les fleurs).

Néanmoins de nombreux caractères réhydratant, on reconstitue leurs dimensions d'origine. Ceci permet d'étudier, de mesurer et de dessiner la morphologie. Pour certains groupes avec des fleurs plus complexes (par exemples *Orchidaceae*), il est utile d'avoir du matériel en alcool. Pour des études anatomiques, il est préférable d'avoir du matériel en alcool. Pour l'étude de l'anatomie du bois, on fait une xylothèque.

8.3.4.2. Etudes comparatives sur les différentes anatomiques et/ou morphologiques

Il est également possible de faire des études comparatives sur les différentes anatomiques et/ou morphologiques :
- Selon la zone géographique (par exemple, les variations anatomiques d'un même taxon selon le continent où il a été récolté).
- Selon une perspective temporelle (variation des caractères selon la période de récolte, ou variation historiques : adaptation de certains espèces, par exemple réduction du nombre de stomates sur les feuilles, etc.).

8.3.5. Modèle de distribution des taxons

Utilisation des informations géographiques présents sur les étiquettes des spécimens afin de constituer des modèles de distribution (par exemple : carte présentant la répartition d'une espèce).
Exemple : Une méthode nouvelle pour l'estimation des aires de distribution, grâce à l'utilisation des données de l'herbier. (Hernandez, 2007)

On peut également se servir des connaissances sur la distribution d'une espèce pour affiner l'identification des spécimens : par exemple, si l'on s'aperçoit qu'un spécimen est déterminé espèce A, mais que tous les autres spécimens de l'espèce A ont été récoltés dans une autre région, il est possible que ce spécimen n'appartienne pas à l'espèce A (ou bien cela peut signifier qu'on s'est trompé sur la localisation exacte du lieu de récolte).

8.3.6. ADN, évolution

Etudes des gènes d'une espèce à partir de spécimen d'herbier (extraction de l'ADN).

Exemple : Extraction et amplification de l'ADN nucléaire provenant de spécimens d'herbier d'Amidonnier : une méthode pour estimer la conservation de l'ADN par récupération d'amplification de longueur maximale (Lister *et al.* , 2008).

Combinaison des méthodes de la classification phylogénique et de la classification classique des espèces (classique : comparaison de l'anatomie, de la morphologie des spécimens) pour mieux différencier les taxons.
Exemple : Le rôle de l'anatomie du bois dans la reconstruction phylogénétique des Ericales (Lens *et al.*, 2007).

8.3.7. Collections de référence

Les méthodes de conservation utilisées dans les herbiers permettent d'assurer la stabilité temporelle du matériel végétal. Un herbier, étudié par des spécialistes, fournit des spécimens bien identifiés qui peuvent être utilisés comme collection de référence (Stuessy & Sohmer, 1996). En comparant ses exemples (études génétiques, de pharmacognosie,...).
Exemple : Préparation et utilisation des spécimens de référence pour documenter la recherche sur les adventices (Carter *et al.*, 2007).

8.3.8. Education

8.3.8.1. Sensibilité du public, d'ordre général

La visite guidée d'un herbier est souvent appréciée par le public, car elle permet de mieux « visualiser » la biodiversité et le travail que font les scientifiques, tout en ayant un côté historique et esthétique qui est attrayant (spécimens anciens). On peut également mettre l'accent sur l'importance de l'écologie (parler d'espèces disparues, qui n'existent désormais que dans les collections d'herbier).

8.3.8.2. Formation à la taxonomie et aux techniques de conservation (étudiants, techniciens)

Les travaux pratiques incluant l'identification de spécimens permettent d'acquérir des savoir-faire essentiels.

8.3.8.3. Art et design

Les plantes montées sur les planches d'herbier sont souvent une source d'inspiration pour des artistes.

8.3.8.4. Expositions

Certaines planches d'herbier, les collections auxiliaires (et notamment les dessins scientifiques) sont souvent utilisés pour des expositions éducatives et scientifiques mais parfois elles peuvent aussi être de véritable œuvres d'art.

8.4. Utilisation non conventionnelles

Les utilisations non conventionnelles sont souvent moins connues. Au contraire des usages traditionnels, les usages non conventionnels ne sont pas prévus par les récolteurs et les conservateurs des herbiers. Ces utilisations se situent souvent en dehors du domaine de la botanique, et donnent une supplémentaire aux collections. L'herbier devient donc un outil indispensable pour de nombreuses disciplines scientifiques.

8.4.1. Agronomie et foresterie

8.4.1.1. ***Utilisation des herbiers comme source d'identification sur les plantes cultivées***

Variation morphologique et génétiques, répartition géographique des cultures, distributions des espèces voisines, distributions des parasites etc. sont des utilisations des herbiers comme source d'identification sur les plantes cultivées

Exemple : L'ADN provenant de spécimens d'herbier alimente une controverse sur les origines de la pomme de lettre européenne (Ames & Spooner, 2002).

8.4.1.2. Recherches sur des espèces utiles non cultivés, afin de les mettre en culture (cf. ethnobotanique)

Les herbiers constituent une source importante d'information. De nombreux spécimens ont été récoltés dans ce but, surtout depuis un siècle :
- information sur l'habitat et l'environnement ;
- information sur les périodes de floraison et de fructification ;
- information sur les utilisations locales d'une espèce.

8.4.1.3. Recherches sur des espèces proches des plantes cultivées

- soit pour améliorer le potentiel génétique (obtention d'hybrides plus productif ou contenant moins de substances toxiques) ;
- soit pour envisager la mise en culture d'espèce « sauvage», parfois plus résistantes aux maladies ou aux parasites.

8.4.2. Anthropologie, paléobotanique, palynologie

Ces trois domaines étudient l'histoire de la végétation, qui est souvent un résultat de l'interaction entre les hommes et les plantes, soit dans la période actuelle (ethnologique), soit dans une perspective historique ou même préhistorique (paléobotanique, palynologie).

8.4.2.1. Ethnobotanique

Utilisation locale d'espèce (concerne toutes les utilisations d'une espèce végétale par l'homme).
Utilisation économique : plantes vivrières ou servant à nourrir les animaux domestiques, plantes utilisées pour la chasse (servant d'appât pour les animaux sauvages).

Plantes utilisées pour les propriétés : teinture de tissus, fabrication de mobilier, construction, utilisation de processus chimiques (tannage des peaux, coagulation du lait, poisons pour la chasse et la pêche, fermentation, etc…), obtention de médicaments.

Utilisation culturelle : souvent liée à l'utilisation économique, mais pas toujours (utilisation dans des rituels, pour leurs propriétés psychotropes,…). On peut noter que de nombreux récolteurs se sont fait accompagner par des personnes locales (indicateurs), non seulement

pour les aider dans la récolte de spécimens, mais aussi pour connaître les utilisateurs de ces plantes. Les herbiers rassemblent donc de nombreuses informations sur ces utilisateurs, et l'étude des spécimens permet d'identifier que sont les taxons concernés par ces usages.
Exemple : Connaissance ethnomycologies des peuples Nagot du centre du Bénin (Afrique de l'Ouest, Yorou & De Kesel, 2001).

8.4.2.2. Ethnolinguistique

Etude des noms donnés à certaines plantes pour mesurer les différences linguistiques selon l'aire géographique (Fleck, 2006 et 200a).
Exemple 1 : Quand le champ de la linguistique rencontre celui de la biologie : comment obtenir des appellations scientifiques pour les noms de plantes et d'animaux (Fleck, 2007b).

Exemple 2 : Etudes ethnobotanique et ethnolinguistique des ressources forestières ligneuses utilisées par la population du couloir écologique du parc national de Kahuzi-Biega en R D. Congo (Mangambu *et al.*, 2015).

8.4.2.3. Paléobotanique

On peut comparer les fragments végétaux (par exemple : bois carbonisé), récoltés sur des sites archéologiques ou historiques avec des présentes dans les herbiers souvent à l'aide de recherche morphologiques comparatives), et ainsi des liens de parenté, des comparaisons d'ordre géographique (évolution de la répartition des espèces, Mayr, 1989).

8.4.2.4. Palynologie

Comparaison des pollens récoltés (étude de la concentration des pollens sur des sites archéologiques, par exemple dans la tourbe) avec des pollens issus de spécimens d'herbier
Exemple : L'utilisation historique de *Cistus ladamum*. Preuves palynologiques dans des dépotoirs des 15e et 16e siècles en Belgique du Nord (Deforce, 2006).

8.4.3. Etudes climatologiques et impact sur l'environnement

Comme les collections présentes dans les herbiers ont été constituées sur une longue période, elles peuvent être comparées avec des relevés climatologiques, afin d'obtenir des résultats dans deux directions :
- pour comprendre l'impact des changements climatiques sur les espèces végétales (contrairement aux animaux, les végétaux sont plus ou moins sédentaires : en cas de changement climatiques, ils meurent ou bien s'adaptent au nouveau climat, et dans ce cas, les caractères morphologiques/anatomiques évoluent).
- pour mieux observer la durée et la situation géographique de ces changements du climat. Voici quelques applications à partir des spécimens d'herbier

a. Etude des taux de concentration en CO_2
Exemple : Modélisation de la corrélation entre densité des stomates et CO2 atmosphérique (Konrad *et al.,* 2008).

b. Etude des taux de concentration des espèces selon le climat
Exemple : Center l'écologie des paysages sur l'analyse du modèle spatial, afin de soutenir une évaluation de l'impact humain sur les paysages et la diversité (Koffi, 2007).

c. Etudes sur le changement climatique actuel (comparaison avec des relevés botaniques plus anciens.
Exemple : Des spécimens d'herbier démontrent l'avancement des périodes de floraison, en réaction ou réchauffement constaté à Boston (Primack *et al.,* 2004).

8.4.4. Phytosociologie

Etudes des associations végétales, en recoupant les données géographiques concernant plusieurs espèces : l'herbier devient un outil indispensable, surtout pour avoir des références sur le passé récent.
Exemple : (l'Ouest de l'Afrique centrale) : les effets dus au site, les facteurs édaphiques et la position relative à la frange haute ou basse de la forêt (Parmenter, 2003).

6.4.5. Etudes des composants chimiques

8.4.5.1. Pharmacognosie, médecine

Identification d'espèces contenant des composants chimiques intéressants (utiliser toute la plante comme médicament, ou bien isoler certaines molécules actives).

Exemple 1: Préparation médicinales dans l'herbier de Mattioli de 1596 (Drabek, 2008).

Exemple 2: Il est possible d'utiliser les spécimens d'herbier pour sélectionner des composants antibactériens dans certaines plantes (Eloff, 1999).

Exemple 3 : Contribution à l'étude phytochimique de quelques plantes médicinales antidiabétiques de la ville de Bukavu et ses environs (Sud-Kivu, R.D. Congo, Mangambu *et al.*, 2013)

8.4.5.2. Prévention

1. Plantes et champignons toxiques : identification d'espèce dans le cas d'empoisonnement mais aussi et surtout sensibilisation pour éviter les empoisonnements (réalisation de livres ou de brochures de prévention, alertes concernant l'introduction de certaines espèces dangereuses pour les hommes ou pour les animaux domestiques (Stuessy & Sohmer,1996). Plantes dangereuses, par exemple des plantes qui peuvent occasionner des réactions cutanées par simple contact.

2. Toxicologie :

- identification d'espèces toxiques à partir de spécimens d'herbier
- réalisation de monographies sur les plantes toxiques (degré de toxicité selon la dose ingérée, démarche à suivre en cas d'empoisonnement) : certains herbiers se spécialisent dans les collections de plantes toxiques, ce qui permet d'évaluer la présence de telle espèces dans une région précise.

Exemple : Recherche rétrospective de spécimens de référence des plantes vénéneuses (Wagstaff *et al.,* 1999).

3. pollution et environnement :

- Les herbiers sont indispensables pour retracer la présence de certains composants chimiques (métaux, éléments tels que l'arsenic, migration de

pesticides dans le sol, présence de nitrates, etc ...) et sur la façon dont les plantes peuvent concentrer dans leurs cellules.
Exemple : Données rétrospectives sur les métaux pendant les 100 dernières années, découlant de l'étude des mousses, *Barbula* sp. de la ville de Mussorie, collines Garhwal, Inde (Saxena *et al.*, 2008).

- On peut également évaluer l'impact de certaines pollutions sur la distribution des espèces (espèces sensibles ou non à la pollution, avec l'exemple le plus connu : l'étude des lichens pour évaluer la pollution de l'air).
- Enfin, beaucoup de collections présentes dans les herbiers ont été traitées avec des produits plus ou moins toxiques, ce qui permet d'étudier la réminiscence de ces composants chimiques au fil du temps
Exemple : la variation, au cours des années, des concentrations en mercure dans l'air dans les salles d'herbier (Oyarzun, 2007a).

On peut alors évaluer les dangers pour le personnel de l'herbier, liés à cette exposition aux produits toxiques.
Exemple : mercure dans l'air et spécimens végétaux dans les herbiers : une étude pilote dans l'herbier de Madrid MAF (Espagne), Oyarzun, 2007b).

8.4.6. Histoire

Les collections d'herbier comprennent les spécimens, mais également de nombreux documents annexes qui sont eux aussi conservés (Stuessy & Sohmer, 1996). Ces archives ont un intérêt historique important et voici quelques exemples d'utilisation concrète :
- retracer l'itinéraire d'un naturaliste (grâce à ses carnets de récolte, et aux étiquettes des spécimens qui comportent la date et le lieu de récolte).
- identifier des localités (par comparaison entre les noms anciens des lieux de récolte, mentionnés sur les étiquettes, les noms actuels des localités).
- déterminer la variabilité de la distribution des espèces dans le temps (sur plusieurs siècles, par exemple).

8.4.7. Associations, interactions bactéries/plantes et animaux/plantes

- Etude des parasites, des symbiotes à partir de l'observation de spécimens d'herbier.

Exemple : Les galles sur les fleurs des Rubiaceae africaines (Degreef, 2002).

- Récolte d'insectes(en même temps que la récolte de plantes : peut-être volontaire ou involontaire).

8.4.8. Etude d'espèces invasives, d'adventices et de néophytes

Observation de l'introduction d'espèces nouvelles dans une région, par comparaison avec les spécimens (de cette région) conservés dans les herbiers.

Exemple 1 : Plantes étrangères au Chili : déduction des périodes d'invasion grâce à un recensement des spécimens d'herbier (Fuentes *et al.*, 2008).

Exemple 2 : Dynamique forestière et impact de *Sericostachys scandens* (Amaranthaceae) sur l'écosystème forestier en zone de montagne, Parc National de Kahuzi-Biega, RD Congo, Masumbuko *et al.*, 2007).

Exemple 3 : Etude écologique de la liane envahissante *Sericostachys scandens* dans la partie de haute altitude du Parc National de Kahuzi-Biega (PNKB), (Sud-Kivu, RDC, Balezi *et al.*, 2008).

Etude de l'impact d'espèces nouvelles sur la composition de la Flore d'une région (concurrence avec des espèces locales, endémiques, etc.). Des missions de récolte à intervalle réguliers permettent également de mesurer l'impact temporel (invasion rapide ou non).

Exemple : Ahokas, H. (2008). Recensements non publiés de la flore de Finlande entre le 17e et le 19e siècle. L'herbier de K.A. Gottlund concernant une île à Helsinki en 1843 donne des indications sur des espèces de plantes vasculaires, éteintes et invasives, pendant 160 ans de changement environnemental, ainsi que la présence d'espèces indigènes avant l'introduction d'espèces fourragères.

8.4.9. Conservation des espèces, conservation biologique

- Etudier la conservation de l'ADN et des graines des spécimens d'herbier, afin de prévoir des actions possibles pour la conservation (Nakhleh *et al.*, 2005):

Exemple 1 : Les spécimens d'herbier comme source d'ADN pour les empreintes AFLP des Phragmites (Poaceae) : possibilité et limites (Lambertini *et al.*, 2008).

Exemple 2 : La propagation de plantes rares à partir de graines provenant de collections historiques : implications pour la réhabilitation des espèces et la gestion des herbiers (Bowles *et al.*, 1993).

- Parallèlement à la récolte d'échantillons d'herbier, réalisation de banques de semences (soit pour observation, soit pour culture ou réintroduction dans le milieu d'origine).

Exemple 1 : Les stockages des graines provenant du sol et la dormance des graines dans les peuplements sauvages de Haricot de Lima (Fabaceae) : considération pour une conservation in situ et ex situ (Degreef, 2002 et *al.*).

8.4.10. Preuves judiciaires

Le recueil sur les scènes de crimes de certaines fragments végétaux (fragments de plantes, brindilles, pollens) permet leur comparaison avec des spécimens d'herbier, et ces fragments peuvent ainsi devenir des preuves judiciaires vérifiées scientifiquement, qui peuvent aider à la recherche de suspects.

8.4.11. Développement de nouvelles techniques

a. Techniques liées à la récolte et à la conservation des spécimens (décontamination, environnement favorable à la conservation et à l'archivage, conservation de l'ADN, Nakhleh *et al.*, 2005).

Exemple 1 : Une méthode simple de collecte de bois et d'écorce pour des études anatomiques (Boura & De Franceschi (2008).

Exemple 2 : Préparation des spécimens d'herbier d'Opuntia (Reyes-Agüero *et al*, 2007).

b. Techniques de mesure et d'évaluation (isoler certains composants chimiques, préserver les caractéristiques du matériel d'herbier,...).
Exemple : Une nouvelle méthode basée sur l'utilisation d'enzymes pour le traitement des graines de pollen fragiles prélevés sur du matériel d'herbier (Schols *et al.*, 2004).

c. ***Techniques de diffusion de l'information scientifique***

8.4.12. Développement des technologies de l'information

La digitalisation des collections permet d'évaluer la pertinence de certains programmes, comme les banques de données (pour voir leurs avantages concrets, leurs limites, afin d'améliorer ces programmes). De tous ceux qui précédent, nous voyons donc que l'herbier sert de choses, et que la plupart de ses utilisations actuelles n'étaient pas envisagées lors de sa création (Bridson & Forman, 1998).

L'aspect historique des collections est très important, car il permet de mesurer de nombreux changement (adaptation des espèces, changements climatiques, impact humain, etc.). Nous pouvons donc supposer que l'herbier connaîtra, dans le futur, une utilité grandissante pour de nombreux scientifiques. Il représente une « banque » de matériel végétal, mais aussi une « banque » d'informations précieuses (Marchar, 1988).

Il est important de récolter et de garder les spécimens d'herbiers dans des conditions qui permettent de conserver au maximum les informations (ADN, contenu chimique, morphologie, etc.). Il est aussi très important de conserver dans des archives toutes les informations sur les missions, les techniques et les lieux de récolte ainsi que sur les récolteurs (Nakhleh *et al.*, 2005).
Exemple : un sociologue qui s'intéresse à la sociologie de la science pourrait utiliser les informations présentes sur les étiquettes des spécimens, afin d'étudier quelles données sont associées à la récolte des échantillons : il y a 150 ans, on notait le lieu de récolte, parfois la date et un numéro.

De nos jours, on écrit beaucoup d'informations supplémentaires sur les étiquettes : nom de l'espèce, habitat, nom vernaculaire, espèces qui poussent au même endroit, description de la plante, coordonnées géographiques, etc (Piet *et al.*, 2013). Ce sociologue pourrait donc envisager d'étudier les raisons qui poussent les scientifiques à privilégier telle ou telle information, et l'impact que ces choix ont sur le déroulement de leurs recherches. A vous de déterminer, à partir des exemples cités, à quoi peut servir votre herbier. Peut-être voyez-vous d'autres utilisations potentielles ? L'herbier a beau être une collection historique, elle n'en est pas moins dynamique !

Chapitre IX :
Gestion et conservation de l'herbier

9.1. Introduction

L'herbier est un outil fondamental pour la gestion de la diversité végétale. C'est pour cela qu'il convient d'outiller les gestionnaires forestiers et les botanistes débutants sur les bonnes pratiques en matière d'herborisation et de préparation des échantillons d'herbier. C'est l'objet de ce dernier chapitre qui informe sur le concept et l'importance de l'herbier et donne des indications sur les pratiques à adopter au cours des différentes étapes de sa réalisation ((Stuessy & Sohmer, 1996 et Daget, 2002).

Le matériel nécessaire étant réuni, les étapes fondamentales pour la réalisation d'un herbier sont l'herborisation, les informations de terrain à noter, le séchage et pressage des échantillons, le montage, l'étiquetage et la conservation des spécimens. Pour chaque étape, le matériel technique utilisé est cité ainsi que les méthodes pour parvenir à la réalisation d'une bonne collection d'herbier (Daget, 2002).

Les collections d'herbiers sont des archives à long terme qui méritent une protection contre tout dommage. Par conséquent, la salle de conservation devrait être climatisée ou ventilée et un contrôle strict de l'humidité s'impose pour éviter la moisissure et les attaques d'insectes. Un contrôle régulier de l'état des échantillons doit être fait et des traitements d'éventuelles attaques d'insectes doit se faire avec des produits insecticides appropriés ou au froid (en dessous de 0° C).

9.2. Stockage des spécimens

Les spécimens sont généralement classés par familles, genres, espèces, sous-espèces, variété, … Une fois classés par taxon, les échantillons peuvent être ordonnés par pays, province, … ou selon d'autres critères. L'ordre utilisé pour classer peut donc différer selon les instructions, mais il sera inspiré par les usages et des critères qui permettent de retrouver facilement les échantillons dans l'herbier, ainsi que les informations les concernant (Piet *et al.*, 2013).

9.2.1. Fardes de spécimens

Les fardes ou chemises en papier sont destinées à protéger les échantillons d'herbier. Il est préférable de mettre chaque spécimen d'herbier (correspondance à un seul numéro de récolte) dans une farde individuelle ; de cette façon, si des parties de plantes se détachent, elles tomberont dans la farde, et on pourrait alors les récupérer. S'il y a plusieurs spécimens dans une même farde, on ne sait plus de quelle planche d'herbier les petites parties se sont détachées. Par conséquent, on ne sait plus les relier à un spécimen précis, et on est obligé de jeter ces fragments à la poubelle (Piet *et al.*, 2013).

Les fardes individuelles sont préférablement légères et un peu grand que les cartons de montage (550 mm x 420 mm). Les fardes qui regroupent plusieurs échantillons sont normalement plus solides, car elles ont aussi une fonction de support et de protection des échantillons. De plus, une fois pliées, elles sont plus grandes que les cartons de montage (570 mm x 430 mm non pliées) et comprennent de préférence une double pliure centrale (Deux plis écartés de 1 cm).

Le nom de l'espèce et le nom de l'auteur doivent être écrits à l'extérieur de la farde individuelle, dans le coin inférieur gauche. Dans le coin inférieur droit on peut écrire d'autres informations (par exemple : pays ou région de récolte, récolteur), ce qui aidera l'utilisateur pour retrouver les échantillons plus facilement. Ceci facilite la recherche d'une farde dans une pile sans devoir l'extraire complètement de l'armoire. L'utilisation d'étiquettes et de fardes colorées, et des « étiquettes verticales » pour les noms de genre et d'espèce facilement le travail dans l'herbier (Piet *et al.*, 2013).

Des informations concernant l'espèce seront plutôt placées dans la première farde d'une espèce, avec indication de la présence de ces « Notes » ou de « Littérature » Il peut s'agir de photocopies d'articles de publications, mais aussi de référence de littérature, de notes sur des espèces proches ou bien encore d'autres informations intéressantes : caractères distinctifs et usages, noms vernaculaires, photographie, cartes, … Un fichier séparé peut être utilisé pour stocker l'information relative à une famille ou à un genre (Janine *et al.*, 2004).

Le classement des spécimens peut être basé sur un simple système alphabétique par famille, genre et taxon ; pour chaque taxon on peut organiser les échantillons par région de récolte ou par récolteur, ceci facilite la consultation des collections et diminuera les manipulations (notez que la cause principale de détérioration des collections est la manipulation des herbiers, Piet *et al.*, 2013).

Pour faciliter la consultation des planches d'herbier et diminuer les manipulations, on utilise les « étiquettes verticales » avec les noms de taxon, différentes couleurs pour indiquer le type de collection (cultivé ou pas) ou l'origine de la collection (région de récolte), ainsi que les annotations sur des fardes (récolteurs, région d'origine, …). Lorsque le système de classement est rigoureux, les utilisateurs comprennent plus facilement comment retrouver les spécimens (Piet *et al.*, 2013).

On recommande d'utiliser un système de référence permettant de relier des taxons synonymes lorsqu'ils ne sont pas rangés l'un à côté de l'autre. Par exemple, supposons qu'on a, dans l'herbier, des spécimens rangés sous trois noms d'espèce : nom B et C sont des synonymes de A (c'est donc le même taxon).

Pour faciliter le travail des chercheurs, il est important d'indiquer que des spécimens appartenant au même taxon peuvent être trouvés en cherchant sur les trois noms. On va donc créer une « planche de référence » qui peut être constituée par une farde, une planche d'herbier ou même une simple feuille de papier (Hyland, 2002).

Sur cette planche de référence, on va indiquer un lien vers le nom accepté en écrivant « nom B= nom A ». La planche de référence sera rangée au début de la collection des spécimens B. lorsqu'un chercheur étudiera ces spécimens B, il verra que d'autres spécimens appartenant au même taxon peuvent trouvés sous le nom A. Il faut également créer une planche de référence pour les spécimens C. (« nom C= nom A »)

Dans l'idéal, il serait aussi utile de créer une planche de référence à glisser au début de la collection de spécimens A : « nom A=nom B (syn.) ». Cependant, il existe parfois des dizaines de synonymes pour un seul nom accepté, donc ce n'est pas facile à mettre en pratique.

Un système de référence est également utilisé pour relier des spécimens à des collections auxiliaires (photos, collections en alcool, préparation des microscopes, bois, fruits secs,….).

Exemple 1 : un spécimen monté sur une planche d'herbier (herbier général) et une fleur en alcool, prélevée sur ce spécimens (même récolteur, même numéro de récolte). On va alors indiquer sur la planche d'herbier du spécimen (ou sur sa farde individuelle) qu'il existe une fleur présente dans la collection en alcool.

Exemple 2 : une photo sous spécimen de l'espèce X prise par Dupont, rangée dans la collection auxiliaire des photos sous son numéro de « récolte » n°220. Dans l'herbier, dans l'espèce X, il n'existe pas de spécimen monté sur une planche d'herbier correspondant à « Dupont n°220 ».

Dans ce cas, on prend un bristol de montage, et on colle une étiquette reprenant les informations que l'on connait : « espèce X, Dupont n° 220, photo dans collection auxiliaire ». Ce bristol sera glissé dans la collection principale, entre les planches d'herbier classées sous l'espèce X, en suivant l'ordre alphabétique des récolteurs (par exemple entre les spécimens de Duchemin et ceux de Durant). Sans ces références, les collections auxiliaires sont souvent oubliées.

9.2.2. Fardes de types

Les fardes de types indiquent la présence des spécimens-types (voir chapitre 3 sur la nomenclature). Même si le spécimen est une photographie ou le fragment d'un spécimen-type, il doit être placé dans une farde de **type**. Du papier fort et sans acide est plié de manière à assurer une protection optimale et à éviter que le spécimen ne tombe de la farde lorsqu'elle est manipulée (Daget, 2002).

Afin de mettre la farde en évidence, une bande de couleur (par convention, rouge ou rose) est imprimée ou tracée le long du bord inférieur de la farde de type. Il est également possible d'utiliser une farde entièrement colorée en rose ou en rouge. On peut y ajouter, pour plus de visibilité, une étiquette verticale signalant la présence d'un type.

9.2.3. Consignes pour la manipulation des spécimens

- Prenez tous les spécimens entreposés sur l'étagère (il ne faut pas retirer un seul échantillon d'une pile).
- Lorsque vous sortez une pile de spécimens de l'armoire pour les étudier en dehors de la salle d'herbier, placez dans le compartiment, à l'endroit précis où vous avez pris ces spécimens, une carte sur laquelle figure votre nom afin que les autres chercheurs sachent où ils se trouvent.
- Maintenez les portes des armoires fermées afin d'éviter l'entrée d'insectes ou de poussière.
- N'écrivez jamais sur l'étiquette de récolte ; utilisez un crayon si vous écrivez sur le carton de montage.
- Les spécimens doivent toujours être maintenus à l'horizontale et à plat et ne doivent jamais être pliés ; tenez les deux côtés de la planche lorsque vous manipulez les spécimens ; lorsque vous les transportez, placez-les sur un carton fort.
- Ne glissez jamais les spécimens dans la pile, car les coins des planches peuvent endommager les spécimens placés en dessous.
- Examinez les spécimens en les empilant et en les déplaçant séparément avec la plante toujours placée au-dessus. Ne feuilletez pas les spécimens comme les pages d'un livre et ne les empilez pas avec la plante placée à l'envers.
- Ne posez jamais d'objets sur un spécimen.
- Les spécimens peuvent être endommagés par la lumière du soleil, la poussière, le vent et l'humidité, et doivent toujours être protégés lorsqu'ils ne sont pas utilisés. Si des spécimens sont laissés à l'extérieur d'une armoire, ils doivent être couverts par une feuille de carton.
- Lors de l'entreprise des spécimens dans l'armoire, assurez-vous que les planches seront toutes alignées car les coins qui dépassent peuvent être endommagés.
- Annotez sur des étiquettes spécimens chaque utilisation qui a été faite de ce spécimen (titre d'étude, nom du chercheur, date, institut etc). Pour

les étiquettes, utilisez de préférence du papier gommé (méthylcellulose) ou, encore mieux, de la gomme arabique.
(Cette page peut être photocopiée et mise à disposition des visiteurs pour les informer de la manière dont on doit manipuler les spécimens)

***Spécimens-Types* : n**otez les détails à l'encre d'archivage en bas à droite de la farde, en indiquant de quel type il s'agit, le nom du taxon, la référence de la publication du type, le nom du récolteur et le numéro de récolte et, le cas échéant, les numéros correspondants à la famille et au genre. L'indication de la localité (ou au moins du pays) peut aussi être utile. Pour plus d'informations sur les spécimens-types, se référer au chapitre sur la nomenclature (Piet *et al.*, 2013).

Remarque : L'encre de certaines imprimantes Laser est permanente et possède la même qualité que les encres d'archivage. L'encre des imprimantes à jet d'encre n'est pas résistante à l'eau.

9.3. Classement des spécimens

Les spécimens sont rangés soit par l'ordre systématique, soit par l'ordre alphabétique ; une combinaison de deux systèmes est aussi parfois utilisée.

9.3.1. Classement

Dans un classement alphabétique, les familles, les genres au sein des familles, et finalement les espèces au sein des genres, sont classés par ordre alphabétique. Les rangements alphabétiques sont rarement utilisés au niveau de la famille, parfois au niveau du genre, et fréquemment au niveau spécifique. L'avantage d'un système alphabétique est qu'il est facile pour le non-spécialiste d'y retrouver les taxons (Piet *et al.*, 2013).

L'inconvénient est que des taxons très proches et des similaires sont placés séparément et que, par conséquent, l'identification par comparaison est rendue plus difficile. (Un herbier d'identification peut résoudre cet inconvénient ; voir « Herbier d'identification ».

Des erreurs peuvent aussi se glisser facilement ; par exemple, un taxon peut être rangé à la fois sous un nom synonyme et sous un nom accepté sans que cela soit constaté.

Figure 24 : Un exemple de classement géographique

9.3.2. Classement systématique

Dans le cas d'un classement systématique, les familles et les genres similaires sont rangées à proximité les uns des autres, ce qui facilite l'identification par comparaison (Piet *et al.*, 2013). Le problème avec le classement est que celui-ci n'est pas encore stable et qu'il existe plusieurs systèmes assez différents. Les utilisateurs devront ou apprendre le système utilisé dans l'institution avant de pouvoir consulter l'herbier. Les

trois systèmes les plus communément utilisés pour le rangement des familles sont (Piet *et al.*, 2013):
- Dalla Torre & Harms. 1900-1907. Genera *Siphonogamarum.* Il s'agit d'un classement numérique basé sur le système d'Engler et Prant Die Naturlichen Pflanzenfamilien.
- Bentham & Hooker. 1862-1883. *Genera Plantarum.* Cet ouvrage est la base du système utilisé à Kew.
- APG IV (Angiosperm Phylogeny Group).

Lorsqu'un classement systématique est utilisé, il peut être difficile pour le non-spécialiste de retrouver les familles et d'introduire du nouveau matériel dans la collection car cela nécessite des connaissances scientifiques et un bon référentiel au système de classement. Un autre inconvénient est qu'un changement majeur dans le classement systématique, résultat des publications scientifiques récentes, peut avoir pour conséquence un bouleversement du rangement d'une grande partie de la collection.

Remarque :
- notez que les échantillons indéterminés sont classés à la fin du genre, de la famille ou même des collections (dépendant du niveau de la détermination).
- notez que les échantillons indéterminés sont à la fin du genre, de la famille ou même des collections (dépendant du niveau de la détermination).

9.3.3. Subdivisions supplémentaires

Quel que soit le système utilisé, systématique ou alphabétique, le classement peut être subdivisé en fonction des régions géographique ou des régions floristiques (Piet *et al.*, 2013). Au sein des espèces, une subdivision géographique en provinces, grilles de référence ou régions est souvent utilisée. Le classement géographique facilite l'identification par comparaison ou la recherche d'un spécimen particulier. De plus, lorsque la localité mentionnée sur le spécimen ne fait pas partie de la zone de distribution du taxon, cela peut parfois indiquer (mais pas toujours) que le spécimen n'a pas été identifié correctement (Hernandez, 2007).

Exemple : de classement géographique est celui utilisé à BR. On divise l'herbier en plusieurs catégories : un herbier Belge, un herbier Africain et un herbier Général (tous les autres pays sauf Belgique et pays d'Afrique). A l'intérieur de chaque catégorie, les taxons sont rangés par ordre alphabétique, puis selon des subdivisions géographiques. **Dans l'herbier Africain, les échantillons d'un taxon sont classés par pays selon un ordre très strict** (de l'ouest vers l'est et le sud).

Figure 25 : Un exemple de classement géographique à l'herbier de Jardin botanique de Meise

Tous les spécimens sont placés dans des fardes vertes (portant le nom du pays dans le coin inférieur droit) sauf les spécimens provenant de R.D. Congo, du Rwanda et du Burundi, qui eux sont classés dans des fardes beiges. Les spécimens de cette région (Afrique centrale) sont encore subdivisés selon la région phytogéographique de récolte, puis classés par récolteur et, pour chaque récolteur, classés par numéro de récolte (Hernandez, 2007).

9.4. Index ou base de données et liste alphabétique

Un index facilite le travail dans la collection. Si les fichiers sont classés par ordre systématique, les numéros de famille et de genre peuvent être obtenus à partir de la littérature (Dalla Thore & Harm, 1958). Pour faciliter le travail, dressez une liste alphabétique des genres et de leurs numéros (Piet *et al.*, 2013).

Une liste alphabétique des espèces au sein de chaque genre, montrant leur séquence numérique dans la collection peut être créée. La séquence numérique est obtenue à partir d'une révision ou d'une Flore dans laquelle les espèces sont classées par ordre phylogénétique puis numérotées. La référence de la publication doit être notée sur la liste.

9.4.1. Comment ranger les spécimens (Piet *et al.*, 2013)?

1. Triez les espèces par ordre systématique (phylogénétique) ou alphabétique ;
2. Les sous-espèces, les variétés et les formes suivent les fardes de l'espèce correspondante. II faut les ranger par ordre alphabétique
3. Placez les spécimens nommés uniquement au rang générique (par exemple *Aloe sp.*)dans une farde sur laquelle vous écrivez le nom du genre, et que vous rangerez à la fin des fardes pour ce genre.
4. Rangez les spécimens dont l'indentification est douteuse au niveau de l'espèce-marqués cf. (confer = comparée) aff. (affinis= ayant des affinités avec) ou **sp. Near** avant le nom de l'espèce-dans la collection principale de l'espèce à laquelle ils s'apparentent le plus, à la fin du classement. Faites de même pour les spécimens dont l'identification est douteuse au niveau du genre (ranger les spécimens à la fin du classement pour ce genre).
5. Ranger les spécimens-phybrides dans une farde séparée, marquée clairement comme hybride, à la suite d'un des parent et en indiquant clairement le nom de l'autre parent ou leur nom hybride.
6. Marquez les spécimens qui n'ont pas encore été décrits en utilisant sp.A,sp B ou sp, 1 sp, 2 ou sp. = « Acock 2135 » (nom du récolteur + numéro). Placez ensemble ceux représentant le même taxon à la fin

des fardes d'une espèce ou d'un genre, juste avant les fardes des spécimens indéterminés.

7. Rangez les espèces naturalisées dans la collection principale, dans la farde dénommée Naturalisé. On peut utiliser une farde de couleur différente pour mieux les repérer.
8. Les taxons échappées des jardins (par encore naturalisées), exotiques et invasives peuvent être rangées dans la collection principale (on peut également utiliser une farde de couleur différente).
9. Les plantes échappées des jardins (pas encore naturalisées), exotiques et invasives peuvent être rangé dans la collection principale, **marquées *Cultivée*** (on peut utiliser une farde ou une étiquette verticale de couleur différente).
10. Intercalez les types dans la collection principale utilisant une farde individuelle de type ou une étiquette verticale rose ou rouge.

9.4.2. Remarque

Lors du rangement de chaque spécimen, vérifiez qu'il correspond bien avec les autres spécimens de la farde. Les étiquettes sont parfois inversées lors du montage. Si besoin est, créez une nouvelle farde d'espèce pour un spécimen. Afin de garantir la durabilité, des listes pour chaque armoire peuvent être placées dans des sacs plastiques.

L'utilisation de sacs, fermés de manière non permanente, facilite les mises à jour ultérieures. Les sacs à fermeture de **type minigrip** sont pratiques, car on peut les ouvrir pour y ajouter des notes et ils restent fermés le reste du temps. S'il existe une check-list avec des synonymes, attachez cette liste à la porte de l'armoire, près du genre, ou bien montez-la sur une planche d'herbier et rangez-la au début du genre.

9.3.5. Herbier de référence

L'herbier d'identification est une collection de référence qui consiste en un spécimen (rarement plus) représentatif de chaque taxon. Il est conservé séparément de la collection principale et apporte une aide considérable pour l'identification des espèces. Même si la collection principale est rangée par ordre alphabétique, l'herbier d'identification doit être rangé par ordre systématique ; de cette façon des taxons similaires sont placés à proximité les uns des autres (Piet *et al.*, 2013).

6.3.5.1. Comment composer un herbier de référence

1. Pour chaque taxon, choisissez un spécimen qui soit représentatif des caractères, distinctif « moyen » de ce taxon, ou plusieurs spécimens en cas de grande variabilité des caractères.
2. Rangez l'information relative à l'identification dans la première farde de genre. Ces notes sur les caractères peuvent aussi y être incorporées. Il peut aussi être utile d'écrire les caractères diagnostiques important et la distribution géographique au crayon sur le spécimen.
3. Ajoutez les listes des armoires où se trouvent les collections générales.
4. Pour une protection supplémentaire, placez chaque spécimen dans un sachet plastique ; les spécimens de l'herbier de référence sont manipulés beaucoup plus souvent que ceux de la collection principale.
5. N'utilisez pas de spécimens rares ou de spécimens-types. Photocopiez plus souvent que ceux de la collection principale.
6. Dressez une liste ou utilisez des photocopies de ces spécimens et utilisez des copies dans l'herbier pour les spécimens appartenant à des taxons non représentés dans la collection, mais qui pourraient être dans la région floristique concernée par votre herbier.

9.4. Informatisation des collections et encodage

L'informatique est devenue indispensable dans les herbiers modernes et est utilisée pour écrire des rapports et des articles, pour produire des étiquettes de spécimens, pour enregistrer des prêts et pour enregistrer et stocker l'information relative aux plantes. Elle permet aussi d'utiliser des outils de communication très performants comme Internet et le courrier électronique.

9.4.1. Avantages

L'encodage d'une collection a de nombreux avantages (Piet *et al.*, 2013):
- Il permet à l'utilisateur d'accéder à de grandes quantités de données avec la possibilité d'étendre la recherche analytique.

- une fois encodées, les données relatives à un spécimen peuvent être modifiées ou corrigées facilement.
- il est facile d'ajouter des champs à la base de données si nécessaire.
- les données peuvent rapidement être extraites sous différents formats pour aider les chercheurs.
- la réalisation d'études statistiques pour aider à la gestion de l'herbier, par exemple en vue de connaitre combien de spécimens contient l'herbier ou un groupe de plantes spécifiques, est grandement facilités.
- les aires de distribution des plantes constituent toujours une information intéressant. Si les données relatives aux degrés-carrés ont été encodées, des cartes de distribution peuvent être produites sans trop d'effort en utilisant des logiciels comme Arc View, ... Un logiciel intéressant est DIVA-GIS, qui permet de faire de bonnes cartes de distribution. DIVA-GIS est un logiciel gratuit.
- d'autres informations peuvent aussi être extraites de la base de données, par exemple une liste d'espèce par degré-carré, une liste des espèces d'un genre, une liste des plantes collectées par un même récolteur ou encore une liste des plantes fleurissant à une période données. Ces informations facilitent l'organisation de missions de récolte car elles mettent en évidence les régions qui sont mal inventoriées et les espèces insuffisamment récoltées.

9.4.2. Inconvénients

Il y a néanmoins quelques inconvénients liés à l'encodage :
- le suivi des nouvelles technologies, l'entretien du matériel informatique, les licences liées à l'utilisation des logiciels et la protection contre les virus sont couteux.
- la formation du personnel est couteuse et nécessite du temps.
- le processus d'encodage nécessite du temps.
- un contrôle - qualité permanent est nécessaire. L'information dans la base de données n'est utile que si les données sont encodées rigoureusement : par conséquent, l'input et l'output doivent être contrôlés continuellement.
- la maintenance de la base de données dépend de l'engagement à long terme du personnel de l'herbier et nécessite du temps.

9.4.3. Les systèmes d'Informatique Géographique

La technologie des Systèmes d'Information Géographique (SIG) permet d'étendre les applications des bases de données botaniques à travers des procédés comme la superposition de données relatives aux sites de collecte, aux ressources naturelles et aux données politiques. Le SIG botanique permet d'opérer des requêtes spatiales, capacité que ne possède pas une base de données d'herbier seule (Hernandez, 2007).

Il permet l'identification de nouvelles régions dans lesquelles on recherche des espèces rares, sur base de la présence de caractéristique liées à l'habitat et qui correspondent à celles de sites de récolte connus. De cette manière, il peut constituer un outil important dans les études d'espèces menacées et pour la conservation.

Du fait de la grande variabilité de l'information relative aux localités, beaucoup d'informations botaniques encodées dans des bases de données ne peuvent être analysées facilement par SIG.

Lorsqu'une localité est encodée en utilisant des mesures précises, de nombreuses cartes peuvent être produites et il est possible de superposer les données de distribution avec l'information topographique, climatologique, géologique ou d'autres données environnementales. L'information précise sur la distribution, par exemple, les degrés décimaux, peut être liée à des spécimens encodés. L'information liée à la distribution doit être dans l'un des formats suivants : grille de référence ; degrés, minutes, secondes ou degrés décimaux.

Si l'étiquette du spécimen ne porte qu'une description de la localité mais pas d'information sur la latitude et la longitude, un index géographique botanique (répertoriant les lieux de récolte de spécimens) ou une carte doivent être utilisés afin de trouver la localité précise.

Exemple : d'index géographique utilisé pour les spécimens d'Afrique centrale : le répertoire compilé de « Flore d'Afrique Centrale-Répertoire des lieux de récolte-Zaïre, Rwanda, Burundi (Bamps, 1982).

9.4.4. Encodage dans une base de données

Les types d'informations figurant sur les spécimens d'herbier et pouvant être encodées sont (Piet *et al.*, 2013):
La localité qui correspond à la fois d'une manière descriptive et d'après la carte ou la grille de référence. Le point de référence le plus proche (comme la ville la plus proche ou un point de paysage bien connu) et la localité précise sont habituellement encodées. Cette information est obtenue à partir de cartes (1/250. 000ème ou moins) et d'un GPS (Global Positioning System).

L'information sur l'habitat peut faciliter la recherche d'une espèce dans la base de données en l'utilisant en combinaison avec les données de localité. Elle est aussi utile pour localiser une espèce rare qui nécessite d'être suivie. Grâce à l'information, à la fois des spécimens d'herbier et des plantes vivantes dans les collections vivantes d'un jardin botanique, il est possible de comparer des données in situ (lieux de récolte) et ex situ (culture de plantes issues du spécimen par bouturage ou à partir des graines). L'information sur l'habitat provenant de la base de données peut également être incorporée dans des publications.

L'information sur le Récolteur est la manière la plus facile de retrouver la trace d'un spécimen (ceci comprend à la fois le nom du récolteur et le numéro de récolte) dans les publications scientifiques, lorsqu'une description est basée sur un spécimen (ou plusieurs), on mentionne ce spécimen en utilisant le nom du récolteur et le numéro de récolte.

La date de récolte peut renseigner sur les périodes de floraison ou de fructification, vu que bon matériel d'herbier doit être fertile (avec des fleurs ou des fruits). Une telle information est utile afin de programmer des missions de terrain, par exemple lorsqu'il est nécessaire de récolter des fruits dans le cadre de la révision d'un genre. Les périodes de floraison et de fructification peuvent aussi être mentionnées dans des publications.

Les dates de récolte jouent un rôle important dans les travaux relatifs à la conservation car elles peuvent indiquer les espèces qui devraient être prises en compte dans l'établissement de Listes rouges ou dans des plans de conservation. Les modifications de l'habitat qui auraient pu survenir peuvent être déduites de grandes différences constatées entre les dates de récolte ou lorsqu'une espèce n'est plus récoltée depuis longtemps. De plus, grâce à l'analyse des dates de récolte, la date d'introduction et la dispersion des adventices et autres espèces invasives peut être déterminée.

L'encodage des spécimens-types présents dans les collections de l'herbier indique aux chercheurs quel herbier ils doivent contacter pour obtenir des informations sur ces collections. Exportation de données. Une fois les données relatives aux spécimens encodées dans une base de données, il est possible de générer des cartes de distribution, des listes d'espèces et des index géographiques.

9.4.5. Cartes de distribution

Une grille de référence ou une carte est nécessaire si les données doivent être utilisées pour créer des cartes de distribution (Piet *et al.*, 2013). Une fois cette information encodée dans la base de données, des cartes de distribution peuvent être générées pour chaque taxon. Les cartes sont comme des symboles ou des illustrations, elles ne connaissent pas de barrière de langue et l'information qu'elle renferme peut être interprétée rapidement.

Les cartes peuvent être établies à l'échelle nationale ou régionale, en indiquant le nombre d'espèces ou de spécimens par degré-carré. Elles montrent non seulement d'où proviennent d'espèces que renferme un herbier mais informent également sur les régions sous-collectées et ont une valeur inestimable pour l'organisation de missions de récolte (Hyland, 2002).

Les cartes sont également utiles dans le cadre des identifications : si aucun enregistrement d'un taxon particulier n'existe à proximité d'une localité où spécimen vient d'être récolté, cela peut indiquer que l'identification de ce spécimen est erronée. La présence de ce spécimen hors de son aire peut être perçue au premier coup d'œil sur la carte. Cela peut aussi indiquer quand elles apparaissent éloigner de la distribution principale peuvent signifier qu'un spécimen particulier à la collection et de l'information dans la base de données.

Par ailleurs, les cartes constituent une formidable source d'information pour les scientifiques impliqués dans la recherche sur des taxons spécifiques ou des groupes de plantes. Par exemple, lorsqu'une nouvelle espèce est publiée, des cartes sont jointes pour illustrer de distribution. De telles cartes améliorent l'information sur l'espèce décrite et montrent d'éventuels liens géographiques avec des espèces proches.

Des projets tels que les programmes relatifs aux espèces menacées utilisent des listes Rouges qui bénéficient également de l'établissement de cartes. En analysant les cartes de distribution, on peut identifier les taxons potentiellement menacés en regardant ceux qui semblent avoir une distribution réduite ou un petit nombre de récoltes.

Les cartes peuvent être utilisées comme le point de départ des actions de conservation pour voir quelles aires nécessiteraient d'être conservées, et informer sur la distribution historique de taxons dont l'aire s'est réduite, ou encore de taxons qui se sont éteints. Par ailleurs, la distribution des adventices peut suivie grâce à la cartographie, favorisant le contrôle et la prévention de l'invasion par des espèces indésirables.

9.4.5.1. Index géographique

L'information encodée peut aussi être utilisée pour compiler un index géographique des localités en combinant les coordonnés géographiques et les noms des localités. Un exemple pertinent pour l'Afrique central est le livre compilé par Paul Bamps : « Flore d'Afrique centrale-Répertoire des lieux de récolte-Zaïre, Rwanda, Burundi », Jardin Botanique National de Belgique, 1982, 224 pages.

9.4.5.2. Listes

Des listes d'espèces par degré-carré peuvent être extraites tant à l'échelle nationale que régionale (Piet *et al.*, 2013). Une indication de la biodiversité d'une région peut être obtenue en dressant une liste de tous les taxons enregistrés. Ce travail peut être réalisé tant à l'échelle locale (par exemple un Parc National) que régionale (par exemple en sélectionnant les espèces rencontrées dans une région phytogéographique).

De telles listes peuvent être utilisées comme base pour l'établissement de check-lists en vue de missions de récolte. Des listes reprenant les périodes de floraison et les noms de récolteurs peuvent également être extraites. D'autres listes, basées sur d'autres critères, peuvent aussi être établies à la demande du public.

9.4.6. Maintenance du système

La technologie en matière informatique change très rapidement (Piet *et al.*, 2013). Le personnel occupé à cette tâche doit être formé à l'utilisation des logiciels et doit être informé des mises à jour. Les logiciels doivent être régulièrement mis à jour. Il n'est pas forcément nécessaire d'acheter de nouveaux ordinateurs chaque fois qu'un logiciel plus sophistiqué est mis sur le marché (on peut parfois remplacer certains composants, comme les cartes mémoires ou les cartes graphiques).

Si l'expertise nécessaire n'est pas disponible sur place, de bons contacts avec un marchand de matériel informatique sont préconisés car les ordinateurs sont devenus très spécialisés et le personnel d'herbier n'a pas nécessairement un intérêt pour la technologie informatique.

9.5. Modifications physiques concernant le matériel d'herbier

9.5.1. Prélèvement de matériel sur les spécimens

Chaque herbier doit avoir une politique relative à l'utilisation de son matériel, par exemple, pour les études anatomiques, palynologique, phytochimique, cytologique ou moléculaires (Hyland, 2002). Des morceaux de spécimens doivent être prélevés pour des requêtes de ce type. Utilisez les questions suivantes comme lignes conductrices de la formulation de la politique de votre herbier (Piet *et al.*, 2013):
- les spécimens d'herbier sont-ils considérés comme des archives qu'il est interdit de toucher ou peuvent-ils être utilisés comme matériel de recherche taxonomique ?

- le taxon en question est-il rare ?
- put-on autoriser le prélèvement de matériel appartenant à des taxons communs ?
- l'envoi des spécimens au chercheur lui sera-t-il bénéfique en termes de temps et de travail et aurait-il de grandes difficultés à récolter son propre matériel ?
- le traitement du matériel d'herbier (par exemple pulvérisé ou chauffé au micro-onde) pourrait-il affecter les résultats de la recherche ?
- l'étude contribuera-t-elle à la taxonomie du groupe en question ?
- concernant le spécimen soumis au prélèvement : les organes sont-ils nombreux ?

Exemple : lorsqu'un spécimen ne possède qu'une seule fleur, il ne faut pas prélever cette fleur pour la disséquer.

Si le prélèvement de matériel est autorisé, gardez à l'esprit de :
- ne pas prélever de matériel provenant des spécimens-types ou des spécimens historiques.
- joindre une petite étiquette au spécimen mentionnant le prélèvement (partie de la plante, nom et adresse du chercheur, date).
- prévenir les visiteurs de la politique de votre herbier en matériel de prélèvement ; les visiteurs ne peuvent prélever de matériel sans votre autorisation.

9.5.2. Remontage et remise en état des spécimens

Remarque : quel que soit le spécimen, il est déconseillé de remonter un échantillon d'herbier : on doit recourir le moins possible au remontage. Les spécimens-types et les spécimens historiques ne doivent pas être remontés. Lorsqu'on effectue un remontage, il faut conserver au maximum l'intégrité de l'échantillon (par exemple, pour un spécimen monté sur une planche d'herbier trop petite, il vaut mieux coller la planche entière sur un carton plus grand que démonter le spécimen et les étiquettes pour les fixer sur un nouveau carton).

Les spécimens qui ont été manipulés peuvent souvent se détacher et nécessiter d'être fixés ou récoltés. Cette opération doit se faire aussitôt

que le problème est remarqué. Le remontage et la remise en état peuvent également s'avérer nécessaires (Piet *et al.*, 2013):
- si les spécimens sont montés sur des cartons de qualité ou de taille inadéquate ou sur des cartons qui se sont endommagés ou fragilisés avec le temps.
- Si deux récoltes ont été montées ensemble, délibérément comme cela se pratiquait par le passé ou accidentellement du fait d'un mélange qui n'aurait pas été détecté.
- si des dégâts d'insectes sont constatés
- si possible, effectuez plutôt une restauration (ajouter des bandes de papier gomme, récolter les coins des étiquettes qui se décollent, etc ...) qu'un remontage.

Utilisez les consignes ci-dessous lors du remontage et de la remise en état des spécimens (Piet *et al.*, 2013):
- lorsque deux espèces montées sur une même planche sont séparées, il est important qu'elles soient référencées l'une par rapport à l'autre par une indication du type « séparée de ». Cette pratique permet d'éviter des erreurs lors de la division des planches, par exemple en attribuant une mauvaise étiquette à l'un des spécimens.
- lorsqu'une planche est divisée, le numéro du récolteur est noté en y ajoutant des lettres : par exemple, l'une reste Smith 3486, l'autre devient Smith 3486A. Notez qu'un spécimen cité dans une publication doit garder son numéro d'origine. Si possible, effectuer un scan en couleurs de chaque spécimen (Smith 3486 et Smith 3486A). Et placer chaque scan dans la farde de l'autre spécimen.
- conservez toutes les étiquettes et notes écrites sur la planche.
- remplacez une étiquettes tenir ou fragile par une version photocopiée mais conservez l'originale dans une enveloppe. Collez l'enveloppe à la planche, de préférence dans le coin supérieur gauche.
- lors du remontage d'un spécimen fixé à la planche, détachez le spécimen à l'aide d'une pince ; enlevez l'étiquette ou découpez-la ; remontez ensuite le spécimen et collez l'étiquette originale sur la nouvelle planche.
- lors du remontage d'un spécimen collé, détachez le spécimen de la planche uniquement si cela ne l'abime pas. Dans le cas contraire,

découpez la planche autour du spécimen et de l'étiquette et remontez la planche découpée sur une nouvelle planche.
- si une partie seulement du spécimen s'est détachée de la planche, il n'est pas nécessaire de remonter le spécimen dans sa totalité : remettez-le en collant ou fixant la plante à la planche d'origine.
- si les insectes ont endommagé le spécimen, nettoyez les résidus par un légal brossage et traitez immédiatement (voir « Traitement des infestations »). Indiquez sur le spécimen devra être décontaminé par double congélation avant d'être admis à nouveau dans les collections de l'herbier.
- si la planche est de bonne qualité mais trop petite ou trop légère, collez-la simplement sur un bristol de format et de qualité appropriés.

9.5.3. Doubles

Les doubles de spécimens constituent du matériel supplémentaire à envoyer à d'autres herbiers comme dons ou comme matériel d'échange (afin de recevoir certains taxons non présents dans la collection de l'institution). On les envoie souvent à des spécialistes du taxon, pour qu'ils puissent les identifier, et par là même, pour pouvoir renommer le spécimen correspondant à ces doubles. Si possible, chaque double de spécimen doit présenter les mêmes stades phénologiques et de croissance que le spécimen d'origine. Les spécimens stériles ou partiellement déterminés ne doivent pas être envoyés à d'autres herbiers.

9.6. Les principes de la conservation préventive des collections

La conservation préventive est une méthode utilisée pour conserver les collections à long terme en excluant ou en minimisant les facteurs de dégradation. A cet effet, on doit définir les risques, puis élaborer des stratégies pour éviter ces risques (Kigawa et al., 2003).

Il faut noter que la conservation préventive commence déjà sur le terrain et pendant la préparation des échantillons à la conservation. Lorsque les échantillons ne sont pas récoltés et préparés de la manière adéquate, on augmente les risques de perte ou de dégradation pendant la conservation (Hyland, 2002):

9.6.1. Connaître les « ennemis » de l'herbier

Les facteurs principaux de dégradation des collections sont (Kigawa *et al.*, 2003 ; Piet *et al.*, 2013):
- L'eau
- Le feu
- Les rayonnements (principalement la lumière)
- L'humidité
- La température
- Les nuisibles
- Les substances chimiques et la poussière
- Les forces physiques
- Les activités humaines

9.6.1.1. L'eau

Peut entrainer de sévères dégradations. Elle fait gonfler les tissus des végétaux et tous les matériaux ayant une provenance organique (notamment papiers). Elle est à l'origine de réactions chimiques : elle peut diluer ou changer la couleur de l'encre des étiquettes, elle fait rouiller les métaux (récipients, armoires). La présence de l'eau augmente aussi l'humidité relative de l'air dans les collections (voir paragraphe suivant sur l'humidité). L'eau peut entrer dans le bâtiment par le toit, les fenêtres, les murs, le sol et les portes (Kigawa et al., 2003).

De plus, les conduits d'eau (tuyauteries, égouts), les systèmes d'air conditionné ou les dispositifs anti-incendie peuvent être des sources de fuite d'eau. Dans les endroits où l'humidité de l'air est assez élevée, une chute de température pour provoquer une condensation de l'eau sur des surfaces froides comme le métal et béton.

Exemple : dysfonctionnement du système d'air conditionné.

9.6.1.2. Le feu

Cause la perte totale des collections, et dépose des cendres sur les objets et le mobilier. Une mesure préventive efficace consiste à éviter l'utilisation de matériaux inflammables pour la construction, ainsi que pour le mobilier. Il faut également conserver tout le matériel dans des armoires fermées, et bien séparer les collections en alcool des autres collections. Evitez, autant que possible, d'avoir recours à l'électricité dans les bâtiments, surtout dans ceux abritant les collections en alcool.

Un problème, même mineur, sur une installation électrique peut déclencher un incendie. En ce qui concerne les collections en alcool, les locaux doivent disposer d'une bonne ventilation d'éviter l'accumulation des vapeurs d'alcool.

Dans les salles de l'herbier, il doit être formellement interdit de fumer et de cuisiner, pas de plaques chauffantes, réchauds à gaz ou à alcool, ...

Lorsqu'on utilise des mini-plaques chauffantes veillé à éteindre l'appareil après utilisation. Il est nécessaire de compartimenter les collections, et de les garder dans des armoires bien fermées. La zone autour du bâtiment de l'herbier doit être nette, et sans matériel inflammable (Judd *et al.*, 2002).

9.6.1.3. Les rayonnements

Ils causent des décolorations et accentuent la dégradation des collections et du matériel utilisé pour la conservation (papiers, encres,...). Les matières plastiques sont très sensibles aux rayons ultraviolets (UV) et deviennent fragiles. Les matières plastiques sont émis par les lampes causent également l'échauffement du matériel (Kigawa *et al.*, 2003).

Pour la conservation préventive, il est nécessaire d'utiliser une source de lumière indirecte dans les salles de collections, et éviter le plus possible les rayons solaires (par exemple, protéger les spécimens par un carton recouvrant les fades ou les mettre dans des boîtes fermées lorsqu'on ne les consulte pas).

9.6.1.4. L'humidité

Une humidité élevée abîme des collections et augmente sérieusement le risque des infestations par les moisissures et les insectes (poisons d'argent, poux des livres). Une humidité trop basse rend le matériel végétal fragile et cassant.

Il est nécessaire d'avoir une bonne ventilation, d'éviter les chutes brutales de température. Ne jamais mettre des spécimens au sol. Ne pas conserver les collections dans des caves ou le long d'un mur extérieur (si les armoires sont « collées » contre un mur extérieur, il faut aussi essayer d'utiliser au maximum des matériaux qui absorbent l'humidité : bois, papier, carton et silicagel.

9.6.1.5. La température

Plus elle est élevée, plus le matériel de l'herbier risque de s'abîmer (augmentation des infestations, accélération du vieillissement des matériaux). De plus, une température élevée accroît l'évaporation de l'alcool (risque d'incendie multiple dans une collection en alcool). Il faut éviter les changements de température.

9.6.1.6. Les nuisibles (insecte, coléoptère, etc…).

Dans la liste des nuisibles qui sont souvent rencontrés dans les herbiers, on trouve entre autres le lasioderme du tabac, la vrillette du pain, les cafards, les rongeurs et les poissons d'argent. Parmi ceux-ci, le Lasioderme du tabac, *Lasioderma serricome*, et la Vrillette du pain, stegobium *paniceum,* sont les plus destructeurs dans l'environnement sec que constitue un herbier.

Dans certain herbier, situés en région tropicale plus humide, les insectes les plus problématiques sont le pou des livres, *Liposcelis bostrychophilus* et les poissons d'argent (entre autres *Lepisma saccharina*). Les infestations par des moisissures sont aussi possible dans des conditions très humides. Afin de lutter contre les infestations on a développé une méthode de gestion des collections, appelée « Integrated Pest Management ».

Toutes les actions sont concernées (l'acquisition, le stockage, l'infrastructure, les matériaux, les collaborateurs, les visiteurs, ...). Le succès dépend de tous ceux qui travaillent ou visitent l'herbier, et chaque personne qui entre dans l'herbier doit être informée sur les mesures à prendre. Tout le monde doit se rendre compte qu'il est très difficile d'éradiquer les infestations dans les collections (Piet *et al.*, 2013).

9.6.1.7. Les substances chimiques et la poussière

Certaines substances contaminées, de même que la poussière, s'accumulent sur les spécimens et peuvent provoquer des réactions chimiques. Les matériaux utilisés pour la conservation des collections (papier de montage, colle, récipients des collections en alcool) ne sont pas épargnés par ces réactions chimiques, et peuvent se dégrader beaucoup plus vite.

Certains composants chimiques exogènes peuvent empêcher l'isolation et l'étude de l'ADN, et réagir avec d'autres substances présentes dans les tissus des plantes. Les substances chimiques et la poussière peuvent par exemple provenir des activités industrielles (usines, ports) et de la circulation routière (Nakhleh *et al.*, 2005).

Pour éviter les contaminations venant de l'extérieur, on doit isoler les collections (fermer les portes et fenêtres, fermer les armoires mais laisser tout de même quelques sorties d'aération pour la ventilation). La contamination peut aussi provenir des traitements chimiques contre les nuisibles (Nakhleh *et al.*, 2005).

Les composants actifs ou les solvants s'accumulent sur les spécimens pendant le traitement, et ils s'évaporent ensuite très lentement (exemple : chlorure de mercure). Ces produits, en plus d'avoir des effets néfastes pour la conservation des collections, sont souvent dangereux pour la santé. Après l'utilisation d'un traitement chimique sur les collections, il est recommandé de bien aérer les bâtiments et les armoires.

9.6.1.8. Les forces physiques

Des accidents (laisser tomber le matériel pendant le transport et pendant des manipulations) et des manipulations inappropriées (consulter les échantillons comme un livre) causent de sérieux dégâts. Les erreurs dans le stockage conduisent souvent à des accidents ou à des manipulations incorrectes (par exemple mettre les échantillons près d'une fenêtre ouverte, mettre les échantillons dans une position instable ou dans une armoire qui bouge, ou encore attacher un paquet de spécimens de façon trop serrée).

A cause de ces manipulations, les échantillons peuvent se casser ou des spécimens différents peuvent se mélanger. Cela peut conduire à la perte partielle ou complète d'un ou de plusieurs spécimens. Afin d'éviter cela, tous ceux qui travaillent dans l'herbier doivent connaître les règles pour manipuler les échantillons, et s'engager à les suivre.

Pour éviter les accidents, on ne place aucun obstacle dans les couloirs (carton, chaise, escabeau, ...). Il faut que les escaliers soient en bon état que les armoires soient stables, pour éviter que leur contenu se renverse. Il est recommandé de renforcer la solidité des compartiments dans les armoires (planche de bois ou de carton).

On doit toujours porter les échantillons en les gardant à l'horizontale, en les mettant sur une planche ou dans une boîte. Les vols et le vandalisme représentent aussi un danger de dégradation, on doit donc contrôler l'accès aux collections et fermer les salles à clé quand elles ne sont pas sous surveillance (Forey, 2002).

9.6.2. Règles de base de la conservation préventive

Si les échantillons aujourd'hui apportent des réponses aux scientifiques parce que l'on peut en extraire des molécules, tout au moins sur les parties encore vertes, mais peut-être demain sur les parties sèches, la collection nous donne un ensemble d'informations non seulement sur la plante et ses potentialités encore inexplorées, mais aussi sur les milieux. Les connaissances sur un territoire que nous donnent les herbiers sont uniques, quelle que soit leur importance.

Il convient donc pour les valider que l'herbier soit étudié comme une collection constituée de multiples parts qui ne peuvent avoir de sens que si on considère cette collection comme source d'une histoire à écrire : histoire de la réalisation d'un herbier (support, étiquettes, fixation), histoire de l'auteur qui l'a constitué, histoire de son environnement scientifique, histoire des idées et de leur diffusion, histoire des plantes, histoire de l'ensemble des plantes, histoire des espaces et de leurs transformations.

La collection tout entière est l'occasion unique, à la condition d'en faire l'objet d'une étude transdisciplinaire, de rendre compte de milieux spécifiques et qui n'existent plus que raréfiés aujourd'hui. L'histoire peut rendre compte des évolutions de la vie de l'homme sur ces territoires ; l'herbier est une source de cette histoire à la condition qu'on le considère non seulement comme un objet scientifique mais surtout comme un objet historique et donc patrimonial.

Voici les règles que tout herbier doit suivre pour améliorer au maximum de ses échantillons :
- identifier les risques extérieurs majeurs
- identifier les nuisibles présents dans l'herbier
- modifier l'herbier en fonction des risques
- produire des échantillons de qualité (notamment porter une attention particulière aux procédés post-récolte : séchage, montage).
- éviter un maximum la manipulation des échantillons
- respecter les règles de sécurité (normes anti-incendie, protection de la santé du personnel, normes spéciales pour certaines collections comme les échantillons en alcool, ...)

Cette conservation préventive correspond à une palette d'outils de gestion aidant à prolonger la vie des collections en limitant leur détérioration inévitable tout en minimisant l'utilisation de produits toxiques. Dans les instituts botaniques, cette méthode s'attache principalement à gérer les paramètres climatiques de température, d'humidité relative et de rayonnement, ainsi qu'à prévenir les infestations de ravageurs (Luken *et al.,* 1993).

Afin de mieux décrire leur champ d'intervention, les professionnels de la restauration et de la conservation des collections patrimoniales ont défini, à l'échelle internationale, les mots « **conservation-restauration** », ***« conservation préventive », « conservation curative » et « restauration».***

La conservation préventive réunit l'ensemble des actions qui sont réalisées en vue de limiter les causes de la dégradation du patrimoine culturel. Les acteurs sont tous les professionnels et usagers qui sont en contact avec ce patrimoine. En conservation préventive on se préoccupe d'une collection et de son environnement.

La conservation curative a pour but de stopper les effets d'une dégradation. Elle se traduit par une action directe sur les objets d'un conservateur-restaurateur communément appelé « restaurateur ».

La « restauration » est définie par les professionnels comme les actions dont le but est d'améliorer l'appréciation et la lecture d'un objet. Ces interventions se font sur un objet déjà stabilisé et protégé.

Conclusion générale

Cet ouvrage qui traite sur les éléments de la Taxonomie Végétale destinés aux étudiants en Sciences de la Nature et de la Vie est essentiellement fondé sur divers et nombreux enseignements en sciences botanique que nous enseignons ou avons enseignés à l'Université Officielle de Bukavu et d'autres Institutions Universitaires du pays. Nous avons aussi utilisé pour réaliser cet ouvrage diverses notes sur lesquels se sont fondés les nombreuses conférences, cours et séminaires que nous avons donnés sur invitation dans diverses institutions universitaires de notre pays.

Nous avons montré que la taxonomie végétale s'est élaborée au fil du temps. D'abord intuitive pour répondre aux besoins primaires des peuples (nourriture, habillement, logement, soins) elle devient au fil du temps plus descriptive et scientifique. Depuis l'invention de l'écriture l'Homme a transmis et affiné ses connaissances. D'***Aristote*** à ***Linné*** les concepts de la botanique moderne se sont précisés.

Passant de notions d'âmes à des notions descriptives, grâce à ***Brunfels*** (description objective et séparation des plantes à fleurs des plantes sans fleurs), ***Bauhin*** (invention de la nomenclature binomiale), Magnol (concept de la Famille), ***Tournefort*** (concept moderne du Genre) et ***Ray*** (définition de l'Espèce), la botanique moderne est mise en forme par ***Linné***.

Si ce dernier a réussi à faire adopter un système universellement reconnu, il ne faut pas croire que les progrès de la botanique se sont arrêtés avec ***Linné***. Depuis 1753 les méthodes de diagnostic des végétaux se sont améliorées grâce à l'évolution des techniques optiques et biochimiques. La biologie moléculaire permet aujourd'hui de préciser la limite des taxons avec une grande précision.

Pour cette raison, ce présent ouvrage, qui est un cours donne les grandes lignes de taxonomie végétale qui est une science de la botanique qui s'est élaborée au fil du temps. Il a répondu aux questions suivantes :

Pourquoi classer les espèces ?
Comment et pourquoi faire évoluer les classifications et les méthodes actuelles de classification ?
Comment analyser les classifications produites et à quoi ressemble la classification actuelles des espèces à partir de matériel d'herbier ?

En bref, l'histoire des classifications botaniques reflète parfaitement les rapports que l'homme a entretenus avec la nature : à l'intérêt des plantes pour la médecine ou l'alimentation a succédé la retranscription fidèle de l'observation minutieuse des végétaux. Au fur et à mesure des progrès scientifiques, l'analyse devenait plus fine et les caractères étudiés plus nombreux. C'est un véritable changement apparût lorsque l'homme renonça au fixisme et à l'anthropocentrisme pour considérer l'évolution des espèces. Ainsi l'étude se porta petit à petit vers les liens de parenté entre les plantes étudiées sous leur forme morphologique puis moléculaire entraver la notion de l'espèce.

On considère alors les individus d'une espèce et les interactions les plus directes avec leur environnement comme un système biologique raisonnablement isolé, en première approximation, d'un réseau d'interactions plus complexes au niveau de la communauté (ensemble d'espèces apparentées phylogénétiquement ou fonctionnellement dans un même habitat) ou de l'écosystème (ensemble des êtres vivants et de leurs interactions biotiques et abiotiques).

Si la cladistique moléculaire fait aujourd'hui référence, ne perdons pas de vue que les conclusions actuelles peuvent être plus ou moins reconsidérées dans les années qui viennent en fonction des progrès futurs des sciences. Cependant on doit à la cladistique d'avoir permis à la classification de devenir une science : celle de la systématique qui est utilisée pour classer les organismes vivant en plusieurs groupes selon une hiérarchie bien précise, basée sur les points communs et les différences entre ces organismes.

En botanique, ces organismes ou taxons (taxon=groupe de plantes qui possèdent des caractères communs) sont séchés et gradés dans l'herbier pour leurs classification et d'identification. C'est ainsi nous remarquons que la biosystématique fait progresser nos connaissances sur l'évolution pour une meilleure compréhension de Présentation générale nombreux phénomènes biologiques tels que l'adaptation, la spéciation, les rythmes évolutifs, la diversification et la spécialisation écologique, la biogéographie… suite aux spécimens d'herbier que les scientifiques ont récoltés et conservés plusieurs années. Ces spécimens étaient récoltés pour constituer des collections taxonomiques et systématiques, pour l'étude des différentes espèces.

Mais actuellement, les herbiers sont utilisés dans beaucoup d'autres domaines scientifiques. Son importance n'est plus seulement conventionnelle, mais dans la préservation de la nature et de sa biodiversité qui est aujourd'hui une préoccupation majeure pour l'Homme. Ce regain d'intérêt pour les diverses entités qui constituent la nature est donc lié à des questions essentielles voire utilitaires par suite de leurs dimensions socio-économiques.

En botanique tropicale, une étude taxonomique, floristique ou écologique, traite souvent d'un grand nombre d'espèces auxquelles sont associés des échantillons d'herbier. En ce qui concerne 1' informatisation des récoltes botaniques, on peut en distinguer deux grands ensembles, distinction qui a des conséquences importantes sur le plan de la technique informatique.

Une part non négligeable du temps du chercheur est consacré, depuis la récolte et la détermination des échantillons, jusqu'à la rédaction des documents de synthèse, à gérer des fichiers de noms de plantes ou d'échantillons d'herbier, échantillons qui .comportent une dizaine d'informations (nom de l'espèce, description de la station, du milieu, date de la collecte, etc.).

C'est pourquoi nous avons monté le but principal d'un herbier qui est de conserver des collections et des informations sur la flore de notre planète (ou au moins d'une région particulière) afin de faciliter la recherche actuelle et future sur des plantes. Cette recherche se base sur une collection de plantes conservées, qui est constituée sur une longue période.

Ces techniques permettent une gestion de ces données, lui laissant davantage de temps pour s'occuper du travail proprement botanique, la récolte et l'observation des échantillons, sur le terrain ou en laboratoire. Ces techniques sont vigilantes et ne tolèrent pas la négligence et permettent, par recoupements, de procéder à de nombreuses vérifications.

Nous espérons que c’est un précieux ouvrage de référence à tous les naturalistes amateurs de la systématique ainsi qu’aux agents des organismes publics du terrain étudiants, enseignants et chercheurs des différents domaine de botanique. L’importance de la préservation de la biodiversité et de l’utilisation rationnelle des ressources naturelles est de plus en plus perçue par l’opinion publique tout au moins dans les pays développés comme une ardente obligation sans laquelle l’on ne pourra assurer un développement durable aux générations futures.

Bibliographie

Abdelnour, G., Bennett, M. & Cox, A. (1998) : Genome size and karyotype evolution in the slipper orchids (Cypripedioideae: Orchidaceae). *American Journal of Botany*, 85, 1-681.

Adanson, M. (1763) : Familles de plantes-éd. chez Vincent, Paris.

Adanson, M. (1996). Voyage au Sénégal, Saint-Etienne, Publications de l'Université, de Saint-Etienne.

Ahokas, H. (2008) : Recensements non publiés de la Flore de Finlande entre le 17e et le 19e siècle.

Alan, R.T. (1998) : Nested clade analyses of phylogeographic data : Testing hypotheses about gene flow and population history. *Molecular Ecology*, 7(4):381-97

Alan, R.T., Routman, E. & Christopher, A. P. (1995) : *Separating Population Structure from Population History : A Cladistic Analysis of the Geographical Distribution of Mitochondrial DNA Haplotypes in the Tiger Salamander, Ambystoma tigrinurn. *Genetics Society of America*, 140: 767-782

Ames, M & Spooner, D.M. (2002) : DNA from herbarium specimens settles a controversy about origins of the European potato. *America Journal Botanica,* 95(2):252-7. https://doi.org/10.3732/ajb.95.2.252.

Amigues, S. (2002) : Etudes de Botanique antique, Paris, Mémoires de l'Académie des Inscriptions et Belles-Lettres.

Andrea, T. (1996) : Réalisons Un Herbier. http://www.funsci.com/

Angiosperm Phylogeny Group (1998) : Angiosperm Phylogeny Group – Classification. *Annals of the Missouri Botanical Garden,* 85: 531-553.

Angiosperm Phylogeny Group (2003) : An update of the Angiosperm Phylogeny Group classification for the orders and families of flowering plants- APG II. *Botanical Journal of the Linnean Society*, 141: 399-436.

Angiosperm Phylogeny Group (2009) : An update of Angiosperm Phylogeny Group classification for the orders and families of flowering- APG III. The Linnean Society of London, Botanical Journal of the Linnean Society ,161 : 105–121

Angiosperm Phylogeny Group (2016) : An update of Angiosperm Phylogeny Group classification for the orders and families of flowering- APG IV. *Botanical Journal of the Linnean Society*, 181: 1–20. https://doi.org/10.1111/boj.12385

Appel, O. (1996) : Morphology and systematics of the Scytopetalaceae. *Botanical Journal of the Linnean society*. 121(3), 207-227

Armand, P. (1970) : « Les pollens », 2ieme éduction répondue, Presses Universitaires de France, Paris.

Asmussen C. B. & Chase M. W. (2001) : Coding and noncoding plastid DNA in palm systematics. *American Journal of Botany*, 88 : 1103-1117.

Avenas, P. & Walter, H. (2017) : La majestueuse histoire du nom des arbres. Du modeste noisetier au séquoia géant, Robert Laffont.

Bächtold, M. (2012) : Les fondements constructivistes de l'enseignement des sciences basé sur l'investigation. *Tréma*, (38), 6-39.

Balezi, Z, Nyakabwa, M. & Lejoly J. (2008) : Etude écologique de la liane envahissante *Sericostachys scandens* dans la partie de haute altitude du Parc National de Kahuzi-Biega (PNKB), (Sud-Kivu, RDC). *Annale des Sciences, Université Officielle de Bukavu*, 1 (1) : 28-36

Bamps, P (1982) : « Flore d'Afrique Centrale-Répertoire des lieux de récolte-Zaïre, Rwanda, Burundi », Jardin Botanique National de Belgique, Meise.

Barrie,R.,Burdet,H.,Chaloner,W.G.,Demoulin,V.,Hawksworth,D.,Jorg ensen,P.M., Nicolson, D.H., Silva, P.C., Thane, P. & Mcnell, J., (1995) : Code International de la nomenclature Botanique. Code de Tokyo ; version française par Burdet, M. Boissiera 49 ; 1-234.

Behnke, H. D., Kao P. C., Kramer K. (2000) : Systematics and evolution of Velloziaceae, with special reference to sieve-element plastids and rbc L sequence data. *Botanical Journal of the Linnean Society*, 134, 1, p 93-129.

Bernhard A. (1999 : Floral structure and development of Ceratiosicyos laevis (Achariaceae) and its systematic position. Botanical Journal of the Linnean Society.1999, 131, 2, p 103-113.Abd-El-Khalick, F. & Lederman, N. G. (2000) : *Improving science teachers' conceptions of nature of science* : A critical review of the literature. *International Journal of Science Education*, 22(7) : 665- 701.

Boura, A. & De Franceschi, D. (2008) : Une méthode simple de collecte de bois et d'écorce pour des études anatomiques. *Adansonia*, 30 (3) :7-15

Bowles, M.L., Betz, R.F. & De Mauro, M. (1993) : Propagation of Rare Plants from Historic Seed Collections : Implications for Species Restoration and Herbarium Management. *Restauration Ecology*, 1 (2) : 101-106. https://doi.org/10.1111/j.1526-100X.1993.tb00015.x

Bridson, D. & Forman, L. (1998) : The Herbarium Handbook, ed. 3. Kew, United Kingdom, 1-497.

Buty, C. & Cornuéjols, A. (2002) : Evolution des connaissances chez l'apprenant. Dans A. Tiberghien (dir.), Des connaissances naïves au savoir scientifique (p. 31-49) [Synthèse commandée par le programme "Ecole et sciences cognitives"]. Lyon. Récupéré du site http://edutice.archivesouvertes.fr/docs/00/00/17/89/PDF/Tiberghien.pdf

Carter, R.C., Bryson C.T. & Darbyshire S. J. (2007) : *Preparation and Use of Voucher Specimens for Documenting Research in Weed Science. *Weed Technology*, 21:1101–1108

Clémençon, E. (2013) : La théorie causale de la référence à l'épreuve de la nomenclature biologique. *Igitur – arguments philosophiques*, 5 (1) : 1-28

Couplan, F. (2012) : Les plantes et leurs noms. Histoires insolite, Éditions Quae.

Cuvier, G. (1845) : Histoire des sciences naturelles publiée [après sa mort] par Magdeleine de Saint-Guy, Paris, Fortin, tome 5.

Daget, P. (2002). Un herbier pour quoi faire ? Paris, INRA, Le Courrier de l'environnement n°46, pp. 65-68. Philippe Morat, Gérard-Guy Aymonin et Jean-Claude Jolinon (2004). L'Herbier du monde. Cinq siècles d'aventures et de passions botaniques au Muséum national d'histoire naturelle, Muséum national d'histoire naturelle de Paris et Les Arènes/L'iconoclaste (Paris) : 1-240.

Danièle, F (2014). Le grand livre des probiotiques et des prébiotiques, Quotidien Malin Éditions.

Darlu, P. & Tassy, P. (2008) : Reconstruction Phylogénétique. Concepts et méthodes. Masson.

Darwin, C. (1859) : « L'origine des espèces » traduction française numérisée de 1873 des cinquièmes et sixièmes éditions

Dayrat, B. (2003) : Les botanistes et la flore de France - trois siècles de découvertes - Publications scientifiques du Muséum National d'Histoire Naturelle – Paris

De Vogel, E. F. (1987) : Manual of Herbarium Taxonomy : Theory and Practice UNESCO, Jakarta, Indonesia.

Deforce, K. (2007) : The historical use of ladanum. Palynological evidence from 15th and 16th century cesspits in northern Belgium. *Vegetation History and Archaeobotany*, 15(2) :145-148. https://doi.org/10.1007/s00334-005-0021-y

Degreef, J, Rocha, O. J., Vanderborght, T, Baudoin J-P (2002) : Soil seed bank and seed dormancy in wild populations of lima bean (Fabaceae) :

considerations for in situ and ex situ conservation. *American Journal of Botany,* 89 (10) : 1644-1650. https://doi.org/10.3732/ajb.89.10.1644

Degreef, J. (2002) : Flower Galls in African Rubiaceae. *Systematics and Geography of Plants,* 72, (1/2) : 203-210

Dhetchuvi, M (2003) : Notes de cours de taxonomie destinées aux étudiants de la première licence botanique. Centre universitaire de Bukavu/Université de Kisangani. Faculté des Sciences, Bukavu, 1-54

Djekoun, A. & Hamidechi, M. A. (2006) : Cours de phylogénie moléculaire. Distances et constructions phylogénétiques, «Support pédagogique de phylogénie moléculaire destiné aux étudiants du système LMD de Master 'M1 et M2) et doctorants de Biotechnologie végétale, Biochimie et Microbiologie. », Université Constantine, 1-49

Drabek, P. (2008) : Medicinal preparations in Mattioli's herbarium of 1596. Ceská a Slovenská farmacie: casopis Ceské farmaceutické spolecnosti a Slovenské farmaceutické spolecnosti, 57(3):126-31.

Drouin, J.-M. (2003) : Les grands voyages scientifiques au siècle des Lumières, 1-25.

El Alaoui, F. (2013) : Biosystématique des plantes vasculaires ou Botanique systématique.

Eloff, J. N. (1999) : It is possible to use herbarium specimens to screen for antibacterial components in some plants. *Journal Ethnopharmacolin some plants,* 67 : 355–360. https://doi.org/10.1016/S0378-8741(99)00053-7

Felsenstein, J. (2003) : Inferring Phylogenies. Sinauer Associates. Kitching, I., Forey, P. L., Hum phries, C. J. & Williams, D. M. 1998. Cladistics: The Theory and Practice of Parsimony Analysis, 2nd ed. The Systematics Association Publication No. 11. Oxford University Press.

Felsenstein, J. (2004a) : PHYLIP (Phylogeny Inference Package) version 3.6b. Distributed by the author. Department of Genome Sciences, Seattle, University of Washington.

Felsenstein, J. (2004b) : Inferring Phylogenies. Sinauer Associates, Inc. Sunderland. MA, U.S.A. 1-664.

Fish, L. (2004) : La préparation des échantillons d'herbier. Scripta Botanica Belgica 31. Meise, Belgium.

Fleck, D.W (2006) : “Field Linguistics Meets Biology : How to Obtain Scientific Designations for Plant and Animal names.” STUF – Language Typology and Universals, 60(1) : 81-91.

Fleck, D.W. (2007a) : “Evidentiality and Double Tense in Matses.” Language, 83(3) : 589-614

Fleck, D.W (2007b) : “Did the Kulinas become the Marubos? A Linguistic and Ethnohistorical Investigation.” *Tipiti Journal of The Society for the Anthropology of Lowland South America*, 5(2) : 137-207.

Forey, P.L. (2002) : Cladistics. A practical course in systematics. Oxford Science Publications. Clarendon Press, Oxford, 209 p

Forman, L. & Bridson, D. (1989) : "The Herbarium Handbook" Royal Botanic Gardens, Kew

Francour, P. (2013) : La Classification des espèces « Gestion de la Biodiversité». Université de Nice-Sophia Antipolis, 1-96.

Franks, J.W. (1965) : "A Guide to Herbarium Practice" Handbook For Museum Curators, Museum Association, London.

Fuentes, N., Ugarte E., Kuhn I. & Klotz S. (2008) : Alien plants in Chile : inferring invasion periods from herbarium records. *Biol Invasions*, 10:649–657. https://doi.org/10.1007/s10530-007-9159-0

Gledhiil, D. (2008) : The names of plants. 4è edition, Gambridge University Press (l’édition 19851), 1-426.

Gu, J. & Bourne, P. E. (2009) : Structural Bioinformatics. Wiley & Sons Inc. Hoboken. New Jersey. U.S.A.

Guignard, J-L & Dupont, F. (2004) : Botaniques systématique moléculaire. 13 e édition révisée. Masson, Paris.

Hall, B.G., (2009). Phylogenetic trees made easy. A How-to manual for molecular biologists. Sinauer.

Hennig, W. (1953) : Kritishe Bemerkungen zum phylogenetischen System der Insecten. Beiträge. *Entomologie*, 3 : 1-85.

Hennig, W. (1988) : Systématique cladistique, Société Française de Systématique, 2ème Édition, Paris.

Hernandez, H.M. (2007) : A new method to estimate areas of occupancy using herbarium data. *Biodivers Conservation*, 16:2457–2470. https://doi.org/10.1007/s10531-006-9134-6

Holmgren, K., Holmgren, N. H. & Barnett, L. C. (1990) : Index Herbariorum, Part 1. Ed. 8. Regnum Vegetabile 120. Utrecht, Netherlands.

Holmgren, P.K., Keuken, W. & Shofield, E.K. (1981) : "Index Herbariorum, Part I. The Herbaria of the World" 7th Ed Regnum Vegetal., 1-106

http://acces.enslyon. fr/biotic/evolut/parente/html/glossair.htm

http://bioweb.pasteur.fr/seqanal/phylogeny/

http://bioweb2.pasteur.fr/

http://evolution.genetics.washington.edu/phylip/software.html

http://idao.cirad.fr/applications

http://pbil.univ-lyon1.fr/ird/IRD.html

http://www.flmnh.ufl.edu/herbarium/herbmethods.htm

http://plants.jstor.org

http://www.bfs.admin.ch

http://www.ncbi.nlm.nih.gov/Taxonomy/CommonTree/wwwcmt.cg

http://www.ncbi.nlm.nih.gov:80/entrez/

https://fr.wikipedia.org/wiki/Parataxonomie

https://inria.fr/actualite/actualites-inria/plantnet

https://www.aquaportail.com/definition-3923-cytologie.html

https://www.aquaportail.com/definition-3924-cytogenetique.html

https://www.sciencesetavenir.fr/

Hyland, B. P. M. (2002) : A technique for collecting botanic specimens in rain forest. *Flora Male*, 2038- 2046.

Jan, P., Cédric, M., Juan P. & José P. (2012) : De l'ADN à l'arbre du vivant. Un petit guide du phylogénéticien moléculaire, 1- 32

Janine, V., Marinda, K., Lyn, F., Shirley, S. & Mössmer, M., (2004) : Herbarium essentials. The southern African Herbarium User. SABONET.

Judd, W., Campbell, C.S., Kellogy, E. A. & Stevens, P. (2002) : La Botanique Systématique (La Systématique moléculaire), France. 1-105.

Kalanda, K. (1983) : Notes de cours de Taxonomie végétale destinées aux étudiants de la troisième année de graduat, Université de Kisangani, Faculté des Sciences, Kisangani, 1-122

Kigawa, R., Nochide, H., Kimura H. & Miura, S. (2003) : Effects of various fumigants, thermal methods and carbon dioxide treatment on DNA extraction and amplification: a case study on freeze-dried mushroom and freeze-dried muscle specimens. *Collection Forum*, 18(1–2) : 74–89.

Koffi, K.J., Deblauwe, V., Sibomana, S., Neuba, D.F.R., Champluvier, D., De Cannière, C., Barbier, N., Traoré, D., Habonimana, B., Robbrecht, E., Lejoly J. & Bogaert J. (2007) : Spatial pattern analysis as a focus of landscape ecology to support evaluation of human impact on landscapes and diversity. In: S.-K. Hong, N. Nakagoshi, B. Fu & Y. Morimoto (eds.) Landscape ecology applications in maninfluenced areas: linking man and nature systems: 7-32. Springer Verlag, The Netherlands, ISBN 978-1-4020-5487-7.

Konrad, W1, Roth-Nebelsick A & Grein M. (2008) : Modelling of stomatal density response to atmospheric CO2. *Journal of Theoretical Biology,*253, (4) : 638-658 https://doi.org/10.1016/j.jtbi.2008.03.032doi:

Kushner, E. (2011) : L'époque de la Renaissance : 1400-1600, vol. 3, John Benjamins Publishing, 1- 445.

Lamarck, J.B (1805) : Flore française, ou descriptions succinctes de toutes les plantes qui croissent naturellement en France, discours préliminaire publié à Paris, dans la 3ème édition chez H. AGASSE, (an XIII).

Lambertini, C., Frydenberg, J., Gustafsson, M. & Brix, H. (2008). Herbarium specimens as a source of DNA for AFLP fingerprinting of Phragmites (Poaceae): possibilities and limitations. *Plant Systematics and Evolution*, 272: 223–231. https://doi.org/10.1007/s00606-007-0633-z

Lecointre, G. & Le Guyader, H. (2010) : La classification phylogénétique du vivant. Edition Belin, 1-129

Lejoly, J. (1997) : Systématique des plantes à fleurs en relation avec les principales plantes médicinales. Biologie végétale appliquée aux sciences pharmaceutiques. Notes à l'usage des étudiants de 2ème candidature en sciences pharmaceutiques. Institut de Pharmacie. Université Libre de Bruxelles. Bruxelles, 1-200.

Lens, F., Schönenberger, J., Baas, P. Jansen S. & Smets E. (2007). The role of wood anatomy in phylogeny reconstruction of Ericales. *Cladistic*, 23 (3) : 229-294 https://doi.org/10.1111/j.1096-0031.2006.00142.x

Leuenberger, B.E. (1987) : A preliminary list of Cactaceae from the Guianas and recommendations for future collecting and preparation of specimen. Studies on the Flora of the Guianas no. 24. *Willdenowia* ,16 (2) 497-510.

Lister, D.L, Bower, M.A, Howe, C.J & Jones, M.K. (2008) : Extraction and amplifi cation of nuclear DNA from herbarium specimens of emmer wheat: a method for assessing DNA preservation by maximum amplicon length recovery. *Taxon*, 57:254–258

Luken, J. O., Thieret, J. W. & Kartesz, J. R. (1993). Erucastrum gallicum (Brassicaceae): invasion and spread in North America. *Sida Contribition Botany*, 15:569–582.

Lull, W. P. & Moore, B. P. (1999). Herbarium building design and environmental systems. Chapter 5, Pages 105–118 in D. A. Metsger and S. C. Byers, eds. Managing the Modern Herbarium, An Interdisciplinary Approach. Washington, DC : Society for the Preservation of Natural History Collections (SPNHC).

Magro, A. & Hemptinne, J.-L. (2011) : Enseigner l'écologie – une autre approche didactique, Educagri éditions, Dijon, 1-213

Mangambu, M. (2018) : Notes de cours de Taxonomie végétale destinées aux étudiants de la première licence botanique, Université Officielle de Bukavu. Faculté des Sciences et Sciences Appliquées, Université Officielle de Bukavu, 1-151.

Mangambu, M., & van Diggelen, R. (2017) : Two New Species of Loxogramme and Lepisorus (Polypodiaceae): Endemic Ferns from Kivu-Ruwenzori Mountain System (Eastern DR. Congo, Albertine Rift). International *Journal of Current Research in Biosciences and Plant Biology*, 4(4): 61-74. https://doi.org/10.20546/ijcrbp.2017.404.01

Mangambu, M., Janssen, S, Robbrecht, E., Janssen, T., Ntahobavuka, H. & Van Ruurd, D. (2016) : A Molecular Investigation of Asplenium: Asplenium kivuensis nov.* - A New Species from Kivu (Democratic Republic of Congo). *International Journal of Current Research in Biosciences and Plant Biology*, 3(2): 27-37 http://dx.doi.org/10.20546/ijcrbp.2016.302.004

Mangambu, M., Aluma K., Van Diggelen, R., Rugenda-Banga, R., Mushangalusa, K., Chibembe, S., Ntahobavuka, H., Nishuli, B. & Robbrecht E. (2015) : Etudes ethnobotanique et ethnolinguistique des ressources forestières ligneuses utilisées par la population du couloir écologique du parc national de Kahuzi-Biega (R D. Congo). *European Scientific Journal*, 11 (15) : 135-162

Mangambu, M & Van Ruurd, D. (2016) : Two New Species of Loxogramme and Lepisorus (Polypodiaceae): Endemic Ferns from Kivu-Ruwenzori Mountain System (Eastern DR. Congo, Albertine Rift). International *Journal of Current Research in Biosciences and Plant Biology,* 4(4): 61-74. https://doi.org/10.20546/ijcrbp.2017.404.01

Mangambu M., Mushagalusa K. et Kadima N (2014) : Contribution à l'étude phytochimique de quelques plantes médicinales antidiabétiques de la ville de Bukavu et ses environs (Sud-Kivu, R.D.Congo). *Journal of Applied Biosciences*,75: 6211- 6220 http://dx.doi.org/10.4314/jab.v75i1.7

Mangambu M., Robbrecht, E., Ntahobavuka, H. et Van Diggelen, R. (2014). Analyse phytogéographique des Ptéridophytes d'Afrique Centrale : cas des étages des montagnes du Parc National de Kahuzi-Biega (République Démocratique du Congo). *European Scientific Journal*, 10: 84-108. http://dx.doi.org/10.19044/esj.2014.v10n8

Mangambu, M (2013) : Taxonomie, biogéographie et écologie des Ptéridophytes de l'écosystème forestier des montagnes du Parc National de Kahuzi-Biega à l'Est de la R D. Congo. Thèse de doctorat, Université d'Anvers/Belgique.

Mangambu M., Van Diggelen R., MwangaMwanga J-C, Ntahobavuka H. & Robbrecht E (2013). Espèces nouvellement signalées pour la flore ptéridologique de la République Démocratique du Congo. *International Journal of Biological and Chemical Sciences*, 7(1): 107-124. http://dx.doi.org/10.4314/ijbcs.v7i1i.10

Mangambu M., Van Diggelen R., Mwanga Mwanga J-C., Ntahobavuka H., Malaisse F. & Robbrecht E. (2012). Etude ethnoptéridologique, évaluation des risques d'extinction et stratégies de conservation aux alentours du Parc National de Kahuzi Biega en R.D. Congo. *Geo-Eco-Trop*, 36 (1/2): 137-158 . http://www.geoecotrop.be/uploads/publications/pub_361_09.pdf

Mangambu, M., Van Diggelen, R., MwangaMwanga, J-C., Ntahobavuka, H. & Robbrecht, E. (2012) : Check-list des Ptéridophytes de l'écosystème forestier des montagnes du Parc National de Kahuzi-Biega à l'Est de la R.D. Congo. Cahier du Centre de Recherches Universitaires du Kivu, nouvelle série, 42 (2/2) : 363-374. www.researchgate.net/publication/268809974

Marchar, J. (1988) : Le Monde végétal en Afrique intertropicale. 5ieme éduction, Paris, 687p.

Marganne, M.-H. (2004) : Le livre médical dans le monde gréco-romain. Liège, Cahiers du CéDoPaL, volume 3

Masumbuko, N.C., Nyakabwa, M.D-S & Lejoly, J. (2007) : Dynamique forestière et impact de Sericostachys scandens Gilg & Lopr. (Amaranthaceae) sur l'écosystème forestier en zone de montagne, Parc National de Kahuzi-Biega, RD Congo en cours). *Taxonomania*, 21: 1–11

Mathez, J. (1988) : L'herbier de l'Institut de Botanique de Montpellier - MPU - Fonctions et Activités scientifiques. Edité par l'Herbier de Montpellier, 24 p.

Mayr, E. (1989) : Histoire de la biologie. Diversité, évolution et hérédité (traduction française), Paris, Flammarion

Metsger, D. A. & Byers, S. C. (1999) : Managing the Modern Herbarium, An Interdisciplinary Approach. Washington, D.C.: Society for the Preservation of Natural History Collections (SPNHC). 1-384.

Morère, J-L & Pujol, R. (2003) : Dictionnaire raisonné de biologie, Paris, Frison-Roche, 2003, 1222 p. [détail de l'édition] (ISBN 2-87671-300-4), « Article Règne végétal »

Mugnier, J. (1998) : Molecular evolution and phylogenetic implications of ITS sequences in plants and in fungi. *In Molecular Variability of Fungal Pathogens* : 253-277 (P. Bridge, Y.Couteaudier and J. Clarkson eds). CAB International.

Mugnier J., (2000) : La nouvelle classification des plantes à fleurs. Pour la Science : 52-59.

Mugnier J., (2004) : Attempting computer analysis of the Adanson's plant families : an historical basis for numerical taxonomy. First International Phylogenetic Nomenclature Meeting Paris.

Mugnier, J. (2005) : Only pre-Jussieu (pre-1789) plant family names that had to be accepted are those from Adanson (1763, Familles des Plantes) XVII International Botanical Congress Vienna 2005.

Nakhleh, L., Donald, A. R. & Tandy, W. (2005) : Perfect phylogenetic networks : a new methodology for reconstructing the evolutionary history of natural languages. *Language* ,81(2): 382–420.

Nei, M. & Kumar. S. (2000) : Molecular Evolution and Phylogenetics. Oxford University Press. Oxford, U.K. 1-333.

Ntore, S., Robbrecht, E., Smets, E. & Dessein, S. (2003) : Deux nouvelles espèces paléo-endémiques de Pauridiantha (Rubiaceae) des Monts Udzungwa (sud de la Tanzanie). *Adansonia*, sér. 3, 25 (1) : 65-76

Nuel G. & Prum. B., (2007) : Analyse statistique des séquences biologiques. Modélisation markovienne, alignements et motifs. Lavoisier. Paris.

Nuel, G. & Prum, B. (2007) : Analyse statistique des séquences biologiques. Modélisation markovienne, alignements et motifs. Lavoisier. Paris. 361p.

Nyakabwa, M. (2007) : Systématique des Angiospermes (Magnoliophytina). Notes de cours, Université de Kisangani. Faculté des Sciences, Kisangani, 1-584.

Oldeman, R.A.A. (1968a) : Faire un herbier. Multigr., Centre ORSTOM de Cayenne, 17 p.

Oldeman, R.A.A. (1968b) : Sur la valeur des noms vernaculaires des plantes en Guyane française. *Bois et Forêts des Tropiques*, 117 : 17-23.

Opsomer, J.E. (1972) : Cinq cents ans de botanique exotique en Belgique (XIIIe-XVIIe siècles). Extrait du Bulletin des Séances de l'Académie royale des Sciences d'Outre-mer, fasc.4.

Oyarzun, R., Higueras, P.b, Esbrí J.M, Pizarro b, J. (2007a) : Mercury in air and plant specimens in herbaria: A pilot study at the MAF Herbarium in Madrid (Spain). *Science of the Total Environment* 387 : 346–352

Oyarzun, R, Higueras, P., Esbrí, J-M. & Pizarro M. J. (2007b) : In air and plant specimens in herbaria: a pilot study at the MAF Herbarium in Madrid (Spain). *Science of the Total Environment,* 387(1-3):346-52

Page, R.D.M. & Holmes, E.C. (1998) : Molecular Evolution : A Phylogenetic Approach. Blackwell Science. Blackwell Science, Oxford, UK, 1- 346. ISBN 0–86542-889–1.

Parmenter, I. (2003) : Study of the vegetation composition in three inselbergs from Continental Equatorial Guinea (Western Central Africa): effects of site, soil factors and position relative to forest fringe. *Belgian Journal of Botany*, 136(1):63-72 http://dx.doi.org/10.2307/20794516

Pelt, J.-M. (2009) : Des légumes. Petite encyclopédie gourmande, Paris.

Perkins, K. (2017) : Herbarium Methodologies. University of Florida http://www.flmnh.ufl.edu/herbarium/herbmethods.htm

Piet S., Le Berau N. & Steven, D, (2013) . L'Herbier, un guidc pratique. Meise/Belgique, 1-98 p

Piroux, A. (2002) : Evolution des classifications botaniques : utilitaires, morphologiques, phylogéniques. DESS Ingénierie documentaire. Université de Lyon

Primack, D., Imbres, C., Primack, R.B., Miller-Rushing A.J., & Tredici P. D. (2004) : Herbarium specimens demonstrate earlier Flowering times in response to warming In boston. *American Journal of Botany* ,91(8): 1260–1264.

Pteridophyte Phylogeny Group (2016) : A community-derived classification for extant lycophytes and ferns. *Journal of Systematics and Evolution,* 54 (6) : 563–603. http://dx.doi.org/10.1111/jse.12229

Pyke G.H. & Ehrlich P. R. (2010) : Biological collections and ecological/environmental research : a review, some observations and a look to the future. Biological Reviews 85:247-266.

Redeuilh, G. (2002) : « Vocabulaire nomenclatural ». *Bulletin de la Société mycologique de France*, 118(4) : 299-326

Reyes-Agüero, J-A, Carlín-Castelán, F., Rivera, J.R., Hernández, M. (2009) : Preparation of Opuntia herbarium specimens. *Haseltonia*, 13: 76–82. http://dx.doi.org/10.2985/1070-0048

Robberht, E. (1988) : Tropical woody Rubiaceae. *Opera botanica Belgica*, 1 : Nationale plantentum van Belgie. Meise, 1-271.

Roger, J. (1978) : « Linné et l'ordre de la nature », La Recherche, n° 86, février

Rolland J.C. & Vian F. (1995) : Atlas de Biologie végétale : Les plantes à fleurs. Edition Masson, 1-532.

Romieux, Y. (2004) : « le transport maritime des plantes au XVIIIe siècle », Revue d'Histoire de la Pharmacie : 52, 405-417.

Salemi, M. & Vandamme, A. -M. (2003) : The Phylogenetic Handbook : A Practical Approach to DNA and Protein Phylogeny. Cambridge University Press.

Saxena, D, Srivastava, K. & Singh, S (2008) : Retrospective metal data of the last 100 years deduced by moss, Barbula sp. from Mussoorie city, Garhwal Hills, India.. Current science, 94(7): 901-904

Schols, P., Koen E., D'hondt, C., Merckx, Vi., Smets, E. & Huysmans, S. (2004) : A new enzyme-based method for the treatment of fragile pollen grains collected from herbarium material. *Taxon,* 53 : 777–782. http://dx.doi.org/10.2307/4135450.

Selosse, M-A (2006) : « Animal ou Végétal ? Une distinction obsolète [archive] », *Pour la Science*, 350, 66-72.

Selosse M-A (2008) : « Que sont devenus Animaux, Végétaux et Champignons ? [archive] », in Daniel Prat, Aline Raynal-Roques & Albert Roguenant (dir.), Peut-on classer le vivant ? Linné et la systématique aujourd'hui, Éditions Belin, Paris, 225-233. : ISBN 978-2-7011-4716-1.

Selosse M-A (2012) : « Les Végétaux existent-ils encore ? », in Les Végétaux insolites, Dossier Pour la Science, no 77, octobre-décembre, 8-13.

Sakal, R. R & Sneath, PH A. (1963) : "Principles of Numerical Taxonomy". San Francisco : Freeman, 1- 359.

Sonké, B. & Stoffelen P. (2004) : Une nouvelle espèce de Coffea L. (Rubiaceae, Coffeeae) du Cameroun et quelques notes sur ses affinités avec les espèces voisines. *Adansonia*, série. 3, 26 (2) : 153-160

Spichiger, R.-E., Savolainen, V.V., Figeat, M. & Jeanmonod, D. (2002) : Botanique systématique des plantes à fleurs - 2ème édition. Presses polytechniques et universitaires romandes.

Stannard, J., (1999) : Pristina medica Medical menta. Ancient and Medieval Botany, éd. K.E. Stannard et R. Kay, Aldershot, Brookfield.

Steven, D & Janssen, T., (2009). Notes des cours de taxonomie et phylogénies des plantes vasculaire : méthodes et analyses. Meise/Belgique, 1-164.

Stuessy, T. F. & Sohmer, S. H. (1996) : Sampling the green world. Innovative concepts of collection, preservation, and storage of plant diversity. New York, U.S.A.

Subrahmanyam, N.S. (1997) : Modern plant taxonomy (Identification of plants, Nomenclature of plants and Herbarium and plant collection, 1-804.

Swofford, D. L., Olsen, G.J., Waddell, P. J. & Hillis, D.M. (1996) : Phylogenetic inference. Pages 407-514 in *Molecular Systematics*, 2nd Ed. (D. M. Hillis, C. Moritz, & B. K. Mable, Eds.). Sinauer.

Swofford, D.L. (2002) : PAUP* (Phylogenetic Analysis Using Parsimony) (*and other methods). Version 4.0. Sinauer Associates, Sunderland, Massachusetts.

Tassy, P. (1997) : « Subordination des caractères », Dictionnaire du darwinisme et de l'évolution, Paris, PUF, 1996, « La critique cladistique du néodarwinisme et comment s'en servir », Pour Darwin (dir. P. TORT), Paris, PUF.

Théophraste (1988) : Recherches sur les plantes, tome I, livres I-II, texte établi et traduit par S. Amigues, Paris, Les Belles Lettres.

Tort, P. (1996) : « Adanson », « Classification I », « Échelle des êtres », « Haeckel », « Jussieu (Famille de) », « Linné », « Monophylie/polyphylie », « Organes rudimentaires », « Unité de type », Dictionnaire du darwinisme et de l'évolution, Paris, PUF.

Umberto Q. (1999) : World Dictionary of Plant Names. Common Names, Scientific Names, Eponyms. Synonyms, and Etymology, CRC Press, 1-640.

Vernier, F. (2009) : Histoire de la systématique botanique. FLORAINE Jardin Botanique - Villers-lès-Nancy, 1-12 - www.floraine.net

Wagner, P.J. (2000) : Phylogenetic analyses and the fossil record : tests and inferences, hypotheses and models, p. 341-371. In Erwin, D.H., and

Wing, S.L. (eds.), Deep Time : Paleobiology's Perspective. The Paleontological Society, Lawrence, Kansas.

Wagstaff, D J, Wiersema, J.H & Lellinger D.B (1999) : Retrospective searching for poisonous plant vouchers. *Veterinary and human toxicology*, 41(3):158-61.

White, L. & Edwards, A. (2002) : Conservation en forêt pluviale africaine « Méthodologie de recherches ». 2ieme éduction/WCS, New York, USA, 1-456.

Whittaker, R-H (1969) : « New concepts of kingdoms or organisms. Evolutionary relations are better represented by new classifications than by the traditional two kingdoms », *Science*, 163(3) : 150-160

Williams, S.L. & Cato, P.S. (1995) : Interaction of research, management, and conservation for serving the long-term interests of natural history collections. *Collection Forum*, 11(1) :16–27.

SYNTHESE DE L'OUVRAGE

A la genèse, la taxonomie végétale était intuitive pour répondre aux besoins primaires des peuples. Elle devient au fil du temps plus descriptive et scientifique. D'Aristote à Linné, les concepts de la botanique moderne se sont précisés en passant par de notions d'âmes à des descriptives, de la nomenclature binomiale à des concepts de la famille, du genre et de l'espèce, la botanique moderne est mise en forme par Linné. La Renaissance, était une période faste pour l'observation de la nature (botanique plus scientifique ; observation naturaliste). Cette période a permis le développement de la botanique basée sur l'organographie des plantes et non plus seulement sur leurs propriétés. Le 17ième siècle confirma cette direction et peut être considéré comme le siècle des bases de la botanique moderne. Depuis 18ieme siècle, les méthodes de diagnostic des végétaux se sont améliorées grâce à l'évolution des techniques optiques et biochimiques. Quand la théorie sur l'évolution apparût, elle se basera alors sur la réunion vers les liens de parenté entre les taxons et est apprécié par l'importance de la ressemblance globale entre ces individus pris deux à deux. Cette cladistique numérique a évolué et a fait aujourd'hui référence jusqu'à la phylogénie moléculaire. Cependant on doit à la cladistique d'avoir permis à la classification de devenir une science : celle de la systématique. Cette dernière façon de classer le monde végétal, fait aujourd'hui référence et profite des progrès scientifiques dans ce domaine de la biologie moléculaire. Socle de la systématique et de la taxonomie végétale, les herbiers constituent une collection de référence de spécimens originaux à la base de l'identification et décrire des espèces suivant les règles, normes et principes du code de la nomenclature taxonomique des plantes.

L'AUTEUR

MANGAMBU MOKOSO Jean De Dieu est né à Kisangani (R.D. Congo), le 16 janvier 1975. C'est un chercheur Congolais de la RD Congo. Dans le cadre de ses recherches doctorales en 2013 à l'Université d'Anvers(Belgique), il a travaillé sur la Systématique et Biogéographie de Ptéridoflore de la branche occidentale de la vallée du Grand Rift (Rift Albertin). Actuellement, il poursuit ses recherches en Systématique Végétale, Ethnologie (valorisation des Us et Coutumes), Ecologie des Epiphytes, etc. Il a participé à ce titre, dès la fin des années 2014 à la rédaction de la Flore d'Afrique Centrale et à l'émergence du concept de la biodiversité. Il est Enseignant de Taxonomie et de Systématique végétale, Biologie végétale et Management des écosystèmes forestiers à l'Université Officielle de Bukavu et à plusieurs autres Instituts et établissements Universitaires de la RDC et de la région du grand Lac.

Printed by Books on Demand GmbH, Norderstedt / Germany